普通高等教育"十三五"规划教材

机电系统性能分析技术

主编　宋瑞银　陈俊华

参编　张美琴　林　蠙　王贤成

主审　郑　堤

机械工业出版社

本书系统地介绍了机械优化设计的基本原理与方法，较为全面地介绍了各种优化设计方法及其应用，并通过许多典型案例深入浅出地讲解了优化设计的应用，在此基础上，系统地介绍了大型通用数值模拟软件 AN-SYS 的使用方法，通过有限元分析，用优化设计方法来解决机电产品设计中的问题，以达到期望的最佳技术指标，从众多设计方案中得到理想的设计方案。

本书可作为高等院校机械工程相关专业的教学用书，也可作为对优化设计和有限元分析有兴趣的工程技术人员的参考书。

图书在版编目（CIP）数据

机电系统性能分析技术/宋瑞银，陈俊华主编. —北京：机械工业出版社，2015.5
普通高等教育"十三五"规划教材
ISBN 978-7-111-49719-6

Ⅰ.①机…　Ⅱ.①宋…　②陈…　Ⅲ.①机电系统—性能分析—高等学校—教材　Ⅳ.①TM7

中国版本图书馆 CIP 数据核字（2015）第 055474 号

机械工业出版社（北京市百万庄大街 22 号　邮政编码 100037）
策划编辑：刘小慧　责任编辑：刘小慧　章承林　姜　凤
版式设计：赵颖喆　责任校对：刘怡丹
封面设计：张　静　责任印制：李　洋
北京瑞德印刷有限公司印刷（三河市胜利装订厂装订）
2015 年 7 月第 1 版第 1 次印刷
184mm×260mm·18.75 印张·463 千字
标准书号：ISBN 978-7-111-49719-6
定价：39.80 元

前　言

优化设计是一种现代设计方法，其基本思想是：根据一般的设计理论、设计方法，遵循设计规范和国家标准等，把工程设计问题按实际需要转化成数学模型，然后应用优化技术和计算机技术从众多可用设计方案中找出最优的设计方案或尽可能完善的设计结果。

有限元法是计算机诞生以来，在计算数学、计算力学和计算工程科学领域内诞生的最有效的计算方法。

目前，有关优化设计和有限元分析的优秀教材有许多，但一般讲授起点比较高，尤其是有限元分析应用，大多数需要读者按照有限元原理编写程序，使读者很难在短时间内掌握有限元分析方法。本书从实际工程应用出发，按照从理论到实践的原则将两者有机地结合。前面几章系统地介绍了机械优化设计的理论和方法，为了进一步提高大家对机械优化设计的认识，通过大量的案例来说明解决一个工程实际问题的一般步骤和方法，并介绍了在机械优化设计中应用比较广泛的 MATLAB 优化工具箱，列举了优化工具箱中几种最常用的优化函数的编程方法及应用场合。后面几章重点介绍了分析软件 ANSYS 的应用，以一些浅显易懂的问题为例，简明扼要地讲述了相关问题的理论基础，然后，再结合具体的工程应用实例，以循序渐进的方式，通过利用分析软件 ANSYS 进行分析，加深对有限元原理的理解，并掌握 ANSYS 的分析过程，使读者很容易掌握优化设计与有限元应用。

有限元仿真与优化分析在机械及机电系统中的应用，显著提高了产品的设计性能，缩短了设计周期，极大地增强了产品的市场竞争能力，取得了较明显的技术和经济效果，越来越受到工程技术人员的重视。

本书由宋瑞银、陈俊华担任主编，参加编写的还有张美琴、林蹯、王贤成。其中，前言、绪论、第 8 章由宋瑞银编写，第 1 章、第 9 章由陈俊华编写，第 2 章、第 3 章由张美琴编写，第 4 章、第 5 章由林蹯编写，第 6 章、第 7 章由王贤成编写。全书由宋瑞银统稿。

浙江大学宁波理工学院的郑堤教授仔细审阅了书稿，提出了许多宝贵的意见和建议。本书得到了宁波市高等院校特色教材建设项目资助。另外，在本书编写过程中还得到了沈萌红、张惠娣、黄方平等老师的关心和支持，在此一并表示衷心的感谢。

由于编者水平有限，书中难免存在缺点和错误，敬请广大读者批评指正。

编　者

目　　录

绪　论

在机电产品设计过程中，人们总是希望设计出来的机电产品性能好、成本低、工作寿命长，这往往需要设计者能够确定一组合理的设计参数以达到期望的最佳技术指标，而如何才能够找到这样的一组设计参数，这就是工程的优化设计问题。优化设计是从 20 世纪 60 年代初期发展起来的一门新的学科，它是将最优化原理和计算机计算技术应用于设计领域，为工程设计提供一种重要的科学设计方法。这种方法可以帮助设计者在解决复杂问题时，从众多设计方案中得到理想的设计方案。

早在 17 世纪，英国科学家牛顿开创微积分时代时，极值问题已经被提出，后来出现拉格朗日乘数法求极值；1847 年法国数学家柯西（Cauchy）研究了函数沿什么方向下降最快的问题；1949 年苏联数学家提出解决下料问题和运输问题这两种线性规划问题的求解方法。但是受到计算工具条件的限制，在 20 世纪 50 年代以前，最优化理论还不能形成一门学科。到了 20 世纪 60 年代，随着计算机和计算技术的发展，使得很多原本手工无法计算出的繁琐计算问题得到了解决，之前很多停留在理论上的优化算法在实际工程问题中得到了很广的应用。尤其在机械及机电系统设计领域，优化设计被越来越多地应用于各类产品的开发设计上。

机电系统计算机仿真的应用与发展经过了近 40 年的历程，进入 20 世纪 80 年代以来，随着微型计算机技术及相关仿真软件技术的飞速发展与广泛应用，机电系统性能分析与仿真技术得到了实质性的进展，并逐渐进入了机电系统设计、研究和生产的第一线。在该领域应用较为广泛的软件有 ANSYS 仿真软件和 MATLAB 语言软件。ANSYS 软件是融结构、流体、电场、磁场、声场分析于一体的大型通用有限元分析软件，由世界上最大的有限元分析软件公司之一的美国 ANSYS 开发，它能与多数 CAD 软件接口，实现数据的共享和交换，如 Pro/Engineer、NASTRAN、Algor、I – DEAS、AutoCAD 等，是现代产品设计中的高级 CAE 工具之一。ANSYS 有限元软件包是一个多用途的有限元法计算机设计程序，可以用来求解结构、流体、电力、电磁场及碰撞等问题。因此它可应用于以下工业领域：航空航天、汽车工业、生物医学、桥梁、建筑、电子产品、重型机械、微机电系统、运动器械等。MATLAB 是美国 MathWorks 公司出品的商业数学软件，用于算法开发、数据可视化、数据分析以及数值计算的高级技术计算语言和交互式环境，主要包括 MATLAB 和 Simulink 两大部分。MATLAB 是矩阵实验室（Matrix Laboratory）的简称，和 Mathematica、Maple 并称为三大数学软件。它在数学类科技应用软件中的数值计算方面首屈一指。MATLAB 可以进行矩阵运算、绘制函数和数据、实现算法、创建用户界面、连接其他编程语言的程序等，主要应用于工程计算、控制设计、信号处理与通信、图像处理、信号检测、金融建模设计与分析等领域。

有限元仿真与优化分析在机械及机电系统中的应用，取得了较明显的技术和经济效果，越来越受到工程技术人员的重视。例如，美国贝尔（Bell）飞机公司采用优化方法解决具有 450 个设计变量的大型结构优化问题，使一个飞机机翼的自重减轻了 35%；我国葛洲坝二号船闸人字门启闭机经过机械性能优化分析，使驱动力矩由 4000kN·m 降为 2322kN·m。性能优化分析已成为现代机械及机电系统设计理论和方法的一个十分重要的组成部分，它与计算机辅助设计结合起来，使设计过程完全自动化，这已是设计方法的一个重要发展方向。可以预期，性能优化分析在近几年将会以一个更快的速度被更广泛地应用于机械及机电系统的各个领域，为提高我国机械及机电产品的国际竞争力，促进我国工业现代化的进程产生十分积极的、深远的影响。因此掌握好机电系统性能分析这门课程具有很重大的意义。

第 1 章　机电系统性能分析概述

机电系统性能体现在多方面，包括可靠性、工作寿命、静态特性、动态特性等方面。计算机 CAE 仿真和优化分析是目前对复杂机电系统进行分析的重要手段和方法之一。在机电系统的设计过程中，除了需要进行基本的理论计算外，其性能综合模拟与优化分析也是必要的。系统性能指标与参数是否达到预期的要求？系统的经济性能如何？都需要在系统设计中给出明确的结论。对于那些在实际调试过程中存在很大风险或试验费用昂贵的系统，一般不允许对设计好的系统直接进行试验，而没有经过试验研究或验证的机电系统一般不能直接用于生产实际中去。因而，在投入生产前，就有必要对其进行模拟仿真和优化分析，并在仿真和优化分析的基础上对机电系统（产品）的设计或样机进行改进。经过多次仿真和优化分析，以及试验验证，最后得到性能优化的机电系统。通过仿真与分析，可大大降低机电系统的设计和试验成本，缩短系统及零部件的研发周期。这里的机电系统性能分析就是以机电系统的数学模型为基础，借助计算机对机电系统及关键零部件进行分析与优化。其主要特点是：将实际系统的运动规律或特性用数学表达式加以描述，它通常是一组或多组微分方程或差分方程，以矩阵形式表示出来，并以计算机进行模型求解并达到系统分析的目的。

机电系统性能分析的基本过程包括：首先建立系统的数学模型，因为数学模型是系统分析的基本依据；然后根据系统的数学模型或理论建立相应的仿真模型和分析模型，正确设置各种边界条件等参数；最后根据系统的仿真模型编制相应的仿真程序，在计算机上进行仿真研究并对结果进行分析和处理。下面分别介绍机电系统优化设计概述和机电系统有限元法分析概述两个方面的知识。

1.1　机电系统优化设计概述

1.1.1　优化设计问题的引例

机械优化设计首先将机械工程设计问题转化为优化设计的数学模型，然后根据数学模型的特性，选择适当的最优化方法，通过计算机求得最优解。而如何将实际的工程问题转化为抽象的数学模型，这将是优化设计首先需要解决的问题。

下面先举几个简单的例子引导大家对优化设计的数学模型有一个初步的认识。

例 1-1　用薄钢板制造一体积为 5m³、长度不小于 4m、不带上盖的货箱，试确定货箱的长、宽、高，以使该货箱耗费钢板量最小。

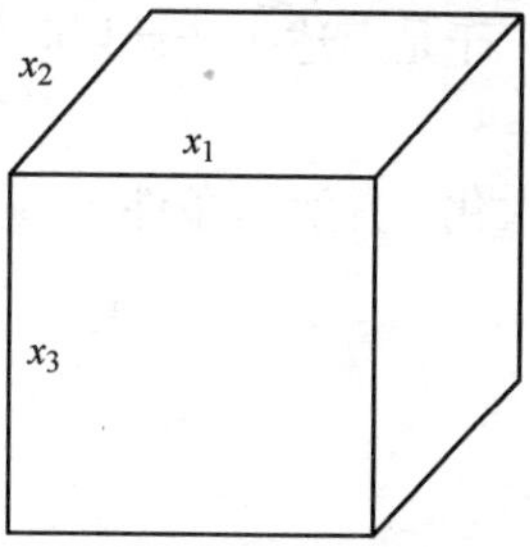

解：如图 1-1 所示，设钢板的长宽高分别为 x_1、x_2、x_3，钢板的耗费量大小可以转化为货箱的表面积 S 大小，本例优化的目

图 1-1 货箱示意图

标是钢板的耗费量最小，也就是货箱的表面积 S 最小，本例中可写出不带上盖的货箱表面积为

$$S = x_1 x_2 + 2(x_2 x_3 + x_1 x_3)$$

货箱表面积 S 是变量参数 x_1、x_2 和 x_3 的函数，上式称为目标函数。参数 x_1、x_2 和 x_3 称为设计变量。优化设计就是恰当地选择这些设计变量，使得货箱表面积 S（目标函数）达到最小。

选择这些参数要受到下列货箱体积和长、宽、高的限制，即

$$x_1 x_2 x_3 = 5\text{m}^3, \quad x_1 \geqslant 4\text{m}, \quad x_2 \geqslant 0, \quad x_3 \geqslant 0$$

以上限制设计变量 x_1、x_2 和 x_3 的表达式，称为约束条件。其中 $x_1 x_2 x_3 = 5\text{m}^3$ 为等式约束条件，$x_1 \geqslant 4\text{m}$，$x_2 \geqslant 0$，$x_3 \geqslant 0$ 为不等式约束条件。

因此，箱体设计的数学模型可以归结为求变量 x_1、x_2、x_3，使函数

$$S = x_1 x_2 + 2(x_2 x_3 + x_1 x_3)$$

极小化，并满足条件

$$x_1 x_2 x_3 = 5\text{m}^3, \quad x_1 \geqslant 4\text{m}, \quad x_2 \geqslant 0, \quad x_3 \geqslant 0$$

例 1-2 某工厂生产甲、乙两种产品。生产每种产品所需的原料、工时、耗电量和可获得利润见表 1-1。试确定两种产品每天的产量，以使每天所获得的利润最大。

表 1-1　生产和供给的数据

产　品	原料/kg	工时/h	耗电量/(kW·h)	利润/元
甲	18	6	8	120
乙	8	20	10	240
供给量	720	600	400	

解： 这是一个生产计划问题，可归结为既满足各项生产条件，又使每天所能获得的利润达到最大的优化设计问题。

设每天生产甲产品 x_1 件、乙产品 x_2 件，每天获得的利润可以表示为

$$f(x_1, x_2) = 120x_1 + 240x_2$$

每天实际消耗的原料、工时、电量可分别用函数 $g_1(x_1, x_2)$、$g_2(x_1, x_2)$、$g_3(x_1, x_2)$ 表示，即

$$g_1(x_1, x_2) = 18x_1 + 8x_2$$
$$g_2(x_1, x_2) = 6x_1 + 20x_2$$
$$g_3(x_1, x_2) = 8x_1 + 10x_2$$

于是上述生产计划问题可归结为求变量 x_1、x_2，使函数

$$f(x_1, x_2) = 120x_1 + 240x_2$$

极大化，并满足条件

$$g_1(x_1, x_2) = 18x_1 + 8x_2 \leqslant 720$$
$$g_2(x_1, x_2) = 6x_1 + 20x_2 \leqslant 600$$
$$g_3(x_1, x_2) = 8x_1 + 10x_2 \leqslant 400$$
$$g_4(x_1, x_2) = x_1 \geqslant 0$$
$$g_5(x_1, x_2) = x_2 \geqslant 0$$

这就是该问题的数学模型，其中 $f(x_1, x_2)$ 为目标函数，$g_u(u=1, 2, \cdots, 5)$ 代表五个已知的生产指标，称为约束函数。五个不等式称为约束条件。

例1-3　设计螺旋压缩弹簧（图1-2），使其压缩体积最小。要求最大工作载荷为 F，弹簧材料的切变模量为 G，许用切应力为 $[\tau]$，弹簧的非工作圈数为 n_2，最大工作变形量 $\lambda = 10\text{mm}$。

解：若用 D、n_1、d 分别表示弹簧的平均直径、弹簧工作圈数和弹簧钢丝直径，则压缩体积的目标函数可以表示为

$$f(D, n_1, d) = V = \frac{1}{4}\pi D^2 (n_1 + n_2) d$$

要使压缩体积最小，就是求上述目标函数的极小值。并需要满足如下的一些约束条件：

1）强度条件。弹簧在极限载荷作用下其切应力不能超过许用值，即

$$\tau = \frac{8KFD}{\pi d^3} \leqslant [\tau]$$

式中，K 为弹簧的曲度系数，取 $K = 1.6/(\frac{D_2}{d})^{0.14}$。

2）变形条件。弹簧在载荷作用下其产生的变形量 λ 要求为 10mm，即

$$\lambda = \frac{8FD^3 n_1}{Gd^4} = 10\text{mm}$$

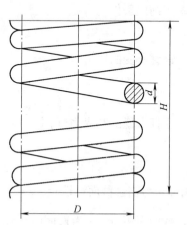

图1-2　弹簧的优化设计问题

3）稳定性条件。压缩弹簧的稳定性条件为高径比 b 不得超过允许值 $[b]$，当弹簧为两端固定时，取 $[b] = 5.3$），即

$$b = \frac{H}{D} \leqslant [b]$$

式中，H 为弹簧的自由高度，其值为 $H = (n_1 + n_2)d + 1.1\lambda$。

综上所述，该问题的数学模型可以表示为求变量 D、n_1、d，使函数

$$f(D, n_1, d) = V = \frac{1}{4}\pi D^2 (n_1 + n_2) d$$

极小化，并满足如下约束条件

$$\tau = \frac{8KFD}{\pi d^3} \leqslant [\tau]$$

$$\lambda = \frac{8FD^3 n_1}{Gd^4} = 10\text{mm}$$

$$b = \frac{H}{D} \leqslant [b]$$

例1-4　图1-3所示的人字架由两个钢管构成，其顶点受外力 $2F = 3 \times 10^5\text{N}$。已知人字架跨度 $2B = 152\text{cm}$，钢管壁厚 $\delta = 0.25\text{cm}$，钢管材料的弹性模量 $E = 2.1 \times 10^5\text{MPa}$，材料密度

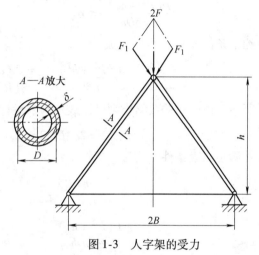

图1-3　人字架的受力

$\rho = 7.8 \times 10^3\,\mathrm{kg/m^3}$，许用压应力 $\sigma_y = 420\mathrm{MPa}$。求在钢管压应力 σ 不超过许用压应力 σ_y 和失稳临界应力 σ_e 的条件下，人字架的高度 h 和钢管平均直径 D，使钢管总质量 m 为最小。

解： 根据题意要求，可以把人字架的优化设计问题归结为求 $X = (D \quad h)^T$，使结构质量

$$m(X) = 2\rho AL = 2\pi\rho TD(B^2 + h^2)^{\frac{1}{2}}$$

最小化，并满足强度约束条件

$$\sigma(x) \leqslant \sigma_y$$

和稳定约束条件

$$\sigma(x) \leqslant \sigma_e$$

钢管所受的压力

$$F_1 = \frac{FL}{h} = \frac{F(B^2 + h^2)^{\frac{1}{2}}}{h}$$

压杆失稳的临界力（图1-4）

$$F_e = \frac{\pi^2 EI}{L^2}$$

式中，I 为钢管截面惯性矩，$I = \frac{\pi}{4}(R^4 - r^4) = \frac{A}{8}(\delta^2 + D^2)$；$A$ 为

钢管截面面积（r、R 为截面内、外半径，$D = R - r$），$A = \pi(R^2 - r^2) = \pi\delta D$。

钢管所受的压应力

$$\sigma = \frac{F_1}{A} = \frac{F(B^2 + h^2)^{\frac{1}{2}}}{\pi\delta Dh}$$

钢管的临界应力

$$\sigma_e = \frac{F_e}{A} = \frac{\pi^2 E(\delta^2 + D^2)}{8(B^2 + h^2)}$$

因此，强度约束条件 $\sigma \leqslant \sigma_y$ 可以写成

$$\frac{F(B^2 + h^2)^{\frac{1}{2}}}{\pi\delta Dh} \leqslant \sigma_y$$

稳定约束条件 $\sigma \leqslant \sigma_e$ 可以写成

$$\frac{F(B^2 + h^2)^{\frac{1}{2}}}{\pi\delta Dh} \leqslant \frac{\pi^2 E(\delta^2 + D^2)}{8(B^2 + h^2)}$$

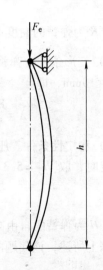

图1-4 压杆的稳定

综上所述，该问题的数学模型可以表示为求设计变量 D、h，使目标函数

$$m(X) = 2\rho AL = 2\pi\rho\delta D(B^2 + h^2)^{\frac{1}{2}}$$

最小化，并满足约束条件

$$\frac{F(B^2 + h^2)^{\frac{1}{2}}}{\pi\delta Dh} \leqslant \sigma_y$$

$$\frac{F(B^2 + h^2)^{\frac{1}{2}}}{\pi\delta Dh} \leqslant \frac{\pi^2 E(\delta^2 + D^2)}{8(B^2 + h^2)}$$

1.1.2　优化设计的数学模型

通过 1.1 节的几个简单例子可以看出，很多优化设计问题都可以建立一个统一形式的数学模型，通常称为数学建模。数学建模是优化设计中最关键的步骤之一。机电系统优化的数学模型包含了三个基本要素：设计变量、约束条件、目标函数。

1. 设计变量

在设计过程中，区别不同的设计方案，通常是以一组取值不同的参数来表示的。这些参数可以是表示构件形状、尺寸、大小等的几何量，也可以是表示构件质量、速度、加速度、力或力矩等的物理量。在这些参数中，有的是根据实际情况预先确定的，它在优化设计过程中是固定不变的量，这样的参数就是设计常量；有的则需要在设计过程中不断进行选择和调整，可认为是变化的量，这些参数就称作设计变量。

一个设计方案的全部 n 个设计变量 x_1，x_2，$\cdots$，x_n，可用一个列向量表示

$$\boldsymbol{X} = \begin{pmatrix} x_1 & x_2 & \cdots & x_n \end{pmatrix}^{\mathrm{T}}$$

称为设计变量向量。一旦规定了这样一种向量的组成，则其中任意一个特定的向量都可以称作一个"设计"。以 n 个设计变量为坐标轴组成的实空间称为 n 维设计空间。这样，具有 n 个分量的一个设计向量对应着 n 维设计空间的一个设计点，该点代表具有 n 个设计变量的一个设计方案。例如，例 1-1 就是以 x_1、x_2、x_3 这三个设计变量组成的三维设计空间。具体的一组设计向量 $(x_1 \quad x_2 \quad x_3)^{\mathrm{T}}$ 就代表该三维设计空间的一个设计点。

2. 约束条件

优化设计不仅要使所选择方案的设计指标达到最优值，同时还必须满足某些设计的限制条件，因为不满足这些设计限制条件的设计方案常常是工程上所不能接受的，这些限制条件就称为约束条件。根据约束的性质不同，可以将设计约束分为边界约束和性能约束两类。边界约束是直接限定设计变量取值范围的约束条件，例如对齿轮的模数、齿数的上、下限的限制就是边界约束；而性能约束是根据设计性能要求而提出的约束条件，例如零件的强度条件、刚度条件、稳定性条件等均属于性能约束。

约束的表现形式有两种：一种是不等式约束，即

$$g_u(X) \leqslant 0 \text{ 或 } g_u(X) \geqslant 0 \quad u = 1, 2, \cdots, m$$

另一种是等式约束，即

$$h_v(X) = 0 \quad v = 1, 2, \cdots, p < n$$

式中，$g_u(X)$ 和 $h_v(X)$ 分别为设计变量的函数，统称为约束函数；m 和 p 分别表示不等式约束和等式约束的个数，而且等式约束的个数 p 必须小于设计变量的个数 n。因为一个等式约束可以消去一个设计变量，当 $p = n$ 时，即可由 p 个方程组解得唯一的一组设计变量 x_1，x_2，$\cdots$，x_n，这样就无优化可言。

满足所有约束条件的设计点的集合称为可行域，可行域内的设计点称为可行设计点，否则称为非可行设计点。当设计点处于某一不等式约束边界上时，称为边界设计点。边界设计点属于可行设计点，它是一个为该项约束所允许的极限设计方案。

3. 目标函数

目标函数又称作评价函数，是用来评价设计方案优劣的标准。任何一项机械设计方案的好坏，总可以用一些设计指标来衡量，这些设计指标可表示为设计变量的函数，该函数就称

为优化设计的目标函数，目标函数可以是结构质量、体积、功耗、成本或其他性能指标（如变形、应力等）。n 维设计变量优化问题的目标函数可以表示为

$$f(X) = f(x_1,\ x_2,\ \cdots,\ x_n)$$

在某些设计问题中，可能存在两个或两个以上需要优化的指标，这就是多目标函数的问题。例如设计一台机器，期望得到最低的造价和最少的维修费用。

目标函数是 n 维变量的函数，它的函数图像只能在 $n+1$ 维空间中描述出来。为了在 n 维设计空间中反应目标函数的变化情况，常采用目标函数等值面方法。目标函数等值面的数学表达式为

$$f(X) = c \quad (c\ 为常数)$$

在二维情况下，该点集为等值曲线，三维时为等值面，大于三维的称为超曲面。具体的性质及其对于优化问题的意义将在第 2 章中介绍。

4. 优化设计的数学模型

在明确设计变量、约束条件、目标函数之后，优化设计问题就可以表示成一般数学形式。

求设计变量向量 $X = (x_1 \quad x_2 \quad \cdots \quad x_n)^\mathrm{T}$，使得

$$f(X) \rightarrow \min$$

且满足约束条件

$$g_u(X) \leqslant 0 \quad (u = 1,\ 2,\ \cdots,\ m)$$
$$h_v(X) = 0 \quad (v = 1,\ 2,\ \cdots,\ p)$$

利用可行域概念，可将数学模型的表达进一步简练。设同时满足 $g_u(X) \leqslant 0$（$u = 1$，2，$\cdots$，m）和 $h_v(X) = 0$（$v = 1$，2，$\cdots$，p）的设计点集合为 R，即 R 为优化问题的可行域，则优化问题的数学模型可简练地写成求 X，使

$$\min_{x \in R} f(X)$$

在实际优化问题中，对目标函数一般有两种要求形式：目标函数极小化 $f(X) \rightarrow \min$ 或目标函数极大化 $f(X) \rightarrow \max$。由于求 $f(X)$ 极大化与求 $-f(X)$ 的极小化等价，所以今后优化问题的数学表达一律采用目标函数极小化形式。

1.1.3 优化设计问题的分类

工程设计中的优化问题种类繁多，但可以从不同的角度进行分类。按设计变量个数的不同，可将优化设计分为单变量（一维）优化和多变量优化；按约束条件的不同，可分为无约束优化和约束优化；若按目标函数数量的不同，可分为单目标优化和多目标优化；按求解方法的特点，可将优化方法分为准则法和数学规划法。

所谓准则法是根据力学或其他原则构造达到最优的准则，如满足应力准则、强度准则、疲劳特性准则等，然后根据这些准则寻求最优解。数学规划法是从解极值问题的数学原理出发，运用数学规划的方法来解最优解。数学规划法又可按设计问题优化求解的特点，分为线性规划、非线性规划和动态规划几大类。

当目标函数与约束函数均为线性函数时，称为线性规划问题，如例 1-2 就属于线性规划类问题。线性规划多用于生产组织和管理问题的优化求解。

当目标函数和约束函数至少有一个为非线性函数时，即为非线性规划。例如，例 1-1 的目

标函数是一个非线性函数，因此属于非线性规划问题。在非线性规划中，若目标函数为设计变量的二次函数，而约束条件与设计变量呈线性函数的关系，称之为二次规划；若目标函数为一广义多项式，称之为几何规划；若设计变量的取值部分或全部为整数量，称为整数规划；若为随机值，称为随机规划。对上述不同类型的规划问题，都有一些专门算法进行求解。

最优化问题根据变量不同，可分为变量取连续实数的连续最优化问题以及取整数或者类似 0、1 离散值的离散最优化问题，后者多用组合性质来表达，也称为组合优化问题。如果还具有特殊形式

$$f(X) = \sum_{i=1}^{l} f_i^2(X)$$

则称此类问题为非线性最小二乘问题。

所谓的动态规划是指当设计变量的取值随时间或位置变化时，将问题分为若干个阶段，利用递推关系或一个接一个地做出最优决策，即用多级判断方法使整个设计取得最优结果。

机械及机电产品的优化设计问题多属于多维、有约束的非线性规划问题。

1.1.4　优化设计的一般步骤

一般机械及机电产品的优化设计都需要经历以下的几个阶段：

1）根据产品的设计要求，确定优化对象。优化设计首先必须确定一个优化的目标，也就是要建立目标函数的优化对象，这个对象范围很广，比如说它可以是像产品的利润、尺寸、体积这样的局部优化，也可以是整个产品的全局优化。这就需要设计者参照已积累的资料和数据，具体地去分析产品性能和要求并结合市场需要确定一个合理的优化目标。

2）设计变量和设计约束条件的确定。设计变量是优化设计时可供选择的变量参数，直接影响设计结果和设计指标。选择设计变量应考虑以下问题，设计变量必须是对优化设计指标有直接影响的参数，能充分反映优化问题的要求；合理选择设计变量的数目，设计变量过多，将使问题的求解难度加大，设计变量过少，又难以体现优化的效果；各设计变量应相互独立，相互间不能存在隐含或包容的函数关系。

设计约束条件是规定设计变量的取值范围。在通常的机械及机电产品设计中，往往要求设计变量必须满足一定的设计准则、所需的力学性能要求，以及规定的几何尺寸范围。在优化设计中所确定的约束条件必须合理，约束条件过多将使可行域变得很小，增加了求解的难度，有时甚至难以达到优化目的。

3）建立合适的优化设计数学模型。数学模型描述工程问题的本质是反映所要求的设计内容。它是一种完全舍弃事物的外在形象和物理内容，但包含该事物性能、参数关系、破坏形式、结构几何要求等本质内容的抽象模型。建立合理、有效、实用的数学模型是实现优化设计的根本保证。

4）选择合适的优化方法。当优化设计数学模型建立以后，应该选择适当的优化方法进行计算求解。各种优化方法都有其特点和适用范围，选取的方法应适合设计对象的数学模型，解题成功率高，易于达到规定的精度要求，占用机时少，人工准备工作量小，即满足可靠性和有效性好的选取条件。

5）分析评价优化结果。将得到的优化结果与没有优化之前的设计结果进行比较，分析优化的结果有没有带来真正的优化意义，比如说提高了产品的设计质量、降低了设计成本

等。如果比较之后，发现优化设计的结果并没有带来明显的改善，则需要修正数学模型，以便产生最终的优化结果。

1.1.5 常用的优化方法及其特点

优化方法的类型很多，下面针对某几种类型的优化问题列举一些常用的优化方法。常用优化方法及其特点见表1-2。

表1-2 常用优化方法及其特点

优化方法			特　　点
一维搜索方法		黄金分割法	简单、有效的一维直接搜索方法，对函数的连续性、可微性都没有要求，应用广泛
		二次插值法	对函数的连续性有要求，收敛速度较黄金分割法快，初始点的选择影响收敛速度
无约束优化方法	直接法	坐标轮换法	适合于中小型问题($n<20$)的求解，不必对目标函数求导，方法简单、使用方便
		鲍威尔法	共轭方向法的一种，具有直接法的共同优点，即不必对目标函数求导，具有二次收敛性，收敛速度快，适合于中小型问题
	间接法	梯度法	需要计算一阶偏导数，对初始点的要求较低，初始迭代效果较好，在极值点附件收敛很慢，一般与其他方法配合，在迭代开始使用
		牛顿法	具有二次收敛性，在极值点附近收敛较快，但要用到一阶、二阶导数，并且要用到海赛（Hessian）矩阵，计算量大，需要的存储空间大，对初始点要求很高
		变尺度法	共轭方向法的一种，具有二次收敛性，收敛速度快，可靠性高，需计算一阶偏导，对初始点要求不太高，可求解 $n>100$ 的优化问题，是有效的无约束优化方法，但所需存储空间较大
有约束优化方法	直接法	随机方向搜索法	对目标函数的要求不高，收敛速度较快，可用于中小型问题的求解，但只能求得局部最优解
		复合形法	具有单形替换法的特点，适合于求解 $n<20$ 的规划问题，但不能求解有等式约束的问题
	间接法	惩罚函数法	将有约束问题转化为无约束问题，对大中型问题的求解较合适，计算效果较好
有约束线性规划		单纯形法	一般用来解决有约束线性规划类的问题

1.2 机电系统有限元法分析概述

有限元分析（Finite Element Analysis，FEA）的基本思想是用简单的问题代替复杂的问题后再求解。它将求解域看成是由许多称为有限元的小的相互连接域组成，对每个单元假定一个合适的近似解，然后推导求解这个域总的满足条件（如结构的平衡条件），从而得到问题的解。这个解是近似解，而不是准确的解。由于大多数实际问题难以得到准确的解，有限元分析不仅计算精度高，而且能适应各种复杂形状，因而成为行之有效的工程分析手段。

有限元法的基本思想是先将研究对象的连续求解域离散为一组有限个且按一定方式相互连接在一起的单元组合体。由于单元能按不同的连接方式进行组合，且单元本身又可以有不同的形状，因此可以模拟成不同几何形状的求解小区域；然后对单元进行力学分析，最后再整体分析。这种化整为零、集零为整的方法就是有限元的基本思路。

有限元法的形成可以回溯到 20 世纪 50 年代，来源于固体力学中矩阵结构法的发展和工程师对结构相似性的直觉判断。从固体力学的角度来看，桁架结构等标准离散系统与人为地分割成有限个分区后的连续系统在结构上存在相似性。

1956 年 M. J. Turner，R. W. Clough，H. C. Martin，L. J. Topp 在纽约举行的航空学会年会上介绍了一种新的计算方法，将矩阵位移法推广到求解平面应力问题。他们把结构划分为一个三角形和矩形的"单元"，利用单元中近似位移函数，求得单元节点力与节点位移关系的单元刚度矩阵。

1954—1955 年，J. H. Argyris 在航空工程杂志上发表了一组能源原理和结构分析论文。

1960 年，Cloud 在他的名为 "The finite element in plane stress analysis" 的论文中首次提出了有限元（finite element）这一术语。

数学家们则发现了微分方程的近似解法，包括有限差分法、变分原理和加权余量法。

1963 年前后，经过 J. F. Besseling，R. J. Melosh，R. E. Jones，R. H. Gallaher，T. H. H. Pian 等许多人的努力，人们认识到有限元法就是变分原理中里兹（Ritz）近似法的一种变形，发现了用各种不同变分原理导出的有限元计算公式。

1965 年，O. C. Zienkiewicz 和 Y. K. Cheung（张佑启）发现只要能写成变分形式的所有场问题，都可以用与固体力学有限元法的相同步骤求解。

1969 年 B. A. Szabo 和 G. C. Lee 指出了可以用加权余量法，特别是 Galerkin 法，导出标准有限元过程来求解非结构问题。

我国的力学工作者为有限元方法的初期发展做出了许多贡献，其中比较著名的有：陈伯屏（结构矩阵方法），钱令希（余能原理），钱伟长（广义变分原理），胡海昌（广义变分原理），冯康（有限单元理论）。

有限元法不仅能应用于结构分析，还能解决可归结为场问题的工程问题。20 世纪 60 年代中期以来，有限元法得到了巨大的发展，为工程设计和优化提供了有力的工具。人们通过大量的理论研究，拓展了有限元法的应用领域，发展了许多通用或专用的有限元分析软件。

理论研究的一个重要领域是计算方法的研究，主要有：大型线性方程组的解法、非线性问题的解法和动力问题的解法。

目前应用较多的通用有限元软件见表 1-3。

表 1-3　通用有限元软件

软 件 名 称	简　　介
MSC/Nastran	著名结构分析程序，最初由 NASA 研制
MSC/Dytran	动力学分析程序
MSC/Marc	非线性分析软件
ANSYS	通用结构分析软件
ADINA	非线性分析软件
ABAQUS	非线性分析软件

上述有限元软件均有各自的特点，但分析的基本理论和过程则大同小异。鉴于 ANSYS 作为一种应用广泛的有限元软件，后面章节中将以 ANSYS 的相关理论和操作进行介绍。

1.2.1 有限元法引例

图1-5所示为平面钢板模型，板厚0.01m，左端固定，右端作用50kPa的均布载荷，试对其进行静力分析。钢板的弹性模量为210GPa，泊松比为0.25。

这里以 ANSYS 软件作为有限元分析工具，介绍上述问题的详细分析操作步骤。

（1）启动 ANSYS　双击 ANSYS 图标，进入 ANSYS 界面。

（2）定义工作文件名　进入 ANSYS/Multiphysics 的程序界面后，选择 Utility Menu > File > Change Jobname，弹出"Change Jobname"对话

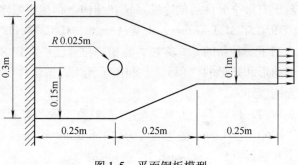

图1-5　平面钢板模型

框，输入"gangban"作为工作文件名，单击"OK"按钮。

（3）定义分析标题　选择 Utility Menu > File > Change Title，在弹出的对话框中输入"LX_ 01"作为分析标题，单击"OK"按钮。

（4）重新显示　选择 Utility Menu > Plot > Replot，单击确定按钮后，所命名的分析标题和工作文件名会出现在 ANSYS 中。

（5）选择分析类型　在弹出的对话框中，选择分析类型。由于此例属于结构分析，选择 Main Menu > Preferences，选中"Structural"复选框，单击"OK"按钮，如图1-6所示。

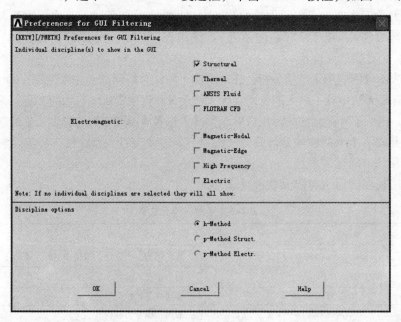

图1-6　分析选项选择

（6）定义单元类型　选择 Main Menu > Preprocessor > Element Type > Add/Edit/Delete。单击弹出对话框中的"Add"按钮，弹出单元类型选择对话框，在左侧的列表框中选择"Solid"选项，在右侧列表框中选择"Brick 8node 45"选项，单击"OK"按钮,。如图1-7所示。

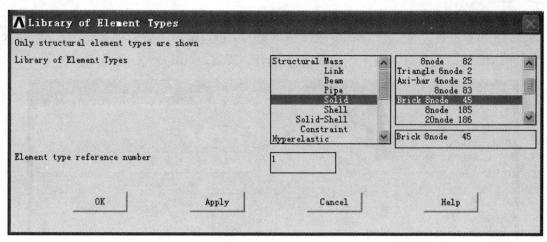

图 1-7　单元类型选择

（7）定义力学参数　选择 Main Menu > Preprocessor > Material Props > Material Model，在弹出的对话框中右边一栏依次双击"structures""Linear""Elastic""Isotropic"选项，弹出定义材料属性对话框，在"EX"文本框中输入"210e9"（弹性模量），在"PRXY"文本框中输入"0.25"（泊松比）。单击"OK"按钮，关闭定义材料属性对话框，如图 1-8 所示。

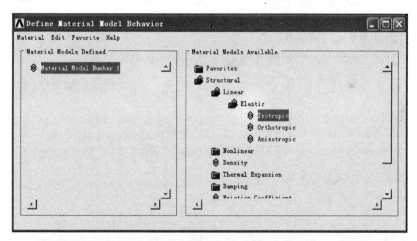

图 1-8　定义材料属性

（8）定义关键点　选择 Main Menu > Preprocessor > Modeling > Create > Keypoint > In active CS，弹出创建点对话框，在"NPT"文本框中输入关键点编号"1"，在"X，Y，Z"文本框中依次输入"0""-0.15""0"，单击"Apply"按钮，如图1-9所示。

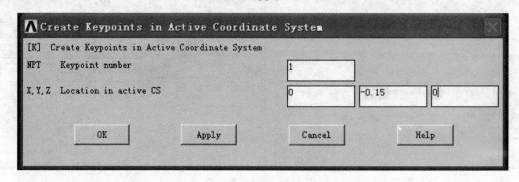

图1-9　定义关键点

再分别输入关键点 2（0.25，-0.15，0），关键点 3（0.5，-0.05，0），关键点 4（0.75，-0.05，0），关键点 5（0.75，0.05，0），关键点 6（0.5，0.05，0），关键点 7（0.25，0.15，0），关键点 8（0，0.15，0）。关键点的创建结果如图1-10所示。

（9）建立直线　选择 Main Menu > Preprocessor > Modeling > Create > Lines > Lines > Straight Lines，在关键点 1 和 2，2 和 3，3 和 4，4 和 5，5 和 6，6 和 7，7 和 8，8 和 1 之间建立直线。生成结果如图1-11所示。

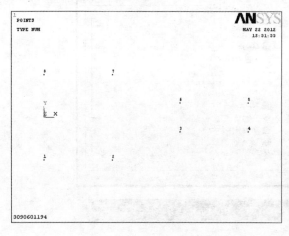

图1-10　关键点的创建结果

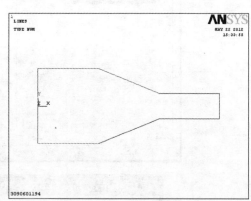

图1-11　直线的创建

（10）建立平面　选择 Main Menu > Preprocessor > Modeling > Create > Areas > Arbitraty > By Lines。执行该命令后，弹出一拾取对话框，分别拾取生成的八条直线，单击"OK"按钮，生成一个平面，如图1-12所示。

（11）显示工作平面　选择 Utility > WorkPlane > Display Working Plane，工作平面坐标显示在绘图区域中。

（12）移动工作平面　选择 Utility > WorkPlane > Offset WP by Increments，弹出"Offset WP"对话框，在"X，Y，Z Offsets"文本框中依次输入"0.25""0""0"，单击"OK"

按钮。工作平面坐标移动到 (0.25, 0, 0) 的位置。

（13）创建圆　选择 Main Menu > Preprocessor > Modeling > Create > Areas > Circle > Solid Circle，弹出创建圆的对话框，在"WP X"文本框中输入"0"，在"WP Y"文本框中输入"0"，在"Radius"文本框中输入"0.025"，单击"OK"按钮，如图 1-13 所示。

（14）布尔操作　选择 Main Menu > Preprocessor > Modeling > Operate > Booleans > Subtract > Areas，执行该命令后，在图形区域用目标选中平板基体，单击"OK"按钮，然后选择绘制的实体圆，单击"OK"按钮，得到的图形如图 1-14 所示。

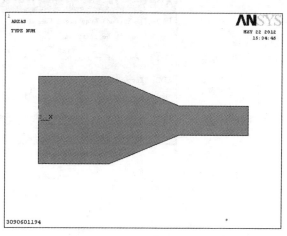

图 1-12　平面的创建

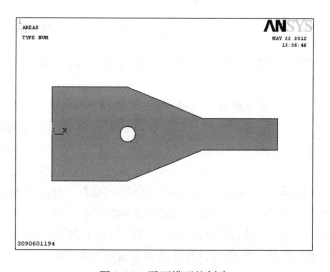

图 1-13　圆的创建　　　　　图 1-14　平面模型的创建

（15）拉伸板厚　选择 Main Menu > Preprocessor > Modeling > Operate > Extrude > Areas > Along Normal，选择图形，点击"OK"按钮，在"Length of extrusion"文本框中输入"0.01"，单击"OK"按钮，如图 1-15 所示。

（16）划分网格　选择 Main Menu > Preprocessor > Meshing > Meshing Tool，执行该命令后，在弹出的对话框中单击"Global"后面的"Set"按钮，弹出"Global Element Sizes"对话框，在"Element edge length"文本框中输入"0.01"（图 1-16），单击"OK"按

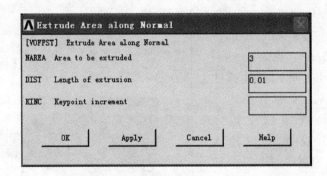

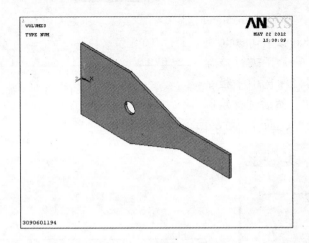

图 1-15　平面模型拉伸板厚

钮，回到"Mesh Tool"对话框中，然后单击"Mesh"按钮，弹出一个拾取对话框，单击"Pick All"按钮。

（17）施加载荷　选择 Main Menu > Solution > Define loads > Apply > Structural > Displacement > On Areas，弹出一个选取对话框。在绘图区域选取最左端的面，单击"OK"按钮，在弹出对话框的"DOFs to be constrained"列表框中选择"All DOF"选项，限制所有的自由度，在"VALUE"文本框中输入"0"，单击"OK"按钮，如图 1-17 所示。

选择 Main Menu > Solution > Define loads > Apply > Structural > Pressure > On Areas，弹出一个选取对话框，在图形上选取最右端的直线，单击"OK"按钮，弹出"Apply PRES on areas"对话框，如图 1-18 所示，在"Load PRES Value"文本框中输入"–50000"，单击"OK"按钮，加载后的有限元模型如图 1-19 所示。

（18）求解运算　选择 Main Menu > Solution > Solve > Current LS，在弹出的对话框中单击"OK"按钮，ANSYS 程序开始进行计算。当计算完成后，系统弹出一条信息框，提示求解已经完成。单击"Close"按钮，关闭该窗口。

（19）显示钢板变形图　选择 Main Menu > General Postproc > Plot Results > Deformed Shape，在弹出的窗口中选择"Def + undeformed"选项，单击"OK"按钮。加载变形后的效果图和未加载前的效果图显示在绘图区域，如图 1-20 所示。

（20）显示应力云图　选择 Main Menu > General Postproc > Plot Results > Contour Plot >

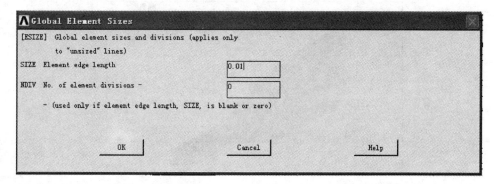

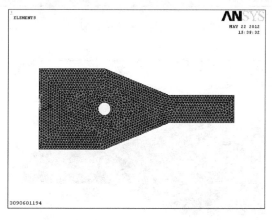

图 1-16　网格划分

Nodal Solu，弹出"Contour Nodal Solution Data"对话框，如图 1-21 所示，在"Stress"选项中选择"von Mises stress"，单击"OK"按钮。

　　钢板应力图生成结果如图 1-22 所示。通过该图可查看各个方向的应变、应力及三个主应力。

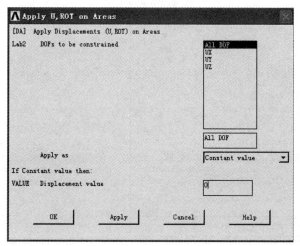

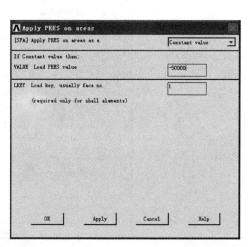

图 1-17　约束的设置　　　　　　　　　　　　图 1-18　压力的施加

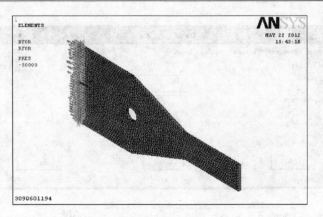

图 1-19　加载后的有限元模型

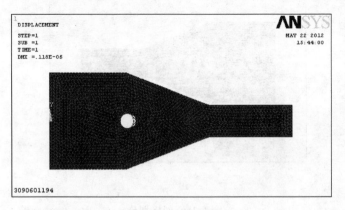

图 1-20　钢板变形图

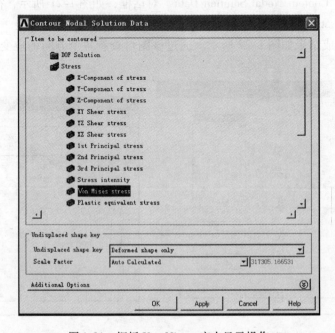

图 1-21　钢板 Von Misses 应力显示操作

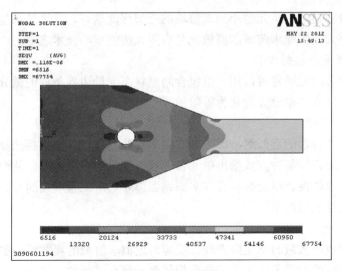

图 1-22　钢板应力图

查看钢板 X 方向最大应力点，如图 1-23 所示。

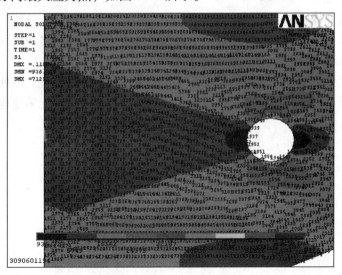

图 1-23　钢板 X 向应力图

（21）*存盘*　选择 ANSYS Toolbar > SAVE_　DB，退出 ANSYS。

这样，通过 ANSYS 就完成了一个完整的有限元静力学分析过程。

1.2.2　有限元法的计算步骤

对于不同物理性质和数学模型的问题，有限元求解法的基本步骤是相同的，只是具体推导公式和运算求解不同。有限元求解问题的基本步骤通常为：

1. 问题求解域定义

根据实际问题近似确定求解域的物理性质和几何性质。

2. 求解域离散化

将求解域近似为具有不同有限大小和形状且彼此相连的有限个单元组成的离散域，并进行有限元网格划分。显然，单元越小则离散域的近似程度越好，计算结果越精确，但计算量和计算误差都将增大，因此求解域的离散化是有限元法的核心技术之一。

3. 确定状态变量和控制方程

一个具体的物理问题通常可以用一组包含问题状态变量边界条件的微分方程式表示。为适合有限元求解，通常将微分方程化为等阶的泛函形式。

4. 单元推导

对单元构造一个合适的近似解，即推导有限单元的列式，其中包括选择合理的单元坐标系，建立单元试函数，以某种方式给出单元各种状态变量的离散关系，从而形成单元矩阵。

为保证求解的收敛性，单元推导有许多原则要遵守。对工程应用而言，重要的是应注意每一个单元的解题性能与约束。

5. 总装求解

将单元总装形成离散域的总矩阵方程，反应对近似求解域的离散域的要求，即单元函数的连续性要满足一定的连续条件。总装是在相邻单元节点进行的，状态变量及其导数连续性建立在节点处。

6. 联立方程组求解和结果解释

有限元法最终导致联立方程组。联立方程组的求解可用直接法、选代法和随机法。求解结果是单元节点处状态变量的近似值。对于计算结果的质量，将通过与设计准则提供的允许值比较来评价，并确定是否需要重复计算。

总之，有限元分析可以分为三个阶段——前处理、求解、后处理。前处理是建立有限元模型，完成单元网格划分；后处理则是采集处理分析结果，使用户能简便提取信息，了解计算结果。

第2章　机电系统优化设计的理论基础

从第1章的引例中可以看到，机械优化设计中绝大多数是多变量有约束的非线性规划问题，即求解多变量非线性函数的极值问题。由此可见，机械优化设计是建立在多元函数的极值理论基础上的，无约束优化问题和有约束优化问题实际上就对应于数学上的无条件极值问题和有条件极值问题。为了便于后面优化方法的学习，有必要研究这些非线性函数的性质和变化规律。本章主要叙述与此有关的数学理论知识。

2.1　函数的某些基本概念及性质

2.1.1　函数的等值面（线）

在优化设计中，目标函数一般表示为 n 个设计变量的函数，即

$$f(X) = f(x_1, x_2, \cdots, x_n)$$

当给定一组设计变量 x_1，x_2，$\cdots$，x_n 值时，可以得到目标函数 $f(X)$ 唯一的确定值。相反，当目标函数为某一定值时，如 $f(X) = a$，则可以有无限多组设计变量 x_1，x_2，$\cdots$，x_n 值与之相对应，这些设计变量在设计空间中组成一个点集，通常这个点集是一个曲面，称为目标函数的等值面（若为二维设计空间则称为等值线）。相应给定一系列函数值 c_1，c_2，c_3，$\cdots$时，便在设计空间内得到一组等值超曲面族。显然，在一个特定的等值面上，尽管设计方案很多，但每一个设计方案的目标函数值都是相等的。

现以二维优化问题为例，阐明目标函数等值面（线）的几何意义。如图 2-1 所示，二维目标函数 $f(X) = f(x_1, x_2)$ 在以 x_1、x_2、$f(X)$ 为坐标的三维坐标系空间内是一个曲面。每一个设计点 $X = (x_1、x_2)^T$ 对应的目标函数值 $f(X)$ 在图中反映为沿 $f(X)$ 轴方向的高度。若将曲面上具有相同高度的点投影到设计平面 $x_1 x_2$ 上，则得到平面上的一条曲线，这个曲线称为目标函数的等值线。当给定一系列不同的 a 值时，可以得到一组平面曲线 $f(x_1, x_2) = a_1$，$f(x_1, x_2) = a_2$，$\cdots$，这组曲线构成目标函数的等值线族。由图 2-1 可知，等值线族反映了目标函数值的变化情况，等值线越向里，目标函数值越小。对于有中心的曲线族来说，等

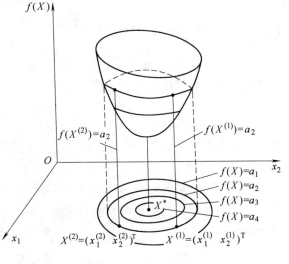

图 2-1　目标函数等值线

值线族的共同中心就是目标函数的无约束极小点 X^*。故从几何意义上讲，求目标函数无约束极小点也就是求其等值线族的共同中心。

以上二维设计空间等值线的讨论，可推广到分析多维的问题。但需要注意三维问题在设计空间中是等值面，高于三维的问题在设计空间中则是等值超曲面。

2.1.2 函数的方向导数与梯度

函数的等值面（线）是从几何角度定性地表示了函数值的变化规律，虽然比较直观但要想定量地表明函数在某一点的变化性质，还需要引进函数的方向导数和梯度这两个概念。

1. 函数的方向导数

一个二元函数 $f(x_1, x_2)$ 在 $x_0(x_{10}, x_{20})$ 点处的偏导数，其定义是

$$\left.\frac{\partial f}{\partial x_1}\right|_{x_0} = \lim_{\Delta x_1 \to 0} \frac{f(x_{10} + \Delta x_1, x_{20}) - f(x_{10}, x_{20})}{\Delta x_1}$$

$$\left.\frac{\partial f}{\partial x_2}\right|_{x_0} = \lim_{\Delta x_2 \to 0} \frac{f(x_{10}, x_{20} + \Delta x_2) - f(x_{10}, x_{20})}{\Delta x_2}$$

而 $\left.\frac{\partial f}{\partial x_1}\right|_{x_0}$ 和 $\left.\frac{\partial f}{\partial x_2}\right|_{x_0}$ 分别是函数 $f(x_1, x_2)$ 在 x_0 点处沿坐标轴 x_1 和 x_2 方向的变化率。因此，函数 $f(x_1, x_2)$ 在 $x_0(x_{10}, x_{20})$ 点处沿某一方向 $\boldsymbol{d}$ 的变化率如图 2-2 所示，其定义应为

$$\left.\frac{\partial f}{\partial \boldsymbol{d}}\right|_{x_0} = \lim_{\Delta \boldsymbol{d} \to 0} \frac{f(x_{10} + \Delta x_1, x_{20} + \Delta x_2) - f(x_{10}, x_{20})}{\Delta \boldsymbol{d}}$$

称它为该函数沿此方向的方向导数。据此，偏导数 $\left.\frac{\partial f}{\partial x_1}\right|_{x_0}$、$\left.\frac{\partial f}{\partial x_2}\right|_{x_0}$ 也可看成是函数分别沿 x_1、x_2 坐标轴方向的方向导数。所以方向导数是偏导数概念的推广，偏导数是方向导数的特例。

方向导数与偏导数之间的数量关系，可表示为

$$\left.\frac{\partial f}{\partial \boldsymbol{d}}\right|_{x_0} = \left.\frac{\partial f}{\partial x_1}\right|_{x_0} \cos\theta_1 + \left.\frac{\partial f}{\partial x_2}\right|_{x_0} \cos\theta_2$$

同样，一个三元函数 $f(x_1, x_2, x_3)$ 在 $x_0(x_{10}, x_{20}, x_{30})$ 点处沿 $\boldsymbol{d}$ 方向的方向导数 $\left.\frac{\partial f}{\partial \boldsymbol{d}}\right|_{x_0}$ 如图 2-3 所示，可类似地写成如下的形式

$$\left.\frac{\partial f}{\partial \boldsymbol{d}}\right|_{x_0} = \left.\frac{\partial f}{\partial x_1}\right|_{x_0} \cos\theta_1 + \left.\frac{\partial f}{\partial x_2}\right|_{x_0} \cos\theta_2 + \left.\frac{\partial f}{\partial x_3}\right|_{x_0} \cos\theta_3$$

依此类推，即可得到 n 元函数 $f(x_1, x_2, \cdots, x_n)$ 在 x_0 点处沿 $\boldsymbol{d}$ 方向的方向导数

$$\left.\frac{\partial f}{\partial \boldsymbol{d}}\right|_{x_0} = \left.\frac{\partial f}{\partial x_1}\right|_{x_0} \cos\theta_1 + \left.\frac{\partial f}{\partial x_2}\right|_{x_0} \cos\theta_2 + \cdots + \left.\frac{\partial f}{\partial x_n}\right|_{x_0} \cos\theta_n$$

式中，$\cos i$ 为 $\boldsymbol{d}$ 方向和坐标轴 x_i 方向之间夹角的余弦。

2. 函数的梯度

函数 $f(X)$ 在某点 x_0 的方向导数表明函数沿某一方向 d 的变化率。一般来说，函数在某一确定点沿不同方向的变化率是不同的。为了求得函数在某点的最大方向导数，则需要引入函数的梯度。现以二次函数为例说明函数梯度的概念。

二次函数 $f(x_1, x_2)$ 在 x_0 点处的方向导数 $\left.\frac{\partial f}{\partial \boldsymbol{d}}\right|_{x_0}$ 的表达式可改写为如下形式

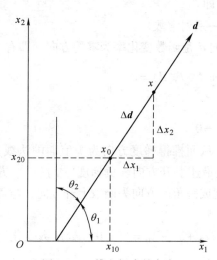

图 2-2　二维空间中的方向

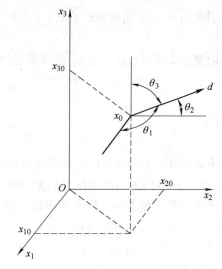

图 2-3　三维空间中的方向

$$\left.\frac{\partial f}{\partial \boldsymbol{d}}\right|_{x_0} = \left.\frac{\partial f}{\partial x_1}\right|_{x_0}\cos\theta_1 + \left.\frac{\partial f}{\partial x_2}\right|_{x_0}\cos\theta_2 = \left(\begin{array}{cc}\dfrac{\partial f}{\partial x_1} & \dfrac{\partial f}{\partial x_2}\end{array}\right)_{x_0}\binom{\cos\theta_1}{\cos\theta_2}$$

令

$$\nabla f(x_0) = \left(\begin{array}{cc}\dfrac{\partial f}{\partial x_1} & \dfrac{\partial f}{\partial x_2}\end{array}\right)_{x_0}^{\mathrm{T}}$$

并称它为函数 $f(x_1, x_2)$ 在 x_0 点处的梯度。同时，设 $\boldsymbol{d}$ 为单位向量，即

$$\boldsymbol{d} = (\cos\theta_1 \quad \cos\theta_2)^{\mathrm{T}}$$

于是，可以将方向导数 $\left.\dfrac{\partial f}{\partial \boldsymbol{d}}\right|_{x_0}$ 表示为

$$\left.\frac{\partial f}{\partial \boldsymbol{d}}\right|_{x_0} = \nabla f(x_0)^{\mathrm{T}}\boldsymbol{d} = \|\nabla f(x_0)\| \cdot \cos(\nabla f, \boldsymbol{d})$$

式中，$\|\nabla f(x_0)\|$ 为梯度向量 $\nabla f(x_0)$ 的模；$\cos(\nabla f, \boldsymbol{d})$ 为梯度向量与 $\boldsymbol{d}$ 方向夹角的余弦。

从上面式子可以看出，当 $\cos(\nabla f, \boldsymbol{d}) = 1$ 时，即向量 $\nabla f(x_0)$ 与 $\boldsymbol{d}$ 的方向相同时，二元函数的方向导数 $\left.\dfrac{\partial f}{\partial \boldsymbol{d}}\right|_{x_0}$ 取得最大值。这表明梯度 $\nabla f(x_0)$ 是点 X 处方向导数最大的方向，也就是函数变化率最大的方向。同理，上述梯度的定义和运算可以推广到 n 元函数中去，即对于 n 元函数 $f(x_1, x_2, \cdots, x_n)$，其梯度的定义可写作

$$\nabla f(x_0) = \left(\begin{array}{cccc}\dfrac{\partial f}{\partial x_1} & \dfrac{\partial f}{\partial x_2} & \cdots & \dfrac{\partial f}{\partial x_n}\end{array}\right)_{x_0}^{\mathrm{T}}$$

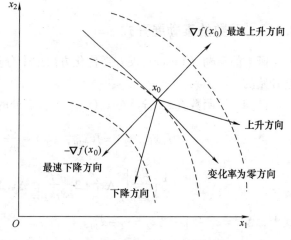

图 2-4　梯度方向与等值线的关系

当在 $x_1 - x_2$ 平面内画出 $f(x_1, x_2)$ 的等值线，即

$$f(x_1, x_2) = c \ （c \text{ 为一系列常数}）$$

由图 2-4 可以看出，在 x_0 处等值线的切线方向 $\boldsymbol{d}$ 是函数变化率为零的方向，即有

$$\left. \frac{\partial f}{\partial \boldsymbol{d}} \right|_{x_0} = \| \nabla f(x_0) \| \cdot \cos(\nabla f, \boldsymbol{d}) = 0$$

所以

$$\cos(\nabla f, \boldsymbol{d}) = 0$$

由此可知，梯度 $\nabla f(x_0)$ 和切线方向 $\boldsymbol{d}$ 垂直，从而推得梯度方向为等值面的法线方向。梯度 $\nabla f(x_0)$ 方向为函数变化率最大方向，也就是最速上升方向。负梯度 $-\nabla f(x_0)$ 方向为函数变化率最小值方向，即最速下降方向。与梯度成锐角的方向为函数上升方向，与负梯度成锐角的方向为函数下降方向。

例 2-1 求二元函数 $f(x_1, x_2) = x_1^2 + x_2^2 - 4x_1 - 2x_2 + 5$ 在 $x_0 = (0 \quad 0)^{\mathrm{T}}$ 处函数变化率最大的方向和数值。

解： 由于函数变化率最大的方向是梯度方向，这里用单位向量 $\boldsymbol{e}$ 表示，函数变化率最大数值是梯度的模 $\| \nabla f(x_0) \|$。求 $f(x_1, x_2)$ 在 x_0 点处的梯度方向和数值，计算如下

$$\nabla f(x_0) = \begin{pmatrix} \dfrac{\partial f}{\partial x_1} \\ \dfrac{\partial f}{\partial x_2} \end{pmatrix}_{x_0} = \begin{pmatrix} 2x_1 - 4 \\ 2x_2 - 2 \end{pmatrix} = \begin{pmatrix} -4 \\ -2 \end{pmatrix}$$

$$\| \nabla f(x_0) \| = \sqrt{\left(\frac{\partial f}{\partial x_1} \right)^2 + \left(\frac{\partial f}{\partial x_2} \right)^2} = \sqrt{(-4)^2 + (-2)^2} = 2\sqrt{5}$$

$$\boldsymbol{e} = \frac{\nabla f(x_0)}{\| \nabla f(x_0) \|} = \begin{pmatrix} -\dfrac{2}{\sqrt{5}} \\ -\dfrac{1}{\sqrt{5}} \end{pmatrix}$$

2.1.3 函数的泰勒展开式

函数的泰勒（Taylor）展开在优化方法中十分重要，许多优化方法及收敛性证明都是从它开始的。

已知二元函数 $f(x_1, x_2)$ 在 $x_0(x_{10}, x_{20})$ 点处的泰勒展开式为

$$f(x_1, x_2) = f(x_{10}, x_{20}) + \left. \frac{\partial f}{\partial x_1} \right|_{x_0} \Delta x_1 + \left. \frac{\partial f}{\partial x_2} \right|_{x_0} \Delta x_2 +$$

$$\frac{1}{2} \left(\left. \frac{\partial f^2}{\partial x_1^2} \right|_{x_0} \Delta x_1^2 + 2 \left. \frac{\partial^2 f}{\partial x_1 x_2} \right|_{x_0} \Delta x_1 \Delta x_2 + \left. \frac{\partial f^2}{\partial x_2^2} \right|_{x_0} \Delta x_2^2 \right) + \cdots$$

式中，$\Delta x_1 = x_1 - x_{10}$；$\Delta x_2 = x_2 - x_{20}$。

将上述展开式写成矩阵形式，有

$$f(X) = f(x_0) + \begin{pmatrix} \dfrac{\partial f}{\partial x_1} & \dfrac{\partial f}{\partial x_2} \end{pmatrix}_{x_0} \begin{pmatrix} \Delta x_1 \\ \Delta x_2 \end{pmatrix} + \frac{1}{2}\begin{pmatrix} \Delta x_1 & \Delta x_2 \end{pmatrix}\begin{pmatrix} \dfrac{\partial^2 f}{\partial x_1^2} & \dfrac{\partial^2 f}{\partial x_1 \partial x_2} \\ \dfrac{\partial^2 f}{\partial x_2 \partial x_1} & \dfrac{\partial^2 f}{\partial x_2^2} \end{pmatrix}\begin{pmatrix} \Delta x_1 \\ \Delta x_2 \end{pmatrix} + \cdots$$

$$= f(x_0) + \nabla f(x_0)^{\mathrm{T}} \Delta x + \frac{1}{2}\Delta x^{\mathrm{T}} G(x_0) \Delta x + \cdots$$

式中
$$G(x_0) = \begin{pmatrix} \dfrac{\partial^2 f}{\partial x_1^2} & \dfrac{\partial^2 f}{\partial x_1 \partial x_2} \\ \dfrac{\partial^2 f}{\partial x_2 \partial x_1} & \dfrac{\partial^2 f}{\partial x_2^2} \end{pmatrix}_{x_0}, \Delta x = \begin{pmatrix} \Delta x_1 \\ \Delta x_2 \end{pmatrix}$$

$G(x_0)$ 称为函数 $f(x_1, x_2)$ 在 x_0 点处的海赛（Hessian）矩阵。由于函数的二次连续性，有 $\left.\dfrac{\partial^2 f}{\partial x_1 \partial x_2}\right|_{x_0} = \left.\dfrac{\partial^2 f}{\partial x_2 \partial x_1}\right|_{x_0}$，所以 $G(x_0)$ 矩阵为对称矩阵。

将二元函数的泰勒展开式推广到多元函数时，则 $f(x_0, x_1, \cdots, x_n)$ 在 x_0 点处的泰勒展开式的矩阵形式为

$$f(X) = f(x_0) + \nabla f(x_0)^{\mathrm{T}} \Delta x + \frac{1}{2}\Delta x^{\mathrm{T}} G(x_0) \Delta x + \cdots$$

式中，$\nabla f(x_0) = \begin{pmatrix} \dfrac{\partial f}{\partial x_1} & \dfrac{\partial f}{\partial x_2} & \cdots & \dfrac{\partial f}{\partial x_n} \end{pmatrix}_{x_0}^{\mathrm{T}}$ 为函数 $f(x)$ 在 x_0 点处的梯度。

$$G(x_0) = \begin{pmatrix} \dfrac{\partial^2 f}{\partial x_1^2} & \dfrac{\partial^2 f}{\partial x_1 \partial x_2} & \cdots & \dfrac{\partial^2 f}{\partial x_1 \partial x_n} \\ \dfrac{\partial^2 f}{\partial x_2 \partial x_1} & \dfrac{\partial^2 f}{\partial x_2^2} & \cdots & \dfrac{\partial^2 f}{\partial x_2 \partial x_n} \\ \vdots & \vdots & & \vdots \\ \dfrac{\partial^2 f}{\partial x_n \partial x_1} & \dfrac{\partial^2 f}{\partial x_n \partial x_2} & \cdots & \dfrac{\partial^2 f}{\partial x_n^2} \end{pmatrix}_{x_0}$$

则称 $G(x_0)$ 为函数 $f(X)$ 在 x_0 点处的海赛矩阵。

若将函数的泰勒展开式只取到线性项，即取

$$z(X) = f(x_0) + \nabla f(x_0)^{\mathrm{T}}(x - x_0)$$

则 $z(X)$ 是过 x_0 点和函数 $f(X)$ 所代表的超曲面相切的切平面。

当将函数的泰勒展开式取到二次项时则得到二次函数形式。优化计算经常把目标函数表示成二次函数以便使问题的分析得以简化。在线性代数中将二次齐次函数称作二次型，其矩阵形式为

$$f(X) = X^{\mathrm{T}} G X$$

式中，G 为对称矩阵。

在优化计算中，当某点附近的函数值采用泰勒展开式作近似表达时，研究该点邻域的极值问题需要分析二次型函数是否正定。当对任何非零向量 X 使

$$f(X) = X^{\mathrm{T}}GX > 0$$

则二次型函数正定，G 为正定矩阵。

例 2-2 求二元函数 $f(x_1, x_2) = x_1^2 + x_2^2 - 4x_1 - 2x_2 + 5$ 在 $x_0 = \begin{pmatrix} x_{10} \\ x_{20} \end{pmatrix} = \begin{pmatrix} 2 \\ 1 \end{pmatrix}$ 点处的二阶泰勒展开式。

解： 二阶泰勒展开式为

$$f(x_1, x_2) \approx f(x_{10}, x_{20}) + \nabla f(x_0)^{\mathrm{T}}(x - x_0) + \frac{1}{2}(x - x_0)^{\mathrm{T}} G(x_0)(x - x_0)$$

将 x_0 具体数值代人，有

$$f(x_{10}, x_{20}) = 0$$

$$\nabla f(x_0) = \begin{pmatrix} \dfrac{\partial f}{\partial x_1} \\[2mm] \dfrac{\partial f}{\partial x_2} \end{pmatrix}_{x_0} = \begin{pmatrix} 2x_1 - 4 \\ 2x_2 - 2 \end{pmatrix}_{x_0} = \mathbf{0}$$

式中的 "**0**" 代表零向量。

$$G(x_0) = \begin{pmatrix} \dfrac{\partial^2 f}{\partial x_1^2} & \dfrac{\partial^2 f}{\partial x_1 \partial x_2} \\[3mm] \dfrac{\partial^2 f}{\partial x_2 \partial x_1} & \dfrac{\partial^2 f}{\partial x_2^2} \end{pmatrix}_{x_0} = \begin{pmatrix} 2 & 0 \\ 0 & 2 \end{pmatrix}$$

所以得

$$f(x_1, x_2) = \frac{1}{2}(x_1 - 2 \quad x_2 - 1)\begin{pmatrix} 2 & 0 \\ 0 & 2 \end{pmatrix}\begin{pmatrix} x_1 - 2 \\ x_2 - 1 \end{pmatrix}$$

$$= (x_1 - 2)^2 + (x_2 - 1)^2$$

此函数的图像是以 x_0 点为顶点的抛物面，如图 2-5 所示。

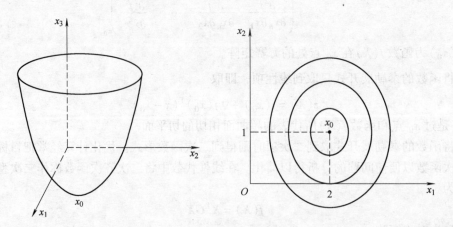

图 2-5 函数的图像

2.1.4 函数的凸性

优化问题一般是要求目标函数在整个可行域中取得最小点，即全局极小点。而根据函数极值条件所确定的极小点 X^*，只是反映 X^* 附近局部性质，称为局部极小点。函数的局部极小点并不一定就是全局极小点（如一个函数有多个局部极小点时），只有函数具备某种性质时，两者才等同。这就需要进一步讨论局部极小点和全局极小点之间的关系，因而涉及凸集、凸函数、凸规划的问题。

1. 凸集

一个点集（或区域），如果连接其中任意两点 x_1 和 x_2 的线段都全部包含在该集合内就称该点集为凸集，否则称非凸集，如图 2-6 所示。凸集的概念可以用数学的语言简练地表示为：如果对一切 $x_1 \in R$，$x_2 \in R$ 及一切满足 $0 \leqslant a \leqslant 1$ 的实数 a，点 $ax_1 + (1-a)x_2 = y \in R$，则称集合 R 为凸集。凸集既可以是有界的，也可以是无界的。n 维空间中的 r 维子空间也是凸集（例如三维空间中的平面）。

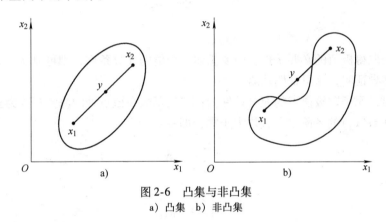

图 2-6 凸集与非凸集

a) 凸集   b) 非凸集

2. 凸函数及其判别条件

函数 $f(x)$，如果在其凸集定义域内任选两点 x_1、x_2，恒有

$$f(\alpha x_1 + (1-\alpha)x_2) \leqslant \alpha f(x_1) + (1-\alpha)f(x_2)$$

式中，$0 \leqslant \alpha \leqslant 1$，则称此函数为凸函数。如果上式去掉等号，则函数 $f(x)$ 是严格凸函数。

凸函数的几何表现为，在其曲线上任意两点所连成的直线不会落在曲线弧线以下，如图 2-7 所示。

凸函数的判别条件为：设 $f(X)$ 为定义在凸集 R 上的具有连续二阶导数的函数，则 $f(X)$ 在 R 上为凸函数的充分必要条件是海赛矩阵 $\boldsymbol{G}(x)$ 在 R 上处处半正定。

3. 凸规划

对于约束优化问题

$$\min f(X)$$

$$\text{s. t. } g_j(X) \leqslant 0 \, (j = 1, 2, \cdots, m)$$

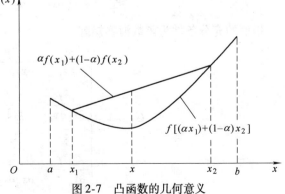

图 2-7 凸函数的几何意义

若 $f(X)$、$g_j(X)$，$j=1$，2，…，m 都为凸函数，则称此问题为凸规划。

可以证明，凸规划的可行域为凸集，其局部最优解即为全局最优解，而且其最优解的集合形成一个凸集。当凸规划的目标函数 $f(X)$ 为严格凸函数时，如果其最优解存在，则最优解必定唯一。

2.2　无约束优化问题的极值条件

无约束优化问题的极值条件是指使得目标函数取得极小值时，极值点所应满足的条件。对于可微一元函数 $f(x)$，在给定区间内某点 $x=x_0$ 处取得极值的必要条件是

$$f'(x_0)=0$$

即函数的极值必须在驻点处取得，但是需要注意的是驻点未必都是函数的极值点。那么相类似的对于二元函数 $f(x_1，x_2)$，在点 $x_0(x_{10}，x_{20})$ 处取得极值的必要条件是

$$\left.\frac{\partial f}{\partial x_1}\right|_{x_0}=\left.\frac{\partial f}{\partial x_2}\right|_{x_0}=0$$

即梯度

$$\nabla f(x_0)=0$$

这个只是取得极值的必要条件，而要想建立极值的充分条件，则可以从二元函数的泰勒展开式进行推导证明，这里证明从略。

直接给出二元函数极值点的充分条件为：二元函数在该点处的海赛矩阵为正定，也就是要求海赛矩阵 $G(x_0)$ 的各阶主子式均大于零，即

$$\left.\frac{\partial^2 f}{\partial x_1^2}\right|_{x_0}>0$$

$$|G(x_0)|=\left|\begin{array}{cc}\dfrac{\partial^2 f}{\partial x_1^2} & \dfrac{\partial^2 f}{\partial x_1 \partial x_2} \\[3mm] \dfrac{\partial^2 f}{\partial x_2 \partial x_1} & \dfrac{\partial^2 f}{\partial x_2^2}\end{array}\right|_{x_0}>0$$

根据二元函数在 x_0 点取得极值的充分必要条件的推广，可以得到多元函数 $f(x_1，x_2，…，x_n)$ 在 x_0 点取得极值的必要条件为函数梯度

$$\nabla f(x_0)=\left(\begin{array}{cccc}\dfrac{\partial f}{\partial x_1} & \dfrac{\partial f}{\partial x_2} & … & \dfrac{\partial f}{\partial x_n}\end{array}\right)^{\mathrm{T}}_{x_0}=0$$

极值的充分条件为函数海赛矩阵

$$G(x_0)=\left(\begin{array}{cccc}\dfrac{\partial^2 f}{\partial x_1^2} & \dfrac{\partial^2 f}{\partial x_1 \partial x_2} & … & \dfrac{\partial^2 f}{\partial x_1 \partial x_n} \\[3mm] \dfrac{\partial^2 f}{\partial x_2 \partial x_1} & \dfrac{\partial^2 f}{\partial x_2^2} & … & \dfrac{\partial^2 f}{\partial x_2 \partial x_n} \\[2mm] \vdots & \vdots & & \vdots \\[2mm] \dfrac{\partial^2 f}{\partial x_n \partial x_1} & \dfrac{\partial^2 f}{\partial x_n \partial x_2} & … & \dfrac{\partial^2 f}{\partial x_n^2}\end{array}\right)_{x_0}$$

正定，即要求 $G(x_0)$ 的各项主子式均大于零。由于工程设计中，目标函数通常都比较复杂，海赛矩阵不易求得，它的正定性就更难判定了，所以一般说来，多元函数的极值条件在优化方法中仅具有理论意义。

例 2-3　求下面函数的最优解

$$f(X) = x_1 + \frac{4 \times 10^6}{x_1 x_2} + 250 x_2$$

解： 按最优解的必要条件

$$\begin{cases} \dfrac{\partial f}{\partial x_1} = 0 \\ \dfrac{\partial f}{\partial x_2} = 0 \end{cases} \Rightarrow \begin{cases} x_1^2 x_2 - 4 \times 10^6 = 0 \\ 250 x_1 x_2^2 - 4 \times 10^6 = 0 \end{cases}$$

根据上面方程组可以求得，$x_2^* = 4$，$x_1^* = 1000$ 为满足必要条件的点。

再根据上面的方程组可以求得 $f(X)$ 的海赛矩阵

$$G(x_1,\ x_2) = \frac{4 \times 10^6}{x_1^2 x_2^2} \begin{pmatrix} \dfrac{2x_2}{x_1} & 1 \\ 1 & \dfrac{2x_1}{x_2} \end{pmatrix}$$

由于 x_1、x_2 均大于零，其海赛矩阵为正定矩阵。因此 $X^* = (1000 \quad 4)^T$ 是 $f(X)$ 函数的局部极小点，由于海赛矩阵对于一切 $x_1 > 0$ 和 $x_2 > 0$ 均为正定，函数 $f(X)$ 是凸函数，所以 X^* 也是全域最小点，其 $f(X)$ 函数的等值线图如图 2-8 所示。

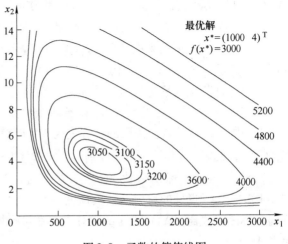

图 2-8　函数的等值线图

2.3　有约束优化问题的极值条件

求解约束优化问题

$$\min f(X),\ X \in R^n$$
$$\text{s. t. } g_j(X) \leqslant 0 (j = 1, 2, \cdots, m)$$
$$h_k(X) = 0 (k = 1, 2, \cdots, p)$$

其实质是在所有的约束条件所形成的可行域内，求得目标函数的极值点，即约束最优点。由于约束最优点不仅与目标函数本身的性质有关，而且还与约束函数的性质有关，因此约束条件下的优化问题比无约束条件下的优化问题更为复杂。

库恩－塔克(kuhn-Tucker)条件(简称 K-T 条件)是非线性规划领域中最重要的理论成果之一，通常借助 K-T 条件来判断和检验约束优化问题中某个可行点是否为约束极值点，即将 K-T 条件作为一般非线性规划问题确定某点是否为极值点的必要条件。对于凸规划问题，K-T 条件同时也是充分条件。但是如何判别所找到的极值点是全域最优点还是局部极值点问题，至今还没有一个统一而有效的判别方法。

K-T 条件可阐述为：

若 X^* 是一个局部极小点，则该点的目标函数梯度 $\nabla f(X^*)$ 可表示成诸约束面梯度 ∇g_j (X^*) 和 $\nabla h_k(X^*)$ 的如下线性组合

$$-\nabla f(X^*) = \sum_{j=1}^{m} \lambda_j \nabla g_j(X^*) + \sum_{k=1}^{p} \lambda_k \nabla h_k(X^*)$$

式中，m 为在设计点 X^* 处的不等式约束面数；p 为在设计点 X^* 处的等式约束面数；$\lambda_j(j=1,2,\cdots,m)$、$\lambda_k(j=1,2,\cdots,p)$ 为非负值的乘子，也称为拉格朗日乘子。如无等式约束，而全部是不等式约束，则式中右边第二项去除。

上式中，在点 X^* 处不起作用的约束条件 $g_j(X)$ 对应的 λ_j 一定为零，只有当有约束 g_j (X) 在点 X^* 为起作用约束时，λ_j 才可以不为零。

K-T 条件在几何图形中表示为：如果 X^* 是一个局部极小点，则该点的目标函数梯度 ∇f (X^*) 应落在该点诸约束面梯度 $\nabla g_j(X^*)$ 和 $\nabla h_k(X^*)$ 在设计空间中所组成的锥角范围内。如图 2-9 所示，图 2-9a 中设计点 X^* 不是约束极值点，图 2-9b 中设计点 X^* 是约束极值点。

现以二维凸函数情况为例，更加形象地表明 K-T 条件的几何意义。

如图 2-10 所示，在设计点 X^k 处有两个约束，且目标函数及约束条件均为凸函数。在图 2-10a 中，X^k 点处目标函数的负梯度为 $-\nabla f(X^k)$，两约束函数的梯度分别为 $\nabla g_1(X^k)$ 和 $\nabla g_2(X^k)$，此时 $-\nabla f(X^k)$ 位于 $\nabla g_1(X^k)$、$\nabla g_2(X^k)$ 组成的锥度 Γ 之外，这样在 X^k 点邻近的可行域内存在目标函数比 $f(X^k)$ 更小的设计点，故点 X^k 不能成为约束极值点。在图 2-10b 中，X^k 点处的目标函数负梯度 $-\nabla f(X^k)$ 位于锥角 Γ 之内，则在该点附近邻域内任何目标函数值比 $f(X^k)$ 更小的设计点都在可行域之外，因而 X^k 是约束极值点，它必然满足 K-T 条件

$$-\nabla f(X^k) = [\lambda_1 \nabla g_1(X^k) + \lambda_2 \nabla g_2(X^k)]$$

式中，$\lambda_1 > 0$；$\lambda_2 > 0$。

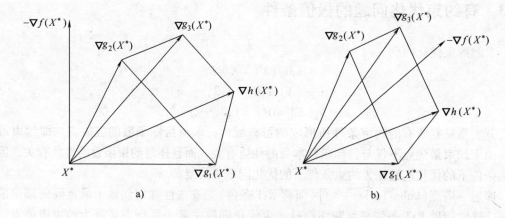

图 2-9 K-T 条件的几何表示

a) 设计点 X^* 不是约束极值点 b) 设计点 X^* 是约束极值点

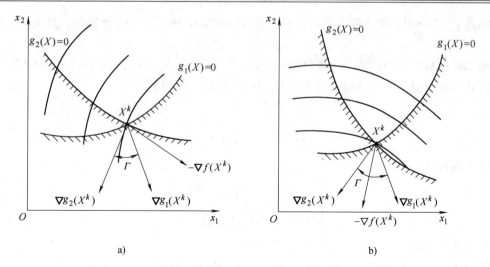

图 2-10　约束极值点存在的条件

a）设计点 X^k 不是约束极值点　b）设计点 X^k 是约束极值点

K-T 条件主要应用于约束极值问题的数值解法中，用以检验设计点 X^k 是否为约束极值点或局部最优点，并用以判断和消除那些不再起作用的约束条件，以保证在迭代中维持正确的起作用约束集合，对于目标函数和约束函数是凸函数的情况，符合 K-T 条件的点也必是全域最优点。

例 2-4　用 K-T 条件求解有不等式约束的非线性规划问题。

$$\min f(X) = x_1^2 + 6x_1x_2 - 4x_1 - 2x_2$$

$$\text{s. t. } g_1(X) = x_1^2 + 2x_2 - 1 \leqslant 0$$

$$g_2(X) = x_2 - x_1 - \frac{1}{2} \leqslant 0$$

解：由 K-T 条件得

(1)
$$2x_1 + 6x_2 - 4 + 2\lambda_1 x_1 - \lambda_2 = 0$$
$$6x_1 - 2 + 2\lambda_1 + \lambda_2 = 0$$

(2)
$$x_1^2 + 2x_2 - 1 \leqslant 0$$
$$x_2 - x_1 - \frac{1}{2} \leqslant 0$$

(3)
$$\lambda_1(x_1^2 + 2x_2 - 1) = 0$$
$$\lambda_2(x_2 - x_1 - \frac{1}{2}) = 0$$

(4)　　　　　$\lambda_1 \geqslant 0, \ \lambda_2 \geqslant 0$

现分四种情况讨论：

第一种：$\lambda_1 = 0$，$\lambda_2 = 0$。该情况使 K-T 条件（3）、（4）满足。

解条件（1）得 $x_1 = \dfrac{1}{3}$，$x_2 = \dfrac{5}{9}$，代入条件（2），得

$$x_1^2 + 2x_2 - 1 = \frac{2}{9} > 0$$

即不满足 $g_1(X) \leqslant 0$，故该解不是最优解。这种情况实质是由 $\nabla f(X)$ 得到的，是无约束问题的解。

第二种：$\lambda_1 \geqslant 0$，$\lambda_2 \geqslant 0$。由条件（3）可知，当 $\lambda_1 \geqslant 0$，$\lambda_2 \geqslant 0$ 时，$g_1(X) = 0$，$g_2(X) = 0$，即是等式约束的情况，解在约束的交点上。两者联立并求解得

$$\begin{cases} x_1 = 0 \\ x_2 = \dfrac{1}{2} \end{cases} \qquad \begin{cases} x_1 = -2 \\ x_2 = -\dfrac{3}{2} \end{cases}$$

代入条件（1）得

$$\begin{cases} \lambda_1 = 1.5 \\ \lambda_2 = -1 < 0 \end{cases} \begin{cases} \lambda_1 = -\dfrac{31}{2} < 0 \\ \lambda_2 = 45 \end{cases}$$

均不符合 K-T 条件（4），故该组也不是最优解。

第三种：$\lambda_1 = 0$，$\lambda_2 \geqslant 0$。由条件（3）可知，当 $\lambda_2 \geqslant 0$ 时，$g_2(X) = 0$，即

$$x_2 - x_1 - \frac{1}{2} = 0$$

由条件（1）得

$$2x_1 + 6x_2 - 4 - \lambda_2 = 0$$
$$6x_2 - 2 + \lambda_2 = 0$$

三方程联立求解得

$$x_1 = \frac{3}{14}, x_2 = \frac{10}{14}, \lambda_2 = \frac{10}{14}$$

代入 $g_1(X)$ 得

$$x_1^2 + 2x_2 - 1 = \frac{93}{196} > 0$$

不满足 K-T 条件，故该解也不是最优解。

第四种：$\lambda_1 \geqslant 0$，$\lambda_2 = 0$。依照第三种情况，得方程组

$$\begin{cases} 2x_1 + 6x_2 - 4 + 2\lambda_1 x_1 = 0 \\ 6x_2 - 2 + 2\lambda_1 = 0 \\ x_1^2 + 2x_2 = 1 \end{cases}$$

求解得

$$x_1 = x_2 = -1 - \sqrt{2}, \quad \lambda_1 = 4 + 3\sqrt{2}$$

代入 $g_2(X)$ 得

$$x_2 - x_1 - \frac{1}{2} = -\frac{1}{2} < 0$$

该组解全部满足 K-T 条件，故是最优解。即 $\lambda_1^* = 4 + 3\sqrt{2}$，$\lambda_2^* = 0$，$X_1^* = X_2^* = -1 - \sqrt{2}$。

2.4 优化问题的数值计算迭代法

优化问题的数学模型确定以后求其最优解，实际上都属于目标函数的极值问题。从理论

上讲，似乎求极小点并不困难，但在一般的工程设计中，优化设计问题数学模型中的函数常常是非常复杂的非线性函数，采用一般的解析求解的方法显得非常复杂。因此，随着电子计算机及其计算技术的发展，另一种求最优解的方法——数值计算迭代法得到了越来越广泛的应用。

2.4.1　数值计算迭代法的基本思想及其格式

数值计算迭代法是适应于计算机数值计算特点的一种数值计算方法。其基本思想是：在设计空间从一个初始设计点 $X^{(0)}$ 开始，应用某一规定的算法，沿某一方向 $S^{(0)}$ 和步长 $\alpha^{(0)}$ 产生改进设计的新点 $X^{(1)}$，使得 $f(X^{(1)}) < f(X^{(0)})$，然后再从 $X^{(1)}$ 点开始，仍应用同一算法，沿某一方向 $S^{(1)}$ 和步长 $\alpha^{(1)}$，产生又有改进的设计新点 X^2，使得 $f(X^{(2)}) < f(X^{(1)})$，这样一步一步地搜索下去，使目标函数值步步下降，直至得到满足所规定精度要求的、逼近理论极小点的 X^* 点为止。这种寻找最优点的反复过程称为数值迭代过程。图 2-11 所示为二维无约束最优化迭代过程示意图。

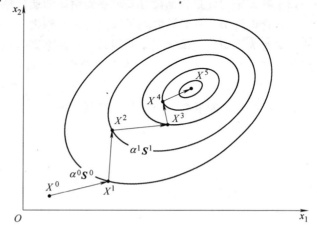

图 2-11　二维无约束最优化迭代过程示意图

迭代过程每一步向量方程式都可以写成如下的迭代格式

$$X^{(k+1)} = X^{(k)} + \alpha^{(k)} S^{(k)} \qquad (k = 0,\ 1,\ 2,\ \cdots)$$

式中，$X^{(k)}$ 为第 K 步迭代的出发点；$X^{(k+1)}$ 为第 K 步迭代产生出的新点；$S^{(k)}$ 为第 K 次迭代步长，是向量；$\alpha^{(k)}$ 为代表第 K 步沿 $S^{(k)}$ 方向的迭代步长，是标量。

在迭代计算过程中，为实现极小化，目标函数 $f(X)$ 的值应一次比一次减小，即

$$f(X^{(k+1)}) < f(X^{(k)}) < \cdots < f(X^{(2)}) < f(X^{(1)}) < f(X^{(0)})$$

直到迭代计算满足一定的精度时，则认为目标函数值近似收敛于其理论极小值。

2.4.2　迭代计算的终止准则

由于数值迭代是逐步逼近最优点而获得近似解的，它无限地接近于最优点却又不是理论上的最优点，所以就需要考虑在什么样的条件下才终止迭代，获得一个足够精度的近似极小点，这一条件就是迭代计算的终止准则。

对最优化问题常用的迭代过程终止准则一般有以下几种。

（1）点距准则　当相邻两迭代点 $X^{(k)}$、$X^{(k+1)}$ 之间的距离已达到充分小时，即小于或等于规定的某一很小正数 ε 时，迭代终止。一般用两个迭代点向量差的模来表示，即

$$\| X^{(k+1)} - X^{(k)} \| \leq \varepsilon$$

或用 $X^{(k+1)}$ 和 $X^{(k)}$ 在各坐标轴上的分量差来表示，即

$$| X_i^{(k+1)} - X_i^{(k)} | \leq \varepsilon \quad (i = 1,\ 2,\ \cdots,\ n)$$

（2）函数下降量准则　当相邻两迭代点 $X^{(k)}$、$X^{(k+1)}$ 的目标函数值的下降量已达到充

分小时，迭代终止。一般用目标函数值下降量的绝对值来表示，即

$$|f(X^{(k+1)}) - f(X^{(k)})| \leq \varepsilon \quad (当 |f(X^{(k+1)})| \leq 1)$$

或用目标函数值下降量的相对值来表示，即

$$\left| \frac{f(X^{(k+1)}) - f(X^{(k)})}{f(X^{(k)})} \right| \leq \varepsilon \quad (当 |f(X^{(k+1)})| > 1)$$

（3）梯度准则 当目标函数在迭代点 $X^{(k+1)}$ 的梯度已达到充分小时，迭代终止。一般用梯度向量的模来表示，即

$$\| \nabla f(X^{k+1}) \| \leq \varepsilon$$

以上各式中的 ε 是根据设计要求预先给定的迭代精度。

在优化设计中，一般只要满足以上终止准则之一，则可认为设计点收敛于极值点。应该指出，有时为了防止当函数变化剧烈时，点距准则虽已满足，求得的最优值 $f(X^{(k+1)})$ 与真正的最优值 $f(X^*)$ 仍相差较大；或当函数变化缓慢时，目标函数值下降量准则虽已得到满足，但所求得的最优点 $X^{(k+1)}$ 与真正的最优点 X^* 仍相距较远，往往将前两种终止准则结合起来使用，要求同时成立。至于梯度准则，仅用于需要计算目标函数梯度的最优化方法中。

第3章 机电系统优化设计中常用的优化方法

3.1 一维搜索的优化方法

3.1.1 概述

在优化设计的迭代运算中，在搜索方向 $S^{(k)}$ 上寻求最优步长 α_k 的方法称一维搜索法。其实，一维搜索法就是一元函数极小化的数值迭代算法。一维搜索法是构成非线性优化方法的基本算法，因为多元函数的迭代解法都可归结为在一系列逐步产生的下降方向上的一维搜索。

由优化算法的基本迭代公式

$$X^{(k+1)} = X^{(k)} + \alpha^{(k)} S^{(k)} \quad (k = 0, 1, 2, \cdots)$$

当已知迭代初始点 $X^{(k)}$ 及搜索方向 $S^{(k)}$ 确定后，迭代所得的新点 $X^{(k+1)}$ 取决于步长 $\alpha^{(k)}$，不同的 $\alpha^{(k)}$ 会得到不同的 $X^{(k+1)}$ 和不同的目标函数值 $f(X^{(k+1)})$。因此，一维优化的目的是在既定的 $X^{(k)}$ 和 $S^{(k)}$ 下寻求最优步长 $\alpha^{(k)}$，使迭代产生的新点 $X^{(k+1)}$ 的函数值为最小，即

$$\min f(X^{(k)} + \alpha S^{(k)}) = f(X^{(k)} + \alpha^{(k)} S^{(k)})$$

上述极小化问题实质上就是求单变量 α 的一元函数极小化问题，即 $\min f(\alpha)$。

一维搜索的数值解法一般可分两步进行。首先在方向 $S^{(k)}$ 上确定一个包含极小点的初始区间，然后采用缩小区间或插值逼近的方法逐步得到最优步长和一维极小点。

3.1.2 搜索区间的确定

确定搜索区间一般采用进退法，其基本思路为：在函数的任一单谷区间上必存在一个极小点，而且在极小点的左侧，函数呈下降趋势，在极小点右侧函数呈上升趋势。因此，可从某一个给定的初始点 x_0 出发，以初始步长 h_0 沿着目标函数值的下降方向逐步前进（或后退），直至找到相继的 3 个试点的函数值按"大→小→大"变化为止。

进退法确定搜索区间的步骤如下：

1) 给定初始点 x_0 和初始步长 h，令 $x_1 = x_0$，记 $f_1 = f(x_1)$。

2) 产生新的探测点 $x_2 = x_0 + h$，记 $f_2 = f(x_2)$。

3) 比较函数值 f_1 和 f_2 的大小，确定向前或向后探测的策略。若 $f_1 > f_2$，则加大步长 h，令 $h = 2h$，转 4)向前探测；若 $f_1 < f_2$，则调转方向，令 $h = -h$，转 4)向后探测，如图 3-1 所示。

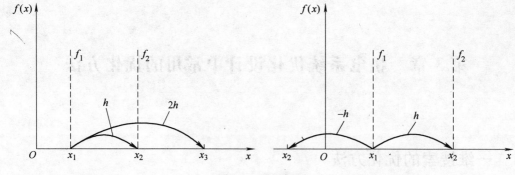

图 3-1 进退探测

4）产生新的探测点 $x_3 = x_0 + h$，令 $f_3 = f(x_3)$。

5）比较函数值 f_2 和 f_3 的大小。若 $f_2 < f_3$，则初始区间已经得到，令 $c = x_2$，$f_c = f_2$，当 $h > 0$ 时，$[a, b] = [x_1, x_3]$，当 $h < 0$ 时，$[a, b] = [x_3, x_1]$；若 $f_2 > f_3$，则继续加大步长，令 $h = 2h$，$x_1 = x_2$，$x_2 = x_3$，转 4）继续探测，如图 3-2 所示。

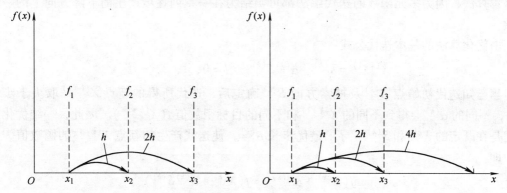

图 3-2 比较 f_2 和 f_3

用进退法确定搜索区间的计算框图如图 3-3 所示。

搜索区间确定之后，便可运用一维优化方法在区间内找到极小点，一维优化方法很多，本文只介绍常用的两种方法——黄金分割法和二次插值法。

3.1.3 黄金分割法

1. 黄金分割法的基本原理

黄金分割法也称为 0.618 法，它是按照对称原则选取中间插入点而缩小区间的一种一维搜索方法。这种方法的基本原理如下：

在搜索区间 $[a, b]$ 内按如下规则对称地取两点 x_1 和 x_2，即

$$x_1 = a + 0.382(b - a), \quad x_2 = a + 0.618(b - a)$$

计算它们的函数值 $f_1 = f(x_1)$，$f_2 = f(x_2)$，比较 f_1 与 f_2 的大小，有两种可能：

1）若 $f_1 > f_2$，如图 3-4a 所示。极小点必在区间 $[x_1, b]$ 内，消去区间 $[a, x_1)$，令 $a = x_1$，产生新区间 $[a, b]$，至此，区间收缩了一次。值得注意的是接着在进行第二次区间收缩运算时，新插入的 x'_1 点直接取前一次收缩运算的 x_2 点，$f(x'_1) = f(x_2)$。这样可以少找一个新点，省去一次函数值计算时间，这也是黄金分割法的一大优点。

2）若 $f_1 \le f_2$，如图 3-4b 所示。极小点必在区间 $[a, x_2]$ 内，消去区间 (x_2, b)，令 $b = x_2$，产生新区间 $[a, b]$，至此，区间收缩了一次。同样接着在进行第二次区间收缩运算时，新插入的 x'_2 点直接取前一次收缩运算的 x_1 点，$f(x'_2) = f(x_1)$。这样可以少找一个新点，省去一次函数值计算时间。

当缩短的新区间长度小于或等于某一收敛精度 ε，即 $b - a \le \varepsilon$ 时，则取 $x^* = \dfrac{a+b}{2}$ 为近似极小点。

2. 黄金分割法的区间收缩率及计算步骤

每次缩小所得的新区间长度与缩小前区间长度之比，称为区间收缩率，以 λ 表示。如图 3-5 所示，为加快区间收缩应保证区间收缩率不变，因此，必须在搜索区间 $[a, b]$ 内对称地取计算点 x_1，x_2。设初始区间长度为 l，则第一次和第二次收缩得到的新区间长度分别为 λl 和 $(1-\lambda)l$。根据收缩率相等的原则，可得

$$\lambda l : l = (1-\lambda) l : \lambda l$$

即

$$\lambda^2 + \lambda - 1 = 0$$

该方程的正根为 $\lambda \approx 0.618$，这就是在区间内按上式规则取两对称点的原因。

综上所述，黄金分割法的计算步骤如下：

1）给定初始区间 $[a, b]$ 和收敛精度 ε。

2）产生中间插入点并计算其函数值。

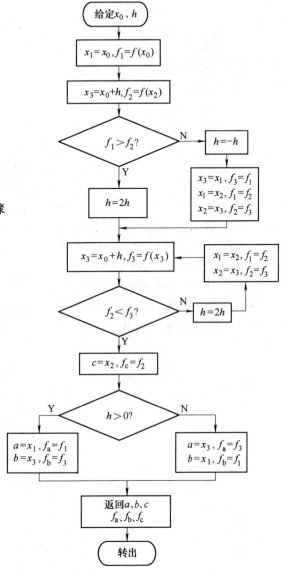

图 3-3　进退法计算框图

$$x_1 = a + 0.382(b-a), \qquad f_1 = f(x_1)$$
$$x_2 = a + 0.618(b-a), \qquad f_2 = f(x_2)$$

3）比较函数值 f_1 和 f_2，确定区间的取舍：若 $f_1 \le f_2$，则产生新区间 $[a, b] = [a, x_2]$，令 $b = x_2$，$x_2 = x_1$，$f_2 = f_1$，记 $N_0 = 0$；若 $f_1 > f_2$，则产生新区间 $[a, b] = [x_1, b]$，令 $a = x_1$，$x_1 = x_2$，$f_1 = f_2$，记 $N_0 = 1$。

4）收敛判断：当缩短的新区间长度小于或等于某一收敛精度 ε，即 $|b - a| \le \varepsilon$ 时，则取 $x^* = \dfrac{a+b}{2}$ 为近似极小点，结束一维搜索；否则转 5）。

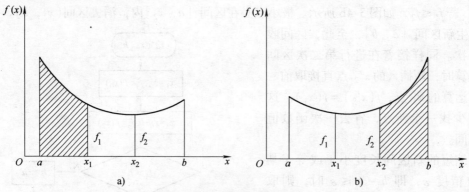

图 3-4 黄金分割法区间收缩

a) $f_1 > f_2$ b) $f_1 \leqslant f_2$

5) 产生新的插入点: 若 $N_0 = 0$, 则取 $x_1 = a + 0.382(b-a)$, $f_1 = f(x_1)$; 若 $N_0 = 1$, 则取 $x_2 = a + 0.618(b-a)$, $f_2 = f(x_2)$, 转 3) 进行新的区间缩小。

黄金分割法的计算框图如图 3-6 所示。

例 3-1 用黄金分割法求函数 $f(x) = 3x^3 - 4x + 2$ 的极小值点, 给定 $x_0 = 0$, $h = 1$, $\varepsilon = 0.2$。

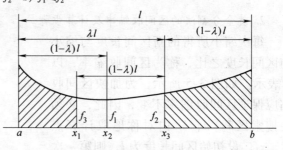

图 3-5 取点规则

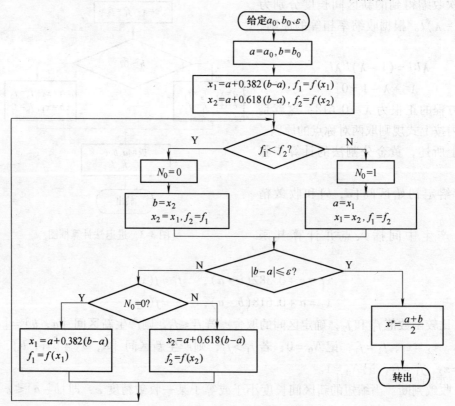

图 3-6 黄金分割法的计算框图

解：（1）确定搜索区间

$$x_1 = x_0 = 0, \ f_1 = f(x_1) = 2; \ x_2 = x_0 + h = 1, \ f_2 = f(x_2) = 1$$

由于 $f_1 > f_2$，应加大步长继续向前探测。令

$$x_3 = x_0 + 2h = 2, \ f_3 = f(x_3) = 18$$

由 $f_2 < f_3$ 可知，初始搜索区间已经找到，即 $[a, b] = [0, 2]$。

（2）用黄金分割法缩小区间

1）第一次缩小区间。令

$$x_1 = 0 + 0.382 \times (2 - 0) = 0.764, f_1 = 0.282$$
$$x_2 = 0 + 0.618 \times (2 - 0) = 1.236, f_2 = 2.72$$

由于 $f_1 < f_2$，故新区间 $[a, b] = [a, x_2] = [0, 1.236]$。因为 $b - a = 1.236 > 0.2$，所以应该继续缩小区间。

2）第二次缩小区间。令

$$x_2 = x_1 = 0.764, \ f_2 = f_1 = 0.282$$
$$x_1 = 0 + 0.382 \times (1.236 - 0) = 0.472, f_1 = 0.317$$

由于 $f_1 > f_2$，故新区间 $[a, b] = [x_1, b] = [0.472, 1.236]$。因为 $b - a = 0.764 > 0.2$，所以应该继续缩小区间。

如此继续迭代下去，经过五次区间缩小之后迭代精度满足要求。黄金分割法的搜索过程见表 3-1。

表 3-1　黄金分割法的搜索过程

区间缩短次数	a	b	$b - a$	x_1	x_2	f_1	f_2	比较
原区间	0	2	2	0.764	1.236	0.282	2.72	<
1	0	1.236	1.236	0.472	0.764	0.317	0.282	>
2	0.472	1.236	0.764	0.764	0.944	0.282	0.747	<
3	0.472	0.944	0.472	0.652	0.282	0.282	0.282	<
4	0.472	0.764	0.292	0.584	0.652	0.262	0.223	>
5	0.584	0.764	0.18					

因为 $b - a = 0.764 - 0.584 = 0.18 < 0.2$，所以得到极小点和极小值。

$$x^* = \frac{1}{2} \times (0.584 + 0.764) = 0.674, \ f^* = 0.222$$

3.1.4　二次插值法

二次插值法又称为抛物线法，它是以目标函数的二次插值函数的极小点作为新的中间插入点，进行区间缩小的一维搜索算法。二次插值法的基本原理如下：

在一元函数的初始区间 $[a, b]$ 内，取三个点：$x_1 = a$，$x_2 = \frac{1}{2}(a + b)$，$x_3 = b$，计算函数值 $f_1 = f(x_1)$，$f_2 = f(x_2)$，$f_3 = f(x_3)$。在二维坐标平面内，过 (x_1, f_1)、(x_2, f_2) 和 (x_3, f_3) 三点可以构成一个二次插值函数。设该插值函数为

$$p(x) = a_0 + a_1 x + a_2 x^2$$

将该函数对 x 求导，得极小点

$$x_p = -\frac{a_1}{2a_2}$$

将区间内的三点及其函数值代入插值函数 $p(x)$，可以得到如下方程组

$$\begin{cases} f_1 = a_0 + a_1 x_1 + a_2 x_1^2 \\ f_2 = a_0 + a_1 x_2 + a_2 x_2^2 \\ f_3 = a_0 + a_1 x_3 + a_2 x_3^2 \end{cases}$$

联立求解以上方程组，可得系数 a_0、a_1 和 a_2，将它们代入插值函数 $p(x)$ 并求得其极值

$$x_p = \frac{1}{2} \frac{(x_2^2 - x_3^2)f_1 + (x_3^2 - x_1^2)f_2 + (x_1^2 - x_2^2)f_3}{(x_2 - x_3)f_1 + (x_3 - x_1)f_2 + (x_1 - x_2)f_3} \tag{3-1}$$

为了便于计算，可将上式改写成

$$x_p = \frac{1}{2}\left(x_1 + x_2 - \frac{c_1}{c_2}\right) \tag{3-2}$$

式中

$$c_1 = \frac{f_3 - f_1}{x_3 - x_1}, \qquad c_2 = \frac{\dfrac{(f_2 - f_1)}{(x_2 - x_1)} - c_1}{x_2 - x_3}$$

由式（3-2）求出的 x_p 是插值函数 x_p 的极小点，也是原目标函数的一个近似极小点。以此点作为下一次缩小区间的一个中间插入点，无疑将使新的插入点向极小点逼近的过程加快，如图3-7所示。

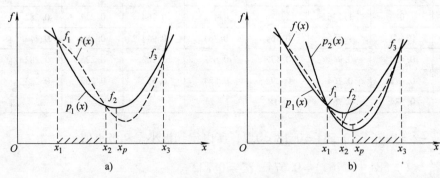

图 3-7　二次插值法的区间缩小和逼近过程

需要指出的是，二次插值法每次插入的点比较接近函数的极小点，因此其收敛速度较黄金分割法快。二次插值法以两个中间插入点的距离充分小作为收敛准则，即当 $|x_p - x_2| \leqslant \varepsilon$ 成立时，把 x_p 作为此次一维搜索的极小点。

二次插值法的计算过程如下：

1）给定初始搜索区间 $[a, b]$，收敛精度 ε，以及区间的另外一个点 c（一般情况下，取点 $c = \dfrac{a+b}{2}$）。

2）取 $x_1 = a$，$x_2 = c$，$x_3 = b$，分别求出 $f_1 = f(x_1)$，$f_2 = f(x_2)$，$f_3 = f(x_3)$，构成三个插值点。

3）按照式（3-1）计算中间插入点 x_p 及其函数值 $f_p = f(x_p)$。

4）缩短搜索区间。缩短搜索区间的原则是：比较 f_2 与 f_p 的大小，取其小者所对应的点作新的 x_2 点，并以此点左右邻点分别取作为新的 x_1 和 x_3 点，这样构成了缩短后的新搜索区间 $[x_1, x_3]$。根据原区间中 x_2 与 x_p、f_2 与 f_p 的大小关系，区间缩短有四种情况，如图 3-8 所示，相应得到新的三个区间插入点。

①若 $f_p \leqslant f_2$，$x_p \leqslant x_2$ 时，令 $x_3 = x_2$，$x_2 = x_p$，$f_3 = f_2$，$f_2 = f_p$。

②若 $f_p \leqslant f_2$，$x_p > x_2$ 时，令 $x_1 = x_2$，$x_2 = x_p$，$f_1 = f_2$，$f_2 = f_p$。

③若 $f_p > f_2$，$x_p \leqslant x_2$ 时，令 $x_1 = x_p$，$f_1 = f_p$。

④若 $f_p > f_2$，$x_p > x_2$ 时，令 $x_3 = x_p$，$f_3 = f_p$。

得到新的区间插入点以后，返回第三步进行插值计算。

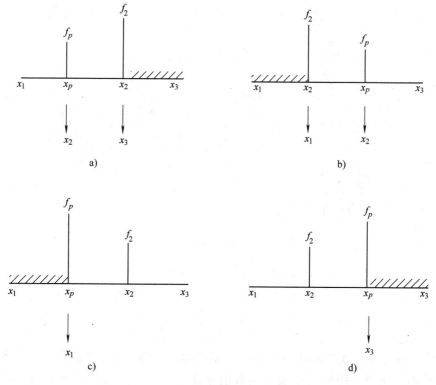

图 3-8　二次插值法的区间取舍及替换

5）当满足 $|x_p - x_2| \leqslant \varepsilon$ 时，停止迭代，把 x_p 与 x_2 中原函数值较小的点作为极小点。二次插值法的计算框图如图 3-9 所示。

例 3-2　用二次插值法求解例 3-1。

解：1）根据例 3-1 可知，初始搜索区间为 $[0, 2]$，另外取一个中间点 $x_2 = \dfrac{0+2}{2} = 1$。

2）用二次插值法逼近极小点。

①根据 $x_1 = 0$，$x_2 = 1$，$x_3 = 2$，求得 $f_1 = 2$，$f_2 = 1$，$f_3 = 18$。将它们代入式（3-1）得

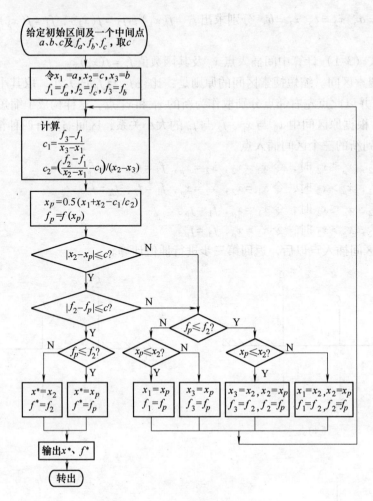

图 3-9 二次插值法的计算框图

$$x_p = \frac{1}{2} \frac{(x_2^2 - x_3^2)f_1 + (x_3^2 - x_1^2)f_2 + (x_1^2 - x_2^2)f_3}{(x_2 - x_3)f_1 + (x_3 - x_1)f_2 + (x_1 - x_2)f_3} = 0.555$$

$$f_p = 0.292$$

由于 $f_p < f_2$，$x_p < x_2$，故新区间 $[a, b] = [a, x_2] = [0, 1]$。

由于 $|x_2 - x_p| = 1 - 0.555 = 0.445 > 0.2$，故应继续做第二次插值计算。

②在新的区间内，相邻三点及其函数值依次为：$x_1 = 0$，$x_2 = 0.555$，$x_3 = 1$，$f_1 = 2$，$f_2 = 0.292$，$f_3 = 1$。同样代入式(3-1)得

$$x_p = \frac{1}{2} \frac{(x_2^2 - x_3^2)f_1 + (x_3^2 - x_1^2)f_2 + (x_1^2 - x_2^2)f_3}{(x_2 - x_3)f_1 + (x_3 - x_1)f_2 + (x_1 - x_2)f_3} = 0.607$$

$$f_p = 0.243$$

根据 $f_p < f_2$，$x_p > x_2$，故新区间 $[a, b] = [x_2, b] = [0.555, 1]$。

由于 $|x_2 - x_p| = |0.555 - 0.607| = 0.052 < 0.2$，则迭代结束，得到的极小点和极小值分别为

$$x^* = 0.607, \quad f^* = 0.243$$

3.2 无约束优化方法

无约束优化问题的一般形式为

$$\min f(X),\qquad X\in R^n$$

求其最优解 X^* 和 $f(X^*)$ 的方法，称为无约束优化计算方法。无约束最优化方法可分为两大类：一类是直接法，即不用导数信息的算法，它只需要进行函数值的计算和比较，这类无约束最优化方法有坐标轮换法、鲍威尔法等；另一类是利用函数导数的间接法，如梯度法、牛顿法和变尺度法等。

3.2.1 坐标轮换法

坐标轮换法又称变量轮换法，是无约束最优化直接方法中的一种。坐标轮换法是每次搜索只允许一个变量变化，其余变量保持不变，即沿坐标方向轮流进行搜索的寻优方法，它把多变量的优化问题轮流地转化成单变量的优化问题。该方法在搜索过程中不需要求目标函数的导数，只需目标函数值信息，这就使得该方法相对其他优化方法变得更加简单易行。

下面先以二元函数 $f(x_1,x_2)$ 为例说明坐标轮换法的寻优过程。

如图 3-10 所示，从初始点 $x_0^{(0)}$ 出发，沿第一个坐标方向搜索，即 $S_1^{(0)}=e_1$ 得 $x_1^{(0)}=x_0^{(0)}+\alpha_1^{(0)}S_1^{(0)}$，按照一维搜索方法确定最佳步长因子 $\alpha_1^{(0)}$ 满足：$\min\limits_{\alpha} f(x_0^{(0)}+\alpha S_1^{(0)})$，然后从 $x_1^{(0)}$ 出发沿 $S_2^{(0)}=e_2$ 方向搜索得 $x_2^{(0)}=x_1^{(0)}+\alpha_2^{(0)}S_2^{(0)}$，其中步长因子 $\alpha_2^{(0)}$ 满足：$\min\limits_{\alpha} f(x_1^{(0)}+\alpha S_2^{(0)})$，$x_2^{(0)}$ 为一轮迭代（$k=0$）的终点。在这里 x 的上标表示迭代点的轮号，每做完 n 次变量的一维搜索，称一轮；下标表示迭代点的序号。检验始、终点间距离是否满足精度要求，即判断 $\|x_2^{(0)}-x_0^{(0)}\|<\varepsilon$ 的条件是否满足。若满足则 $x_2^0\to x^*$ 否则 $x_2^0\to x_0^1$，重新依次沿坐标方向进行下一轮（$k=1$）的搜索。

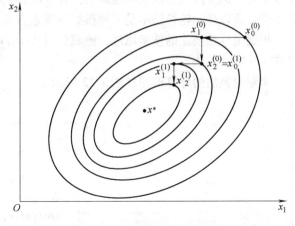

图 3-10 坐标轮换法的搜索过程

对于 n 个变量的函数，若在第 k 轮沿第 i 个坐标方向 $S_i^{(k)}$ 进行搜索，其迭代公式为

$$x_i^{(k)}=x_{i-1}^{(k)}+\alpha_i^{(k)}S_i^{(k)}\,(k=0,1,2,\cdots;\quad i=1,\cdots,n) \tag{3-3}$$

其中，搜索方向取坐标方向，即 $S_i^{(k)}=e_i(i=1,\cdots,n)$。若 $\|x_n^{(k)}-x_0^{(k)}\|<\varepsilon$，则 $x_n^{(k)}\to x^*$；否则 $x_n^{(k)}\to x_0^{(k+1)}$，进行下一轮搜索，直到满足精度要求为止。

坐标轮换法的优化性能在很大程度上取决于目标函数的形态。如果目标函数为二元二次函数，其等值线为圆或长短轴平行于坐标轴的椭圆时，此法很有效，一般经过两次搜索即可达到最优点，如图 3-11a 所示。如果等值线为长短轴不平行于坐标轴的椭圆，则需多次迭代才能达到最优点，如图 3-11b 所示。如果等值线出现脊线，本来沿脊线方向一步可达到最优点，但因坐标轮换法总是沿坐标轴方向搜索而不能沿脊线搜索，所以就终止到脊线上而不能找到最优点，如图 3-11c 所示。

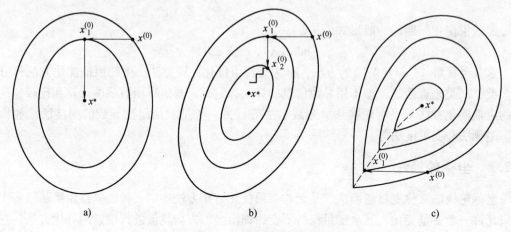

图 3-11 搜索过程的几种情况

从上述分析可以看出，采用坐标轮换法只能轮流沿着坐标方向搜索，尽管也能使函数值步步下降，但要经过多次曲折迂回的路径才能达到极值点，尤其在极值点附近步长很小，收敛很慢，所以坐标轮换法不是一种很好的搜索方法。

根据坐标轮换法的搜索原理，鲍威尔（Powell）提出了一种具有加速收敛的更好的搜索算法——鲍威尔法。

坐标轮换法的计算框图如图 3-12 所示。

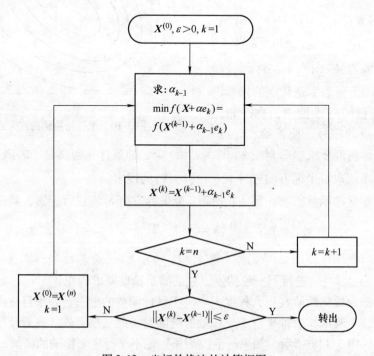

图 3-12 坐标轮换法的计算框图

3.2.2 鲍威尔法

鲍威尔法是利用共轭方向可以加速收敛所构成的一种搜索算法，这种方法也不用对目标
函数求导计算。因此，当目标函数不易求导或
导数不连续时，可以采用这种方法。

1. 共轭方向

坐标轮换法的收敛速度很慢，原因在于其
搜索方向总是平行于坐标轴，不适应具体目标
函数的变化情况。如图 3-13 所示，若把这一轮
的搜索起点 $x_0^{(2)}$ 与这一轮的搜索末点 $x_2^{(2)}$ 连接起
来，形成一个新的搜索方向 $S = x_2^{(2)} - x_0^{(2)}$，沿
此方向进行一维搜索，显然，它可以极大地加
快收敛速度。那么，这个方向 S 具有什么性质，
它与 S_1 方向有何关系？这就是首先需要清楚的
问题。

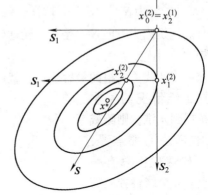

图 3-13 共轭方向形成原理

设二元函数 $f(x_1, x_2)$ 的极值为 $x^* = (x_1^* \quad x_2^*)^T$，则极值点附近目标函数的等值线是
近似的同心椭圆族。如图 3-14 所示，同心椭圆
族具有这样的一个特点，就是两条任意平行线
与椭圆族相切的切点的连线必通过椭圆族的中
心。因此，如果沿两个互相平行的方向 S_1 和 S_2
进行一维搜索，求出目标函数沿该两方向的极
小点 $x^{(1)}$ 和 $x^{(2)}$（此两点必为椭圆族中某两个椭
圆与此二直线的切点），则 $x^{(1)}$ 和 $x^{(2)}$ 的连线必
通过极小点。显然，只要沿 $x^{(1)}$ 与 $x^{(2)}$ 连线的方
向进行一维搜索，就可以找到目标函数的极小点。

图 3-14 同心椭圆族的几何特性

可以证明，若函数 $f(x_1, x_2)$ 的海赛（Hessian）矩阵 G 为正定对称矩阵，则方向 S 与 S_1
满足下式

$$S_1^T G S = 0$$

具有这种性质的方向，即是共轭方向。从理论上说，对于一个正定二次型的二元函数，
只要沿两个相互共轭的方向 S 和 S_1 进行一轮迭代二次一维搜索就可以找到极小点 x^*。

2. 基本算法

现以二维函数为例说明鲍威尔法的迭代计算过程，如图 3-15 所示。

1) 取一初始点 $x^{(0)}$ 作为第一轮迭代计算的出发点，即令 $x_0^{(1)} = x^{(0)}$，再取坐标轴的两
个单位向量 $S_1^{(1)} = e_1$，$S_2^{(1)} = e_2$ 作为初始搜索方向。

2) 从 $x_0^{(1)}$ 点出发，顺次沿 $S_1^{(1)}$、$S_2^{(1)}$ 方向用一维搜索方法搜索得 $x_0^{(1)}$ 和 $x_2^{(1)}$，把从 $x_0^{(1)}$
到 $x_2^{(1)}$ 的方向记作 $S^{(1)}$，即

$$S^{(1)} = x_2^{(1)} - x_0^{(1)}$$

从 $x_2^{(1)}$ 出发，沿 $S^{(1)}$ 方向搜索得到 $x_3^{(1)}$，作为下一轮迭代的初始点。再把方向 $S_1^{(1)}$、

$S_2^{(1)}$ 更换成 $S_2^{(1)}$、$S^{(1)}$ 作为下一轮迭代的搜索方向。

3）从 $x_3^{(1)}$ 出发，顺次沿 $S_2^{(1)}$、$S^{(1)}$ 方向搜索得到极小点 $x_1^{(2)}$ 和 $x_2^{(2)}$，把从 $x_3^{(1)}$ 到 $x_2^{(2)}$ 记住 $S^{(2)}$，并从 $x_2^{(2)}$ 出发沿此方向搜索得到极小点 $x_3^{(2)}$，作为下一轮迭代的初始点。再把方向 $S_2^{(1)}$、$S^{(1)}$ 更换为 $S^{(1)}$、$S^{(2)}$。这样，就构成了二维目标函数两个互为共轭的方向组成 $S^{(1)}$ 和 $S^{(2)}$。这是因为方向 $S^{(2)}$ 是前一轮迭代最末方向 $S^{(1)}$ 极小点 $x_3^{(1)}$ 与本轮迭代最末方向 $S_2^{(2)}$ 极小点 $x_2^{(2)}$ 的连线方向，而且 $S^{(1)}$ 和 $S_2^{(2)}$ 是互相平行的两个方向。因此，只要将产生的方向置于前一轮迭代方向组的最后位置，就可以不断产生新的共轭方向组。

把二维情况的基本算法扩展到 n 维，则鲍威尔基本算法的要点是：在每一轮迭代中总有一个始点和 n 个线性独立的搜索方向。从始点出发顺次沿 n 个方向作一维搜索得一终点，由始点和终点决定了一个新的搜索方向。用这个方向替换原来 n 个方向中的一个，于是形成新的搜索方向组。替换的原则是去掉原方向组的第一个方向而将新方向排在原方向的最后。此外规定，从这一轮的搜索终点出发沿新的搜索方向作一维搜索而得到的极小点，作为下一轮迭代的始点。这样就形成算法的循环。

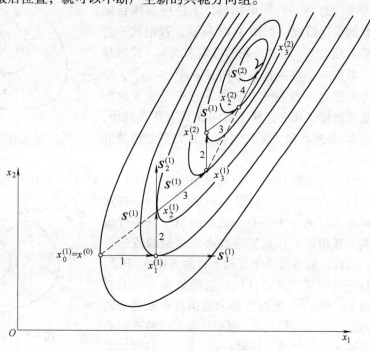

图 3-15 共轭方法的搜索路线

但是上述算法也存在缺陷，因为用这种方法产生的 n 个搜索方向有时会变成线性相关而不能形成共轭方向。这时形不成 n 维空间，可能求不到极小点，因此这一方法还有需要改进的地方。

3. 改进后的算法

为了解决上述问题，鲍威尔提出在每轮迭代获得新方向 $S_{n+1}^{(k)}$ 之后，在组成新的方向组时，不一定换掉方向 $S_1^{(k)}$，而是有选择地更换其中某一个方向 $S_m^{(k)}$ ($1 \leqslant m \leqslant n$)，以避免新方向组中的各方向出现线性相关的情形，保证新方向组比前一方向组具有更好的共轭性质。

改进后算法的具体步骤如下：

1）给定初始点 $x_0^{(0)}$ 和计算精度 ε，逐次沿 n 个线性无关的方向进行一维搜索，即

$$x_i^{(k)} = x_{i-1}^{(k)} + \alpha_i^{(k)} S_i^{(k)} \quad (i = 1, 2, \cdots, n)$$

式中，$S_i^{(k)}$ 为搜索方向，当 $k = 1$ 时，取 $S_i^{(1)} = e_i$。

2）计算第 k 轮迭代中每相邻两点目标函数值的下降量，并找出下降量最大者及其相应

的方向

$$\Delta_m^{(k)} = \max\{\Delta_i^{(k)}\} = \max_{i=1,\cdots,n}\{f(x_{i-1}^{(k)}) - f(x_i^{(k)})\}$$

$$S_m^{(k)} = x_m^{(k)} - x_{m-1}^{(k)}$$

3）沿共轭方向 $S^{(k)} = x_n^{(k)} - x_0^{(k)}$，计算反折射点

$$x_{n+1}^{(k)} = 2x_n^{(k)} - x_0^{(k)}$$

令

$$f_1 = f(x_0^{(k)})，f_2 = f(x_n^{(k)})，f_3 = f(x_{n+1}^{(k)})$$

若同时满足

$$\begin{cases} f_3 < f_1 \\ (f_1 - 2f_2 + f_3)(f_1 - f_2 - \Delta_m^{(k)})^2 < \dfrac{1}{2}\Delta_m^{(k)}(f_1 - f_3)^2 \end{cases}$$

则由 $x_n^{(k)}$ 出发沿 $S^{(k)}$ 方向进行一维搜索，求出该方向的极小点 x^*，并以 x^* 作为 $k+1$ 轮迭代的初始点，即令 $x_0^{(k+1)} = x^*$；然后进行第 $k+1$ 轮迭代，其搜索方向去掉 $S_m^{(k)}$，并令 $S_n^{(k+1)} = S^{(k)}$，即

$$(S_1^{(k+1)} \quad S_2^{(k+1)} \quad \cdots \quad S_n^{(k+1)}) = (S_1^{(k)} \quad S_2^{(k)} \quad \cdots \quad S_{m-1}^{(k)} \quad S_{m+1}^{(k)} \quad \cdots \quad S_n^{(k)} \quad S^{(k)})$$

4）若上述替换条件不满足，则进入第 $k+1$ 轮迭代时，其 n 个方向全部用第 k 轮的搜索方向，而初始点则取 $x_n^{(k)}$ 和 $x_{n+1}^{(k)}$ 中函数值较小的点。

5）每轮迭代结束时，都应该检验收敛条件。若满足

$$\| x_0^{(k+1)} - x_0^{(k)} \| \le \varepsilon_1$$

或

$$\left| \frac{f(x_0^{(k+1)}) - f(x_0^{(k)})}{f(x_0^{(k)})} \right| \le \varepsilon_2$$

则迭代计算可以结束，否则进行下一轮迭代。

例3-3　用鲍威尔法求函数 $f(X) = 60 - 10x_1 - 4x_2 + x_1^2 + x_2^2 - x_1 x_2$ 的最优点 $X^* = (x_1^* \quad x_2^*)^{\mathrm{T}}$，计算精度要求 $\varepsilon = 0.0001$。

解：取初始点为 $x_0^{(1)} = x_0^{(0)} = (0 \quad 0)^{\mathrm{T}}$，$f_1 = f(x^{(0)}) = 60$。第一轮迭代的搜索方向取两个坐标的单位向量

$$S_1^{(1)} = e_1 = \binom{1}{0} \text{和} S_2^{(1)} = e_2 = \binom{0}{1}$$

从 $x_0^{(1)}$ 出发，先从 $S_1^{(1)}$ 方向进行一维最优搜索，此时根据相关计算公式得出最优步长 $\alpha_1^{(1)} = 5$。

由此得最优点

$$x_1^{(1)} = \binom{0}{0} + 5\binom{1}{0} = \binom{5}{0}$$

同理，沿 $S_2^{(1)}$ 方向进行一维搜索得最优点

$$x_2^{(1)} = \binom{5}{0} + 4.5\binom{0}{1} = \binom{5}{4.5}$$

计算第 $n+1$ 个方向

$$S_3^{(1)} = x_2 - x_0 = \binom{5}{4.5} - \binom{0}{0} = \binom{5}{4.5}$$

计算 $S_3^{(1)}$ 方向上的反射点

$$x_3 = 2x_2 - x_0 = \binom{10}{9}.$$

计算相邻两点函数值的下降量

$$f(x_0^{(1)}) = 60, f(x_1^{(1)}) = 35, \ f(x_2^{(1)}) = 14.75$$

$$\Delta_1^{(1)} = f(x_0^{(1)}) - f(x_1^{(1)}) = 25, \ \Delta_2^{(1)} = f(x_1^{(1)}) - f(x_2^{(1)}) = 20.25$$

$$\Delta_m^{(1)} = \max\{\Delta_1^{(1)} \quad \Delta_2^{(2)}\} = \Delta_1^{(1)} = 25, \ S_m^{(1)} = S_1^{(1)} = e_1$$

检验判别条件

$$f_1 = f(x_0^{(1)}) = 60, f_2 = f(x_2^{(1)}) = 14.75, \ f_3 = f(x_3^{(1)}) = 15$$

$$f_3 < f_1, \ (15 < 60)$$

$$(f_1 - 2f_2 + f_3)(f_1 - f_2 - \Delta_m^{(1)})^2 < 0.5\Delta_m^{(1)}(f_1 - f_3)^2, \ (18657.8 < 25312.5)$$

成立，故应以 $S_3^{(1)}$ 替换 $S_m^{(1)}$，并求 $S_3^{(1)}$ 方向上的极小点。

优化步长 α_3 为

$$\alpha_3 = \frac{-[\nabla f(x_2^{(1)})]^T S_3^{(1)}}{[S_3^{(1)}]^T H S_3^{(1)}} = 0.4945$$

$$x^* = x_2^{(1)} + a_3 S_3^{(1)} = \binom{5}{4.5} + 0.4945\binom{5}{4.5} = \binom{7.4725}{6.7253}$$

当 $k = 2$ 时

$$x_0^{(2)} = x^* = \binom{7.4725}{6.7253}$$

$$S_1^{(2)} = S_2^{(1)} = e_2 = \binom{0}{1}, \ S_2^{(2)} = S_3^{(1)} = \binom{5}{4.5}$$

$$x_1^{(2)} = x_0^{(2)} + \alpha_1^{(2)} S_1^{(2)} = \binom{7.4725}{6.7253} + (-0.9891)\binom{0}{1} = \binom{7.4725}{5.7362}$$

$$x_2^{(2)} = x_1^{(2)} = + \alpha_2^{(2)} S_2^{(2)}$$

其中

$$\alpha_2^{(2)} = -\frac{[\nabla f(x_1^{(2)})]^T S_2^{(2)}}{[S_2^{(2)}]^T H S_2^{(2)}} = 0.08695$$

$$x_2^{(2)} = \binom{7.4725}{5.7362} + 0.08695\binom{5}{4.5} = \binom{7.9073}{6.1275}$$

$$S_3^{(2)} = x_2^{(2)} - x_0^{(2)} = \binom{0.4348}{-0.5978}$$

$$x_3^{(2)} = 2x_2^{(2)} - x_0^{(2)} = \binom{8.3421}{5.5297}$$

$$f(x_0^{(2)}) = 9.1869, \ f(x_1^{(2)}) = 8.2087, \ f(x_2^{(2)}) = 8.0367, \ f(x_3^{(2)}) = 8.4991$$

$$\Delta_1^{(2)} = f(x_0^{(2)}) - f(x_1^{(2)}) = 9.1869 - 8.2087 = 0.9782$$

$$\Delta_2^{(2)} = f(x_1^{(2)}) - f(x_2^{(2)}) = 0.1720$$

$$\Delta_m^{(2)} = \Delta_1^{(2)} = 0.9782$$

$$f_1 = f(x_0^{(2)}) = 9.1869, f_2 = f(x_2^{(2)}) = 8.0367, f_3 = f(x_3^{(2)}) = 8.4991$$

判别条件

$$f_3 < f_1, \quad (8.4991 < 9.1869)$$

$$(f_1 - 2f_2 + f_3)(f_1 - f_2 - \Delta_m^{(2)})^2 < 0.5\Delta_m^{(1)}(f_1 - f_3)^2, \quad 0.0477 < 0.2313)$$

成立，故沿 $S_3^{(2)}$ 一维搜索

$$x^* = x_2^{(2)} + \alpha_3^{(2)} S_3^{(2)}$$

其中

$$\alpha_3^{(2)} = -\frac{[\nabla f(x_2^{(2)})]^T S_3^{(2)}}{[S_3^{(2)}]^T H S_3^{(2)}} = 0.213$$

$$x^* = \begin{pmatrix} 7.9999 \\ 6.0001 \end{pmatrix}$$

精确解 $x^* = \begin{pmatrix} 8 \\ 6 \end{pmatrix}$，误差已小于 0.0001，故停止运算，总共进行六次一维搜索。

3.2.3 梯度法

梯度法是一种古老而又十分基本的的优化方法，它的迭代方向是由迭代点的负梯度构成的，由于负梯度方向是函数值下降最快的方向，故梯度法也称最速下降法。

梯度法的迭代算式为

$$S^{(k)} = -\nabla f(X^{(k)})$$

$$X^{(k+1)} = X^{(k)} + \alpha_k S^{(k)}$$

或者 $\quad X^{(k+1)} = X^{(k)} - \alpha_k \nabla f(X^{(k)})$

式中，α_k 为最优步长因子，由一维搜索确定，即

$$f(X^{(k+1)}) = f(X^{(k)} - \alpha_k \nabla f(X^{(k)})) = \min f(X^{(k)} - \alpha_k \nabla f(X^{(k)})) = \min \Phi(\alpha)$$

根据极值的必要条件和复合函数的求导公式，有

$$\Phi'(\alpha) = -[\nabla f(X^{(k)} - \alpha_k \nabla f(X^{(k)}))]^T \nabla f(X^{(k)}) = 0$$

对于较简单的问题，由上式可直接求得最优步长因子 α_k，进而求出一维极小点 $X^{(k+1)}$。由上式还可以得到如下关系式

$$[\nabla f(X^{(k+1)})]^T \nabla f(X^{(k)}) = 0$$

由上式表明，相邻两迭代点的梯度是彼此正交的。也就是说，在梯度法的迭代过程中，相邻的搜索方向相互垂直。这意味着梯度法向极小点的逼近路径是一条曲折的锯齿形路线，而且越接近极小点，锯齿越细，前进速度越慢，如图 3-16 所示。

由图 3-16 可以看出，在梯度法的迭代过程中，离极小点较远时，一次一维搜索得到的函数下降量较大。或者说，梯度法在远离极小点时逼近速度较快，而接近极小点时逼近速度较慢。正是基于这一特点，许多收敛性较好的算法，在第一步迭代都采用负梯度方向作为搜索方向。

梯度法的迭代步骤如下：

1）给定初始点 $X^{(0)}$ 和收敛精度 ε，置 $k=0$。

2）计算梯度，并构造搜索方向

$$S^{(k)} = -\nabla f(X^{(k)})$$

3）沿 $S^{(k)}$ 方向进行一维搜索，求 $\alpha^{(k)}$ 使

$$\min f(X^{(k)} + \alpha S^{(k)})$$
$$= f(X^{(k)} + \alpha^{(k)} S^{(k)})$$
$$X^{(k+1)} = X^{(k)} + \alpha_k S^{(k)}$$

4）计算$\nabla f(X^{(k+1)})$，若 $\| \nabla f(X^{(k+1)}) \| \leq \varepsilon$，则终止迭代，取最优解为 $X^* = X^{(k+1)}$，$f(X^*) = f(X^{(k+1)})$，终止迭代；否则，令 $k=k+1$，转2）继续迭代。

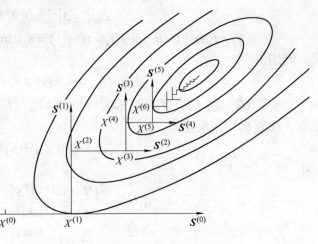

图 3-16 梯度法的迭代路线

梯度法的收敛速度与目标函数的性质密切相关。对于一般函数来说，梯度法的收敛速度较慢，但对于等值线为同心圆或同心球的目标函数，无论从任何初始点出发，一次搜索即可达到极小点。

梯度法的计算框图如图 3-17 所示。

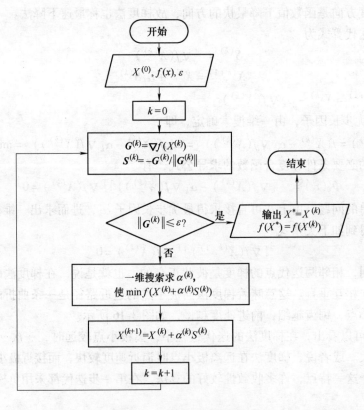

图 3-17 梯度法的计算框图

例3-4 用梯度法求解下列无约束优化问题，已知 $X^{(0)} = (1 \quad 1)^{\mathrm{T}}$，$\varepsilon = 0.1$。$\min f(X) = x_1^2 + 2x_2^2 - 2x_1x_2 - 4x_1$。

解： 1）第一次迭代。

$$\nabla f(X) = \begin{pmatrix} 2x_1 - 2x_2 - 4 \\ -2x_1 + 4x_2 \end{pmatrix}, \quad \nabla f(X^{(0)}) = \begin{pmatrix} -4 \\ 2 \end{pmatrix}$$

令

$$S^{(0)} = -\nabla f(X^{(0)}) = \begin{pmatrix} 4 \\ -2 \end{pmatrix}$$

则

$$X^{(1)} = X^{(0)} + \alpha S^{(0)} = \begin{pmatrix} 1 \\ 1 \end{pmatrix} + \alpha \begin{pmatrix} 4 \\ -2 \end{pmatrix} = \begin{pmatrix} 1 + 4\alpha \\ 1 - 2\alpha \end{pmatrix}$$

$$f(X^{(1)}) = (1 + 4\alpha)^2 + 2(1 - 2\alpha)^2 - 2(1 + 4\alpha)(1 - 2\alpha) - 4(1 + 4\alpha) = \varPhi(\alpha)$$

对于这种简单的一元函数，可以直接用解析法对 α 求极小值。

令

$$\varPhi'(\alpha) = 8(1 + 4\alpha) - 8(1 - 2\alpha) - 8(1 - 2\alpha) + 4(1 + 4\alpha) - 16 = 0$$

解得

$$\alpha = 0.25, \quad X^{(1)} = \begin{pmatrix} 2 \\ 0.5 \end{pmatrix}, \quad f(X^{(1)}) = -5.5$$

因 $\| \nabla f(X^{(1)}) \| = \sqrt{5} > \varepsilon$，应该继续迭代计算。

2）第二次迭代。

$$\nabla f(X^{(1)}) = \begin{pmatrix} -1 \\ -2 \end{pmatrix}, \quad S^{(1)} = \begin{pmatrix} 1 \\ 2 \end{pmatrix}$$

$$X^{(2)} = X^{(1)} + \alpha S^{(1)} = \begin{pmatrix} 2 \\ 0.5 \end{pmatrix} + \alpha \begin{pmatrix} 1 \\ 2 \end{pmatrix} = \begin{pmatrix} 2 + \alpha \\ 0.5 + 2\alpha \end{pmatrix}$$

$$f(X^{(2)}) = (2 + \alpha)^2 + 2(0.5 + 2\alpha)^2 - 2(2 + \alpha)(0.5 + 2\alpha) - 4(2 + \alpha) = \varPhi(\alpha)$$

令

$$\varPhi'(\alpha) = 0$$

解得

$$\alpha = 0.5, \quad X^{(2)} = \begin{pmatrix} 2.5 \\ 1.5 \end{pmatrix}, \quad f(X^{(2)}) = -6.75, \quad \nabla f(X^{(2)}) = \begin{pmatrix} -2 \\ 1 \end{pmatrix}$$

因 $\| \nabla f(X^{(1)}) \| = \sqrt{5} > \varepsilon$，应该继续迭代计算。按照如此往复下去，最后可以得到最优解为

$$X^* = (4 \quad 2)^{\mathrm{T}}, \quad f(X^*) = -8$$

以上迭代路线如图 3-18 所示。

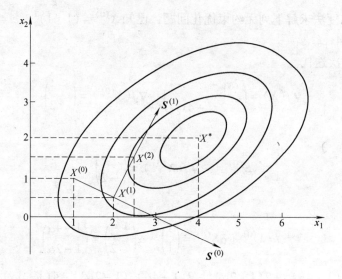

图 3-18　迭代路线

3.2.4　牛顿法

牛顿法的基本思想是将目标函数 $f(X)$ 在点 $X^{(k)}$ 处的泰勒展开式的二项式作为其近似函数式，然后求出这个近似函数的极小点作为原目标函数的近似极小点；若此值不满足精度要求，则以此近似极小点作为下一次迭代的初始点，继续以上过程，迭代下去，直至满足精度要求为止。

对于多元函数 $f(X)$，设 $X^{(k)}$ 为 $f(x)$ 极小点 X^* 的一个近似点，在 $X^{(k)}$ 处将 $f(X)$ 进行泰勒展开，保留到二项式得

$$f(X) \approx \varphi(X) = f(X^{(k)}) + \nabla f(X^{(k)})^{\mathrm{T}}(X - X^{(k)}) + \frac{1}{2}(X - X^{(K)})^{\mathrm{T}} \nabla^2 f(X^{(k)})(X - X^{(k)})$$

式中，$\nabla^2 f(X^{(k)})$ 为 $f(X)$ 在 $X^{(k)}$ 处的海赛矩阵，下面记为 $G(X^{(k)})$。

设 $X^{(k+1)}$ 为 $\varphi(X)$ 的极小点，根据极值点必要条件可知

$$\nabla f(X^{(k+1)}) = 0$$

$$\nabla f(X^{(k)}) + \nabla^2 f(X^{(k)})(X^{(k+1)} - X^{(k)}) = 0$$

从而可以推出牛顿法的基本迭代公式为

$$X^{(k+1)} - X^{(k)} = -G(X^{(k)})^{-1} \nabla f(X^{(k)}) \tag{3-4}$$

式中，$G(X^{(k)})^{-1}$ 为海赛矩阵的逆矩阵。

从牛顿法迭代公式的推演中可以看到，迭代点的位置是按照极值条件确定的，其中并未含有沿下降方向搜寻的概念。因此对于非二次函数，如果采用式（3-4）——牛顿法迭代公式，有时会使函数值上升，即出现 $f(X^{(k+1)}) > f(X^{(k)})$ 的现象。为此，需对上述牛顿法进行改进，引入数学规划法的搜寻概念，提出所谓"阻尼牛顿法"。

如果把

$$S^{(k)} = -G(X^{(k)})^{-1} \nabla f(X^{(k)})$$

看作是一个搜索方向，称为牛顿方向，则阻尼牛顿法采用如下的迭代公式

$$X^{(k+1)} = X^{(k)} + \alpha^{(k)} \boldsymbol{S}^{(k)} = X^{(k)} - \alpha^{(k)} G(X^{(k)})^{-1} \nabla f(X^{(k)}) \quad (k = 0, 1, 2, \cdots)$$

式中，$\alpha^{(k)}$ 为沿牛顿方向进行以一维搜索的最佳步长，可称为阻尼因子。

$\alpha^{(k)}$ 可通过如下极小化过程求得

$$f(X^{(k+1)}) = f(X^{(k)} + \alpha^{(k)} \boldsymbol{S}^{(k)}) = \min_{\alpha} f(X^{(k)} + \alpha \boldsymbol{S}^{(k)})$$

这样，原来的牛顿法就相当于阻尼牛顿法的步长因子 $\alpha^{(k)}$ 取成固定值 1 的情况。由于阻尼牛顿法每次迭代都在牛顿方向上进行一维搜索，这就避免了迭代后函数值上升的现象，从而保持了牛顿法二次收敛的特性，而对初始点没有苛刻的要求。

阻尼牛顿法的计算步骤如下：

设 $f(X)$ 二次可微，ε_1、ε_2 为事先给定的小正数，$X^{(0)}$ 为初始点，$k = 0$。

1）计算矩阵 $\nabla^2 f(X^{(k)})$，令 $\boldsymbol{G}_k = \nabla^2 f(X^{(k)})$。

2）若 $\boldsymbol{G}_k^{-1}$ 存在，且 $\nabla f(X^{(k)})^{\mathrm{T}} \boldsymbol{G}_k^{-1} \nabla f(X^{(k)}) > \varepsilon_1$，令 $\boldsymbol{S}^{(k)} = -\boldsymbol{G}_k^{-1} \nabla f(X^{(k)})$；否则，令 $\boldsymbol{S}^{(k)} = -\nabla f(X^{(k)})$。

3）求解

$$\min f(X^{(k)} + \alpha \boldsymbol{S}^{(k)})$$
$$\text{s. t.} \quad \alpha \geq 0$$

设 α_k 是此一维搜索的最优解。

4）$X^{(k+1)} = X^{(k)} + \alpha \boldsymbol{S}^{(k)}$。

5）检验是否满足终止准则（常取 $\| \nabla f(X^{(k+1)}) \| \leq \varepsilon_2$）。

牛顿法应用于具有正定海赛矩阵的二次函数时，只需一次迭代即可达到无约束全局极小点。当初始点接近于极小点时，牛顿法产生的点列收敛于平稳点，且收敛速度是二阶。但是牛顿法每次迭代都要计算函数的二阶导数矩阵，并对该矩阵求逆矩阵，因此计算工作量很大，所占的计算机存储量也是很大的。

例 3-5　设 $X^{(0)} = (4 \quad 1)^{\mathrm{T}}$，用牛顿法求解

$$\min f(X) = 1.5 x_1^2 + 2 x_1 x_2 + x_2^2 - x_1$$

解： 根据条件可以求出

$$\nabla f(X) = \begin{bmatrix} 3x_1 + 2x_2 - 1 \\ 2x_1 + 2x_2 \end{bmatrix}, \boldsymbol{G} = \nabla^2 f(X) = \begin{bmatrix} 3 & 2 \\ 2 & 2 \end{bmatrix}$$

$$X^{(0)} = \begin{pmatrix} 4 \\ 1 \end{pmatrix}^{\mathrm{T}}, \ \nabla f(X^{(0)}) = \begin{bmatrix} 13 \\ 10 \end{bmatrix}, \ \boldsymbol{G}^{-1} = \begin{bmatrix} 1 & -1 \\ -1 & 1.5 \end{bmatrix}$$

$$X^{(1)} = X^{(0)} - \boldsymbol{G}^{-1} \nabla f(X^{(0)}) = \begin{bmatrix} 4 \\ 1 \end{bmatrix} - \begin{bmatrix} 1 & -1 \\ -1 & 1.5 \end{bmatrix} \begin{bmatrix} 13 \\ 10 \end{bmatrix} = \begin{bmatrix} 1 \\ -1 \end{bmatrix}$$

$$\nabla f(X^{(1)}) = \begin{pmatrix} 0 \\ 0 \end{pmatrix}^{\mathrm{T}}, \ X^{(1)} \text{是全局极小点。}$$

3.2.5　变尺度法

变尺度法是在克服了梯度法收敛慢和牛顿法计算量大的缺点而发展起来的，是求解无约

束优化问题最有效的算法，在工程优化设计中得到了广泛的应用。

变尺度法的基本思想是，利用牛顿法的迭代形式，然而并不直接计算 $G(X^{(k)})^{-1}$，而是用一个对称正定矩阵 $A^{(k)}$ 近似地代替 $G(X^{(k)})^{-1}$。$A^{(k)}$ 在迭代过程中不断改进，最后逼近 $G(X^{(k)})^{-1}$。这种方法，不需要计算海赛矩阵及其逆矩阵，大大减少了计算量。

1. 变尺度法的迭代公式

变尺度法的迭代公式为

$$X^{(K+1)} = X^{(K)} - \alpha^{(k)} A^{(k)} \nabla f(X^{(k)})$$

式中，$A^{(k)}$ 为变尺度矩阵，在迭代过程中逐次形成并不断修正。

若在初始点 $X^{(0)}$ 取 $A^{(0)} = I$（单位矩阵），则上式变为

$$X^{(K+1)} = X^{(K)} - \alpha^{(k)} \nabla f(X^{(k)})$$

而当 $X^{(k)} \to X^*$，即 $A^{(k)} \to G(X^{(k)})^{-1}$ 时，式子又变为

$$X^{(k+1)} = X^{(k)} - \alpha^{(k)} G(X^{(k)})^{-1} \nabla f(X^{(k)})$$

显然，这两个式子一个是梯度法的迭代公式，另外一个是阻尼牛顿法的迭代公式。由此可知，梯度法和牛顿法可看作变尺度法的一种特殊形式。

2. DFP 变尺度法及其递推公式

为使变尺度矩阵 $A^{(k)}$ 在迭代过程中逐次修正，最后逼近海赛逆矩阵 $G(X^{(k)})^{-1}$，希望变尺度矩阵有如下递推公式

$$A^{(k+1)} = A^{(k)} + \Delta A^{(k)}$$

式中，$\Delta A^{(k)}$ 为 k 次迭代的修正矩阵。

变尺度法的内容非常丰富，算法很多。各种算法的主要区别在于采用不同的修正矩阵 $\Delta A^{(k)}$，其中最重要的是 DFP 变尺度法和 BFGS 变尺度法两种。这里先介绍 DFP 变尺度法。

DFP 变尺度法的迭代修正矩阵是

$$\Delta A^{(k)} = \frac{\Delta X^{(k)} [\Delta X^{(k)}]^{\mathrm{T}}}{[\Delta X^{(k)}]^{\mathrm{T}} \Delta g^{(k)}} - \frac{A^{(k)} \Delta g^{(k)} [\Delta g^{(k)}]^{\mathrm{T}} A^{(K)}}{[\Delta g^{(k)}]^{\mathrm{T}} A^{(k)} \Delta g^{(k)}} \tag{3-5}$$

式中，$\Delta X^{(k)} = X^{(k+1)} - X^{(k)}$，即两迭代点信息之差；$\Delta g^{(k)} = \nabla f(X^{(k+1)}) - \nabla f(X^{(k)})$，即两迭代点的目标函数一阶导数信息之差。

这个修正矩阵公式说明，DFP 变尺度法将迭代过程中所有的函数信息和一阶导数信息收集积累起来，以逐渐形成二阶导数矩阵的信息。

3. DFP 变尺度法迭代步骤

1）选定初始点 $X^{(0)}$ 和收敛精度 ε。

2）计算 $g^{(0)} = \nabla f(X^{(0)})$，选取初始对称正定矩阵 $A^{(0)} = I$，置 $k = 0$。

3）计算搜索方向 $S^{(k)} = -A^{(k)} g^{(k)}$。

4）沿 $S^{(k)}$ 方向进行一维搜索求 $\alpha^{(k)}$，得迭代新点 $X^{(k)} + \alpha^{(k)} S^{(k)} = X^{(k+1)}$。

5）检验是否满足迭代终止准则，$\| \nabla f(X^{(k+1)}) \| \leqslant \varepsilon$，若满足，则停止迭代，输出最优解 $X^* = X^{(k+1)}$，$f(X^*) = f(X^{(k+1)})$；否则转下一步。

6）检查迭代次数，若 $k = n$，则置 $X^{(0)} = X^{(k+1)}$，转2）；若 $k < n$，则转7）。

7）计算：$\Delta X^{(k)} = X^{(k+1)} - X^{(k)}$，$g^{(k+1)} = \nabla f(X^{(k+1)})$，$\Delta g^{(k)} = g^{(k+1)} - g^{(k)}$，按式（3-5）计算 $\Delta A^{(k)}$，$A^{(k+1)} = A^{(k)} + \Delta A^{(k)}$，令 $k = k+1$，转3）。

变尺度法的计算框图如图 3-19 所示。

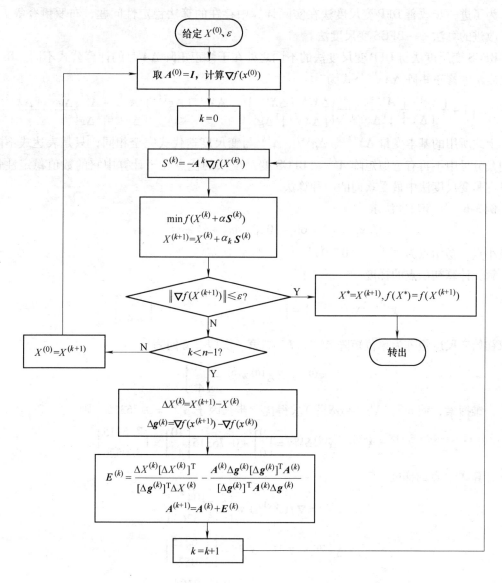

图 3-19　变尺度法的计算框图

由上述步骤可知，在迭代开始时，一般令 $A^{(0)} = I$（单位矩阵），此时变尺度法的迭代公式就是梯度法的迭代公式；而当变尺度矩阵逼近 $G(X^{(k)})^{-1}$ 时，变尺度法迭代公式也逼近牛顿法的迭代公式。因而，变尺度法最初的几步迭代与梯度法类似，函数值的下降是较快的；而在最后的几步迭代与牛顿法相近，可较快地收敛到极小点。因此变尺度法能够克服梯度法收敛慢的缺点，但却保留了梯度法在最初几步函数值下降快的优点；同时，变尺度法避免了计算海赛矩阵及其逆矩阵，从而克服了牛顿法计算量大的缺点，但却有较快的收敛速度。所以，在目标函数的梯度容易计算的情况下，变尺度法是一种很有效的方法。

4. BFGS 变尺度法

为了进一步改善 DFP 变尺度法在实际计算中存在的算法稳定性问题，布罗伊登等人提出了改进的算法——BFGS 变尺度法。

BFGS 变尺度法与 DFP 变尺度法的不同之处在于修正矩阵 $\Delta A^{(k)}$ 的计算公式不同。BFGS 变尺度法的修正矩阵 $\Delta A^{(k)}$ 公式为

$$\Delta A^{(k)} = \left(1 + \frac{[\Delta g^{(k)}]^T A^{(k)} \Delta g^{(k)}}{[\Delta X^{(k)}]^T \Delta g^{(k)}} \right) \frac{\Delta X^{(k)} [\Delta X^{(k)}]^T}{[\Delta X^{(k)}]^T \Delta g^{(k)}} - \frac{\Delta X^{(k)} [\Delta g^{(k)}]^T A^{(k)} + A^{(k)} \Delta g^{(k)} [\Delta X^{(k)}]^T}{[\Delta g^{(k)}]^T \Delta g^{(k)}}$$

上式所用的基本变量 $\Delta X^{(k)}$、$\Delta g^{(k)}$、$A^{(k)}$ 与变尺度迭代式完全相同，只是表达式不同，特别是分母中不再有近似矩阵 $A^{(k)}$。BFGS 变尺度法的优点在于计算中它的数值稳定性强，所以它是变尺度法中最受欢迎的一种算法。

例 3-6 用变尺度法求

$$f(x_1, x_2) = 60 - 10x_1 - 4x_2 + x_1^2 + x_2^2 - x_1 x_2$$

的极小点。初始点为 $X^{(0)} = (0 \quad 0)^T$。

解： 计算初始点的梯度

$$g^{(0)} = \nabla f(X^{(0)}) = \begin{bmatrix} -10 + 2x_1^{(0)} - x_2^{(0)} \\ -4 + 2x_2^{(0)} - x_1^{(0)} \end{bmatrix} = \begin{bmatrix} -10 \\ -4 \end{bmatrix}$$

并取初始变尺度矩阵为单位矩阵 $A^{(0)} = I$，则第一次搜寻方向为

$$S^{(0)} = -A^{(0)} g^{(0)} = \begin{bmatrix} 10 \\ 4 \end{bmatrix}$$

一维搜索，使 $\min f(X^{(0)} + \alpha S^{(0)})$ 求得优化步长因子 $\alpha^{(0)} = 0.76315$，则

$$X^{(1)} = X^{(0)} + \alpha^{(0)} S^{(0)} = \begin{bmatrix} 0 \\ 0 \end{bmatrix} + 0.76315 \begin{bmatrix} 10 \\ 4 \end{bmatrix} = \begin{bmatrix} 7.6315 \\ 3.0526 \end{bmatrix}$$

计算 $X^{(1)}$ 点的梯度

$$g^{(1)} = \nabla f(X^{(1)}) = \begin{bmatrix} 2.2104 \\ -5.5263 \end{bmatrix}$$

$$\Delta X^{(0)} = X^{(1)} - X^{(0)} = \begin{bmatrix} 7.6315 \\ 3.0526 \end{bmatrix}$$

$$\Delta g^{(0)} = g^{(1)} - g^{(0)} = \begin{bmatrix} 12.2104 \\ -1.5263 \end{bmatrix}$$

$$A^{(1)} = A^{(0)} + \Delta A^{(0)} = \begin{bmatrix} 1 & 0 \\ 0 & 1 \end{bmatrix} + \frac{\begin{bmatrix} 7.6315 \\ 3.0526 \end{bmatrix} (7.6315 \quad 3.0526)}{(12.2104 \quad -1.5263) \begin{pmatrix} 7.6315 \\ 3.0526 \end{pmatrix}}$$

$$- \frac{\begin{bmatrix} 1 & 0 \\ 0 & 1 \end{bmatrix} \begin{bmatrix} 12.2104 \\ -1.5263 \end{bmatrix} [12.2104 \quad -1.5263] \begin{bmatrix} 1 & 0 \\ 0 & 1 \end{bmatrix}}{(12.2104 \quad -1.5263) \begin{bmatrix} 1 & 0 \\ 0 & 1 \end{bmatrix} \begin{bmatrix} 12.2104 \\ -1.5263 \end{bmatrix}} = \begin{bmatrix} 0.6733 & 0.3863 \\ 0.3863 & 1.0899 \end{bmatrix}$$

从计算中可以看出，$A^{(1)}$ 是一个对称正定矩阵。

$$S^{(1)} = -A^{(1)} g^{(1)} = \begin{bmatrix} 0.6462 \\ 5.1692 \end{bmatrix}$$

$$X^{(2)} = X^{(1)} + \alpha^{(1)} S^{(1)} = \begin{bmatrix} 7.6315 \\ 3.0526 \end{bmatrix} + \alpha^{(1)} \begin{bmatrix} 0.6462 \\ 5.1692 \end{bmatrix}$$

用一维搜索要求 $\min\limits_{\alpha} f(X^{(1)} + \alpha S^{(1)})$ 得最优步长因子 $\alpha^{(1)} = 0.5701$，所以得

$$X^{(2)} = \begin{bmatrix} 7.9999 \\ 5.9999 \end{bmatrix}$$

已满足计算精度要求，故可终止计算。

3.3　线性规划问题优化方法

线性规划问题是约束优化问题中比较特殊的一种类型，它的目标函数和约束函数都是线性的。线性规划在理论和方法上都很成熟，在工程管理和经济管理中应用十分广泛。虽然大多数机械设计和工程设计属于非线性规划问题，但在求解非线性规划中却常用到线性规划的算法，如在可行方向法中可行方向的寻求就是采用线性规划方法求解。因此，了解线性规划的基本概念、性质和算法是必要的。

3.3.1　线性规划的标准形式与基本性质

1. 线性规划的标准形式

线性规划数学模型的一般形式为

求一组变量 $X = (x_1 \quad x_2 \quad \cdots \quad x_n)^{\mathrm{T}}$ 满足约束条件

$$\begin{cases} a_{11}x_1 + a_{22}x_2 + \cdots + a_{1n}x_n = b_1 \\ a_{21}x_1 + a_{22}x_2 + \cdots + a_{2n}x_n = b_2 \\ \vdots \qquad \vdots \qquad \vdots \qquad \vdots \\ a_{m1}x_1 + a_{m2}x_2 + \cdots + a_{mn}x_n = b_m \\ x_i \geqslant 0 \quad (i = 1, 2, \cdots, n) \end{cases}$$

使目标函数 $f(X) = c_1 x_1 + c_2 x_2 + \cdots + c_n x_n$ 的值达到最小。

也可将上述公式化为统一的标准形式，即

$$\min f(X) = \sum_{i=1}^{n} c_i x_i$$

$$\text{s. t.} \quad \sum_{i=1}^{n} a_{ji} = b_j \quad (j = 1, 2, \cdots, m)$$

$$x_i \geqslant 0 \quad (i = 1, 2, \cdots, n)$$

式中，c_i、a_{ji}、b_j 都是已知量，x_i 为未知量，n 为线性规划的维数，m 为线性规划的阶数，一般 $m < n$。

标准形式中的约束条件包括两部分：一是等式约束条件；二是变量 x_i 的非负要求，它是标准形式中出现的唯一不等式形式。如果线性规划问题中，除变量的非负要求外，还有其他不等式约束条件，应通过引入松弛变量将不等式约束化成上述等式约束形式。

例如，若约束条件为

$$x_1 + 2x_2 \leqslant 5$$
$$x_1 \geqslant 0, \ x_2 \geqslant 0$$

则可引入松弛变量 $x_3 \geqslant 0$，将第一个不等式变为等式约束，即

$$x_1 + 2x_2 + x_3 = 5$$
$$x_1 \geqslant 0, \ x_2 \geqslant 0, \ x_3 \geqslant 0$$

若约束条件为

$$x_1 + 2x_2 \geqslant 5$$
$$x_1 \geqslant 0, \ x_2 \geqslant 0$$

则可以减去松弛变量 $x_3 \geqslant 0$，将不等式变为等式约束，即

$$x_1 + 2x_2 - x_3 = 5$$
$$x_1 \geqslant 0, \ x_2 \geqslant 0, \ x_3 \geqslant 0$$

此外，当某些问题中有一些变量 x_k 并不要求为非负时，可令

$$x_k = x'_k - x''_k$$

其中 $x'_k \geqslant 0$，$x''_k \geqslant 0$，并将其代入目标函数和约束方程中去。因此，恒有非负约束条件，即 $x_i \geqslant 0$。

线性规划问题的标准形式可写成如下的矩阵形式

$$\min f(X) = c^{\mathrm{T}} X$$
$$\text{s. t.} \quad AX = b$$
$$X \geqslant 0$$

式中，$A = [a_{ij}]_{m \times n}$，$b = \{b_j\}$，$c = \{c_i\}$，$0$ 代表零向量。

在线性规划问题中，应有 $m < n$。这是因为若 $m = n$，则该类约束问题要么只有唯一解，要么就是因为约束条件不相容而无解。若 $m > n$，方程组 $AX = b$ 变成矛盾方程组，不存在严格满足方程组的解。因此只有当 $m < n$ 时，方程组 $AX = b$ 的解才是不定的，一般将有无穷多个解，从而可以从中找出使目标函数 $f(X)$ 取最小值的解。

2. 线性规划的基本性质

采用图解法和代数法对线性规划问题进行分析，以说明线性规划的基本概念和基本性质。以下列线性规划问题为例

$$\min f(X) = -60x_1 - 120x_2$$
$$\text{s. t.} \quad 9x_1 + 4x_2 \leqslant 360$$
$$3x_1 + 10x_2 \leqslant 300$$
$$4x_1 + 5x_2 \leqslant 200$$
$$x_1 \geqslant 0, \ x_2 \geqslant 0$$

首先，将上述线性规划问题转化为标准形式，即引入松弛变量 x_3、x_4、x_5，有

$$\min f(X) = -60x_1 - 120x_2$$
$$\text{s. t.} \quad 9x_1 + 4x_2 + x_3 = 360$$
$$3x_1 + 10x_2 + x_4 = 300$$
$$4x_1 + 5x_2 + x_5 = 200$$
$$x_i \geqslant 0 \quad (i = 1, \ 2, \ 3, \ 4, \ 5)$$

为了在平面直角坐标中作图，令 $x_3 = x_4 = x_5 = 0$，可画出 3 个约束方程在 $x_1 O x_2$ 平面上的 3 条图线，并与两坐标轴形成了凸多边形 $OABCD$ 的可行域，如图 3-20 所示。显然，凡满

足上述约束条件的点，必定位于凸多边形的内部和边界上。然后，画出目标函数的等值线为一系列平行直线，并在可行域内找出一条直线，使它尽可能远离原点 O 而又至少与多边形 $OABCD$ 有一交点。由图 3-20 可见，通过点 C 的一条等值线符合该要求，故 C 点是极值点，它是凸多边形的一个顶点。

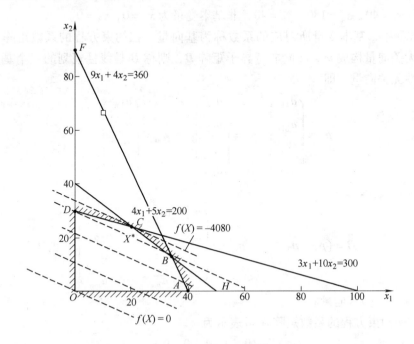

图 3-20　线性规划实例的图解法

下面再用代数法求解约束方程组。由于变量数 $n=5$，方程数 $m=3$，令 $p=n-m=2$，为使约束方程组有唯一解，让 p 个变量等于零。因此，若 5 个变量中使任意两个等于零，则必存在 3 个变量组的唯一解，这样的解称作基本解，其个数为

$$C_n^m = \frac{n!}{m!\ (n-m)!} = \frac{5!}{3!\ \times 2!} = 10$$

表 3-2 列出了 10 个可能的解，其中有 5 个解对应于凸多边形上的 5 个顶点 O、A、B、C、D，另外 5 个解都有一个或两个变量取负值，违反了所有变量为非负的约束条件。满足非负要求的基本解称为基本可行解，它处于凸多边形的各顶点上。可行域内的各点满足全部约束条件，称为可行解。

表 3-2　实例中的基本解

序号 解的值 变量	1	2	3	4	5	6	7	8	9	10
x_1	0	0	0	0	40	100	50	400/13	1000/29	20
x_2	0	90	30	40	0	0	0	270/13	360/29	24
x_3	360	0	240	200	0	-540	-90	0	0	84
x_4	300	-600	0	-100	180	0	150	0	2100/29	0
x_5	200	-250	50	0	40	-200	0	-350/13	0	0
图中对应的顶点	O	F	D	E	A	I	H	G	B	C

在基本可行解中取正值的变量称为基本变量，取零值的变量称为非基本变量。显然，基本变量的个数一般应为 m 个，非基本变量的个数一般应为 $(m-n)$ 个。基本可行解不同，所对应的基本变量与非基本变量也不同。例如，与表 3-2 中第一号解（基本可行解）对应的基本变量为 $x_3=360$，$x_4=300$，$x_5=200$，非基本变量为 $x_1=0$，$x_2=0$；而与第五号解对应的基本变量为 $x_1=40$，$x_4=180$，$x_5=40$，非基本变量为 $x_2=0$，$x_3=0$。

在约束方程中，基本变量所对应的系数称为基向量。在约束方程的系数矩阵 A 中，选择 m 列线性无关向量构成 $m\times m$ 阶非奇异子矩阵 B，则称 B 是线性规划的一个基，不妨设前 m 列为线性无关向量，即

$$\boldsymbol{p}_1=\begin{pmatrix}a_{11}\\a_{21}\\\vdots\\a_{m1}\end{pmatrix},\ \boldsymbol{p}_2=\begin{pmatrix}a_{12}\\a_{22}\\\vdots\\a_{m2}\end{pmatrix},\ \cdots\boldsymbol{p}_m=\begin{pmatrix}a_{1m}\\a_{2m}\\\vdots\\a_{mm}\end{pmatrix}$$

则基为

$$\boldsymbol{B}=(\boldsymbol{p}_1\quad\boldsymbol{p}_2\quad\cdots\quad\boldsymbol{p}_m)=\begin{pmatrix}a_{11}&a_{12}&\cdots&a_{1m}\\a_{21}&a_{22}&\cdots&a_{2m}\\\vdots&\vdots&&\vdots\\a_{m1}&a_{m2}&\cdots&a_{mm}\end{pmatrix}$$

而 $\boldsymbol{p}_1$、$\boldsymbol{p}_2$、$\cdots$、$\boldsymbol{p}_m$ 为基向量。

例如，上例约束方程的系数矩阵 A 可表示为

$$A=\begin{pmatrix}9&4&1&0&0\\3&10&0&1&0\\4&5&0&0&1\end{pmatrix}$$

若取 A 中前 3 列 $\boldsymbol{p}_1$、$\boldsymbol{p}_2$ 和 $\boldsymbol{p}_3$ 构成基，则

$$B=\begin{pmatrix}9&4&1\\3&10&0\\4&5&0\end{pmatrix}$$

若取 A 中后 3 列 $\boldsymbol{p}_3$、$\boldsymbol{p}_4$ 和 $\boldsymbol{p}_5$ 构成基，则

$$B=\begin{pmatrix}1&0&0\\0&1&0\\0&0&1\end{pmatrix}$$

这个基是单位矩阵，称为标准基，其逆矩阵仍是单位矩阵，即 $\boldsymbol{B}^{-1}=\boldsymbol{B}$。

由以上分析，可得出两个重要性质：

1）线性规划可行解的集合构成一个凸集，即线性规划问题的可行域是凸的，且这个凸集是凸多面体，它的每一个顶点对应于一个基本可行解，即顶点与基本可行解相当。

2）线性规划的最优解如果存在，必然在凸集的某个顶点（即某个基本可行解）上达到。

因此，线性规划的最优解不必在可行域整个区域内搜索，只要在它的有限个基本可行解（顶点）中去寻找即可。上述实例中存在唯一的最优解，在特殊情况下可能会出现无穷多的

最优解、无界解和无可行解三种情形，其二维图形分别如图 3-21a、b、c 所示。

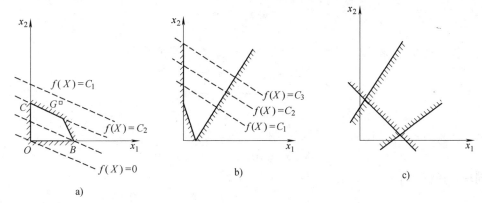

图 3-21　线性规划解的特殊情形的二维图形

a）无穷多个最优解　b）无界解　c）无可行解

基本可行解在线性规划问题的求解中起着极其重要的作用。那么是否必须找出所有的基本可行解，并逐个比较其值的大小来确定它的最优解呢？从理论上看，如果问题有最优解，这样做是可以的。但是，在实际的线性规划问题中，其变量的个数 n 和约束方程的个数 m 都是很大的，即使采用计算机运算也难以实现。同时，仅仅考察基本可行解，也不能确定问题何时有一个无界解。因此，这里介绍一种单纯形法来解决这一问题。

3.3.2　单纯形法

1. 单纯形法的基本思想

由前述线性规划的性质可知，最优解可以在基本可行解中寻找。但是如果要将所有的基本可行解全部找出后，再从中比较得出目标函数最小的最优解，则是非常麻烦的。单纯形法是从一个初始基本可行解 $X^{(0)}$ 出发，寻找使目标函数值有较大下降的一个新的基本可行解 $X^{(1)}$，代替原来的基本可行解 $X^{(0)}$，如此完成一次迭代。经过判断，如果未达到最优解，则继续迭代下去。因为基本可行解的数目有限，所以经过有限次迭代一定能达到最优解。

根据上述基本思想可知，采用单纯形法求解线性规划问题，主要应解决三个问题：①如何确定初始基本可行解；②如何由一个基本可行解迭代出另一个基本可行解，同时使目标函数值获得较大的下降；③如何判断一个基本可行解是否为最优解。

下面仍以上节中的线性规划问题为例进行说明。

$$\min f(X) = -60x_1 - 120x_2 \tag{3-6}$$

$$\text{s. t.} \quad 9x_1 + 4x_2 + x_3 = 360$$

$$3x_1 + 10x_2 + x_4 = 300 \tag{3-7}$$

$$4x_1 + 5x_2 + x_5 \leqslant 200$$

$$x_i \geqslant 0 \quad (i = 1, 2, 3, 4, 5) \tag{3-8}$$

1）初始基本可行解的求法。当用添加松弛变量的方法把不等式约束转换成等式约束时，往往会发现这些松弛变量就可以作为初始基本可行解中的一部分基本变量。例如，假如约束条件为

$$x_1 - x_2 + x_3 \leqslant 5$$
$$x_1 + 2x_2 - x_3 \leqslant 10$$
$$x_i \geqslant 0 \quad (i = 1, 2, 3)$$

引入松弛变量 x_4 和 x_5，可将前两个不等式约束换成等式形式

$$x_1 - x_2 + x_3 + x_4 = 5$$
$$x_1 + 2x_2 - x_3 + x_5 = 10$$
$$x_i \geqslant 0 \quad (i = 1, 2, \cdots, 5)$$

令 $x_1 = x_2 = x_3 = 0$，则可立即得到一组基本可行解

$$x_4 = 5, \ x_5 = 10, \ x_1 = x_2 = x_3 = 0$$

同理，在该例中约束方程式（3-7）的系数矩阵

$$A = (p_1 \quad p_2 \quad \cdots \quad p_5) = \begin{pmatrix} 9 & 4 & 1 & 0 & 0 \\ 3 & 10 & 0 & 1 & 0 \\ 4 & 5 & 0 & 0 & 1 \end{pmatrix}$$

可以看出其中有一个标准基（单位矩阵）

$$B = \begin{pmatrix} 1 & 0 & 0 \\ 0 & 1 & 0 \\ 0 & 0 & 1 \end{pmatrix}$$

与 B 对应的变量 x_3、x_4 和 x_5 为基本变量，可将上述约束方程式（3-7）改写成如下形式

$$x_3 = 360 - 9x_1 - 4x_2$$
$$x_4 = 300 - 3x_1 - 10x_2$$
$$x_5 = 200 - 4x_1 - 5x_2 \tag{3-9}$$

若令非基本变量 $x_1 = x_2 = 0$，则可得到一个初始基本可行解 $X^{(0)}$

$$X^{(0)} = (x_1^{(0)} \quad x_2^{(0)} \quad x_3^{(0)} \quad x_4^{(0)} \quad x_5^{(0)})^\mathrm{T} = (0 \quad 0 \quad 360 \quad 300 \quad 200)^\mathrm{T}$$

判别初始基本可行解是否是最优解。此时可将式（3-9）代入到目标函数中，得

$$f(X) = -60x_1 - 120x_2 \tag{3-10}$$

对应的目标函数值 $f(X^{(0)}) = 0$。由于式(3-10)中 x_1 和 x_2 的系数都为负，因而 $f(X^{(0)}) = 0$ 不是最小值，因此所得的解不是最优解。

2）从初始基本可行解 $X^{(0)}$ 迭代出另一个基本可行解 $X^{(1)}$，并判断 $X^{(1)}$ 是否为最优解。从一个基本可行解要迭代出另一个基本可行解，可分两步进行：

第一步：从原来的非基本变量中选出一个（称为进基变量）使其成为新的基本变量；

第二步：从原来的基本变量中选一个（称为离基变量）使其成为新的非基本变量。

选择进基变量和离基变量的原则是使目标函数值得到最快的下降和使所有的基本变量值必须是非负。

从式（3-10）中非基本变量 x_1 和 x_2 的系数都是负值可知，若 x_1 和 x_2 不取零而取正值，则目标函数值还可以下降。因此，只要目标函数 $f(X)$ 中还存在负系数的非基本变量，就表明目标函数还有下降的可能，也就还需要将非基本变量和基本变量进行对换。一般选择目标函数式中系数最小的（即绝对值最大的负系数）非基本变量 x_2 换入基本变量，然后从 x_3、x_4 和 x_5 中换出一个基本变量，并保证经变换后得到的基本变量均为非负。

当 $x_1 = 0$，考虑 x_3、x_4 和 x_5 的非负要求可得

$$x_3 = 360 - 4x_2 \geq 0$$
$$x_4 = 300 - 10x_2 \geq 0$$
$$x_5 = 200 - 5x_2 \geq 0$$

从这些式子可以看出，只有选择

$$x_2 = \min\left\{\frac{360}{4}, \frac{300}{10}, \frac{200}{5}\right\} = 30$$

才能满足要求。由于当 $x_2 = 30$ 时，原基本变量 $x_4 = 0$，其余 x_3 和 x_5 都满足非负要求，因此可以将 x_2 与 x_4 互换。于是由式(3-9)可以得到

$$x_3 + 4x_2 = 360 - 9x_1$$
$$10x_2 = 300 - 3x_1 - x_4$$
$$x_5 + 5x_2 = 200 - 4x_1$$

用消元法消去上式中的 x_2、x_3，并代入目标函数，得到

$$f(X) = -3600 - 24x_1 + 12x_4$$

令非基本变量 $x_1 = x_4 = 0$，即可得到另一基本可行解

$$X^{(1)} = (0 \quad 30 \quad 240 \quad 0 \quad 50)^T$$

目标函数 $f(X^{(1)}) = -3600$，比前一值 $f(X^{(0)}) = 0$ 小了 3600。由于 $f(X)$ 中 x_1 的系数是负的，因而基本可行解 $X^{(1)}$ 还不是最优解。

3）继续求出第 3 个基本可行解，并判断是否为最优解。求解步骤跟 2）一致，得出目标函数

$$f(X) = -3120 + \frac{36}{5}x_4 + \frac{48}{5}x_5$$

基本可行解

$$X^{(2)} = (20 \quad 24 \quad 84 \quad 0 \quad 0)$$

由于 $f(X)$ 中所有的基本变量 x_4 和 x_5 的系数都为正数，再作任何迭代运算都不可能使目标函数值下降了，所以此基本可行解 $X^{(2)}$ 就是最优解。

现将每步迭代得到的结果与图解法做一对比，其几何意义就很清楚了。

原问题的线性规划是二维的，即 $X = (x_1 \quad x_2)^T$，当加入松弛变量 x_3、x_4、x_5 后，变成高维的。这时满足所有约束条件的可行域看成是个高维空间的凸多面体，这个凸多面体上的顶点就是基本可行解。

初始基本可行解 $X^{(0)} = (0 \quad 0 \quad 360 \quad 200 \quad 300)^T$ 就相当于图 3-20 中的原点 O；$X^{(1)} = (0 \quad 30 \quad 240 \quad 0 \quad 50)^T$ 相当于图 3-20 中的 D 点；最优解 $X^{(2)} = (20 \quad 24 \quad 84 \quad 0 \quad 0)$ 就相当于图 3-20 中的 C 点。

从初始基本可行解 $X^{(0)}$ 开始迭代，依次得到 $X^{(1)}$ 和 $X^{(2)}$，这就相当于图 3-20 中的目标函数平移时，从 O 点开始，首先碰到 D 点，最后达到 C 点。

从以上解题过程可以看出，引进松弛变量 x_3、x_4 和 x_5 后，很容易找到一个初始的基本可行解。但在迭代过程中如何调换基本变量与非基本变量，既使得新的解是基本可行解，又要使目标函数值很快下降，这是不难解决的。这个问题如何用数学表达式来描述，正是下面要研究的单纯形法的算法问题。

2. 单纯形法的算法及其迭代过程

（1）初始基本可行解的确定　考虑一组特殊的约束方程组

$$x_1 + a_{1,m+1}x_{m+1} + \cdots + a_{1,n}x_n = b_1$$
$$x_2 + a_{2,m+1}x_{m+1} + \cdots + a_{2,n}x_n = b_2$$
$$\vdots$$
$$x_m + a_{m,m+1}x_{m+1} + \cdots + a_{m,n}x_n = b_m$$
$$x_j \geqslant 0 \quad (j = 1, 2, \cdots, n) \tag{3-11}$$

设 x_1，x_2，$\cdots$，x_m 为基本变量，它们的系数列向量构成一个 m 阶的单位矩阵

$$\boldsymbol{B} = (\boldsymbol{p}_1 \quad \boldsymbol{p}_2 \quad \cdots \quad \boldsymbol{p}_m) = \begin{pmatrix} 1 & 0 & \cdots & 0 \\ 0 & 1 & \cdots & 0 \\ \vdots & \vdots & & \vdots \\ 0 & 0 & \cdots & 1 \end{pmatrix}$$

这种含有标准基的约束方程称为正则式，它在单纯形法中具有重要意义。将式（3-11）所示约束方程组中的每个等式进行移项得

$$x_1 = b_1 - a_{1,m+1}x_{m+1} - \cdots - a_{1,n}x_n$$
$$x_2 = b_2 - a_{2,m+1}x_{m+1} - \cdots - a_{2,n}x_n$$
$$\vdots$$
$$x_m = b_m - a_{m,m+1}x_{m+1} - \cdots - a_{m,n}x_n$$

令非基本变量 $x_{m+1} = x_{m+2} = \cdots = x_n = 0$，代入上式得 $x_i = b_i (i = 1, 2, \cdots, m)$，又因 $b_i \geqslant 0$，所以很容易得到初始基本可行解为

$$X = [x_1 \quad x_2 \quad \cdots \quad x_m \quad \overbrace{0 \quad \cdots \quad 0}^{n-m}]^{\mathrm{T}}$$
$$= [b_1 \quad b_2 \quad \cdots \quad b_m \quad \underbrace{0 \quad \cdots \quad 0}_{n-m}]^{\mathrm{T}}$$

一般情况下，直接从系数矩阵 $\boldsymbol{A}$ 中观察出一个单位矩阵 $\boldsymbol{B}$ 的情况是不多的，如果标准线性规划问题有解，就一定能够化成式（3-11）所示约束方程组的形式，即一定能找到初始基本可行解。

（2）基本可行解之间的迭代　由前例计算得知，从一个基本可行解算出另一个基本可行解，需要进行基的变换。现假定从非基本变量中已确定 $x_k (m+1 \leqslant k \leqslant n)$ 为进基变量，从原基本变量中已确定 $x_l (1 \leqslant l \leqslant m)$ 为离基变量，这时基的变换就是要把 x_k 的系数列向量化为单位向量，把 x_1 的系数列向量化为非单位向量，而其余 $m-1$ 个向量仍然保持为单位向量，加上 p_k 就得到新的基，与这个新基相对应的解如果是可行的，那么它就是一个新的基本可行解。

现将式（3-11）的系数写成增广矩阵的形式，得

$$
\begin{array}{cccccc}
x_1 \cdots x_l \cdots x_m & x_{m+1} & \cdots x_k & \cdots x_n & b \\
\end{array}
$$

$$
\begin{pmatrix}
1 & & a_{1,m+1} & \cdots a_{1k} & \cdots x_n & b \\
\ddots & & \vdots & \vdots & \vdots & \vdots \\
& 1 & a_{l,m+1} & \cdots a_{lk} & \cdots a_{ln} & b_l \\
& & \ddots & \vdots & \vdots & \vdots & \vdots \\
& & 1 & a_{m,m+1} & \cdots a_{mk} & \cdots a_{mn} & b_m
\end{pmatrix} \tag{3-12}
$$

通过高斯消去运算实现 p_k 和 p_l 列向量变换，具体运算如下：

1）将式(3-12)所示增广矩阵中的第 l 行除以 a_{lk}，使该行中 x_k 的系数等于 1，即

$$\begin{bmatrix} 0 & \cdots & 0 & \dfrac{1}{a_{lk}} & 0 & \cdots & 0 & \dfrac{a_{l,m+1}}{a_{lk}} & \cdots & 1 & \cdots & \dfrac{a_{ln}}{a_{lk}} \ \bigg| \ \dfrac{b_l}{a_{lk}} \end{bmatrix} \tag{3-13}$$

2）再用 $-a_{ik}(i=1,\ 2,\ \cdots,\ m,\ i \neq l)$ 乘以式（3-13），并分别加到对应的第 1，2，$\cdots$，$l-1$，$l+1$，$\cdots$，m 行上，使这些行中 x_k 的系数等于零，从而得到新的第 i 行

$$\begin{bmatrix} 0 & \cdots & 0 & \dfrac{a_{ik}}{a_{lk}} & 0 & \cdots & 0 & a_{i,m+1}-\dfrac{a_{l,m+1}}{a_{lk}}a_{i,k} & \cdots & 0 & \cdots & a_{l,n}-\dfrac{a_{ln}}{a_{lk}}a_{i,k} \ \bigg| \ b_i-\dfrac{b_l}{a_{lk}}a_{i,k} \end{bmatrix}$$

由此可得系数矩阵变换后各元素的变换关系式为

$$a'_{ij}\begin{cases} a_{ij}-\dfrac{a_{lj}}{a_{lk}}a_{ik}\ (i=1,\ 2,\ \cdots,\ m,\ i \neq l) \\[3mm] \dfrac{a_{lj}}{a_{lk}}\ (i=l) \end{cases} \tag{3-14}$$

$$b'_l\begin{cases} b_i-\dfrac{a_{ik}}{a_{lk}}\ (i=1,\ 2,\ \cdots,\ m,\ i \neq l) \\[3mm] \dfrac{b_l}{a_{lk}}\ (i=l) \end{cases}$$

这里 a'_{ij}、b'_i 是变换后的新元素。

为了使新的基本解满足非负条件，即要求所有 $b'_l \geq 0$，由式(3-14)可看出，首先必须使 $a_{lk}>0$，其次必须使

$$b_i-\dfrac{a_{ik}}{a_{lk}}b_i \geq 0\ \ (i=1,\ 2,\ \cdots,\ m,\ i \neq l)$$

当限定 $a_{ik}>0$ 时，该式可写为

$$\dfrac{b_i}{a_{ik}} \geq \dfrac{b_l}{a_{lk}}\ \ (i=1,\ 2,\ \cdots,\ m)$$

此式说明，离基变量的行序号 l 是根据 $\dfrac{b_i}{a_{ik}}$ 取最小比值来确定的，即

$$\theta = \dfrac{b_l}{a_{lk}} = \min_{1 \leq i \leq m}\left\{ \dfrac{b_i}{a_{ik}} \mid a_{ik}>0 \right\} \tag{3-15}$$

按最小比值确定 θ，称为最小比值规则，或称为 θ 规划。式(3-15)中的 a_{lk} 元素称为主元，它所在列称为主元列，它所在行称为主元行。

注意：当有几个能使 $\dfrac{b_i}{a_{ik}}$ 达到最小比 $\dfrac{b_l}{a_{lk}}$ 时，为避免迭代出现循环，l 应取下标最小的那个 i。

通过以上变换，可得到 x_1，x_2，$\cdots$，x_k，$\cdots$，x_m 的系数列向量构成的一个 m 阶单位矩阵，它是可行基，当非基本变量 x_{m+1}，$\cdots$，x_l，$\cdots$，x_n 为零时，就能够得到一个基本可行解 X'，即

$$X' = (\begin{array}{ccccccccc} b'_1 & b'_2 & \cdots & b'_i & \cdots & b'_m & 0 & 0 & \cdots & 0 \end{array})^{\mathrm{T}}$$

$$x'_1 = b'_1 = b_1 - \frac{a_{1k}}{a_{lk}}$$

$$x'_2 = b'_2 = b_2 - \frac{a_{2k}}{a_{lk}}$$

$$\vdots$$

$$x'_m = b'_m = b_m - \frac{a_{mk}}{a_{lk}}$$

$$x'_k = b'_k = \frac{b_l}{a_{lk}}$$

(3-16)

上列各式归纳写成

$$x'_i = b_i - \frac{a_{ik}}{a_{lk}}, \ i = 1, \ 2, \ \cdots, \ m, \ i \neq l$$

$$x'_l = \frac{b_l}{a_{lk}}, \ i = l$$

（3）最优性条件　每迭代出一个基本可行解，都要判别是否为最优解，以便决定是否继续迭代，为此，需要建立一个判别准则。

考虑目标函数的一般形式

$$Z = \sum_{i=1}^{n} c_i x_i = \sum_{i=1}^{m} c_i x_i + \sum_{j=m+1}^{n} c_j x_j$$

为使目标函数变为非基本变量的函数，利用以非基本变量表示基本变量的式（3-11）代入上式，可得

$$Z = \sum_{i=1}^{m} c_i (b_i - \sum_{j=m+1}^{n} a_{ij} x_j) + \sum_{j=m+1}^{n} c_j x_j$$

令 $Z_0 = \sum_{i=1}^{m} c_i b_i; Z_j = \sum_{i=1}^{m} c_i a_{ij}, j = m+1, m+2, \cdots, n$

于是

$$Z = Z_0 + \sum_{j=m+1}^{n} (c_j - Z_j) x_j$$

再令

$$\delta_j = c_j - Z_j$$

则

$$Z = Z_0 + \sum_{j=m+1}^{n} \delta_j x_j$$

(3-17)

由式（3-17)可得出下列结论：

最优性准则：在解最小化问题的单纯形法迭代过程中，若所有非基本变量 x_j 的系数 δ_j 都不小于零，即 $\delta_j \geqslant 0$，则当前的基本可行解是最优解。

因为目标函数中非基本变量的系数全部都是非负的，作任何变换迭代再也不能使目标函数值下降。因此，式（3-17）就是最优性条件，通常称 δ_j 为判别数（或检验数）。

由式（3-17）可看到，当某个 $\delta_j < 0$ 时，若 x_j 增加，则目标函数值还可能进一步下降，所以应选择目标函数式中系数最小的那个非基本变量，即绝对值最大的负系数的非基本变量，作为进基变量，即

$$\min\{c_j - Z_j\} = c_k - Z_k$$

于是从最优性准则推理中就可以确定 x_k 为进基变量，因为这样选取可使目标函数值 Z 减小得最快，从而减少了迭代次数。

注意：若有多个下标 j 使 δ_j 同时得到最小值 δ_k 时，为防止循环迭代的情况发生，规定取下标最小的那个 x_j 作为进基变量 x_k。

综上所述，现将单纯形法的迭代过程归纳如下：

1）确定初始基本可行解。

2）计算检验数 δ_j 是否对所有的 $j(j = m+1，m+2，\cdots，n)$ 都有 $\delta_j \geq 0$ 成立，若都成立，则求得问题的最优解。

3）由 $\delta_k = \min\limits_{j}\{\delta_j\}$ 确定进基变量 x_k。

4）若 $a_{ik} \leq 0(i = 1，2，\cdots，m)$，则该问题无最优解，停止迭代；否则转到步骤5）。

5）计算

$$\theta = \frac{b_l}{a_{lk}} = \min_{1 \leq i \leq m}\left\{\frac{b_i}{a_{ik}} \mid a_{ik} > 0\right\}$$

确定离基变量 x_l，从而确定以 a_{lk} 作为主元素。

6）换基计算，按迭代公式式（3 - 14）和式（3 - 16）进行，求得新的基本可行解，再返回步骤2）继续迭代。

例 3-7 用单纯形法求解线性规划问题

$$\max f(X) = x_1 + 2x_2 + x_3$$
$$\text{s. t.} \quad 2x_1 + x_2 - x_3 \leq 2$$
$$-2x_1 + x_2 - 5x_3 \geq -6$$
$$4x_1 + x_2 + x_3 \leq 6$$
$$x_i \geq 0 \quad (i = 1，2，3)$$

解：先改变目标函数的符号使之变为极小化问题，并改变某些不等式的符号，使 b_i 变为正的，以检验是否可以很容易地得到一个初始基本可行解。这样，问题就可改写成

$$\min f(X) = -x_1 - 2x_2 - x_3$$
$$\text{s. t.} \quad 2x_1 + x_2 - x_3 \leq 2$$
$$2x_1 - x_2 + 5x_3 \leq 6$$
$$4x_1 + x_2 + x_3 \leq 6$$
$$x_i \geq 0 \quad (i = 1，2，3)$$

然后引入松弛变量 $x_4 \geq 0$，$x_5 \geq 0$ 及 $x_6 \geq 0$ 后，约束方程组变为标准形式，即

$$\min Z = -x_1 - 2x_2 - x_3$$
$$\text{s. t.} \quad 2x_1 + x_2 - x_3 + x_4 = 2$$
$$2x_1 - x_2 + 5x_3 + x_5 = 6$$
$$4x_1 + x_2 + x_3 + x_6 = 6$$
$$x_i \geq 0 \quad (i = 1，2，\cdots，6)$$

将约束式变换为

$$x_4 = 2 - 2x_1 - x_2 + x_3$$
$$x_5 = 6 - 2x_1 + x_2 - 5x_3$$
$$x_6 = 6 - 4x_1 - x_2 - x_3$$

令非基本变量 $x_1 = x_2 = x_3 = 0$，则有

$$x_4 = 2, \quad x_5 = 6, \quad x_6 = 6$$

因而得到初始基本可行解 $X^{(0)} = (0 \quad 0 \quad 0 \quad 2 \quad 6 \quad 6)^T$，相应的目标函数值 $Z = 0$。由于目标函数式中非基本变量 x_1、x_2 和 x_3 所对应的系数都是负的，$c_1 = -1$，$c_1 = -2$，$c_1 = -1$，因而 $X^{(0)}$ 不是最优解。

为了改进当前的初始基本可行解，先要确定进基变量 x_k，根据

$$\delta_k = \min_j \{\delta_j\} = \{-1, \quad -2, \quad -1\} = \delta_2 = -2$$

故应将 x_2 作为进基变量。

这里 $k = 2$，且 $a_{12} > 0$，$a_{32} > 0$，因此可进一步确定离基变量 x_l，根据 θ 规则

$$\theta = \frac{b_l}{a_{lk}} = \min_{1 \leqslant i \leqslant m} \left\{ \frac{b_i}{a_{ik}} \Big|. a_{ik} > 0 \right\} = \min \left\{ \frac{b_1}{a_{12}}, \quad \frac{b_3}{a_{32}} \right\} = \min \left\{ \frac{2}{1}, \quad \frac{6}{1} \right\} = 2$$

故选用 a_{12} 作为主元素，$l = 1$ 为离基变量。

经消元计算，可得到下面新的规范式

$$2x_1 + x_2 - x_3 + x_4 = 2$$
$$4x_1 + 4x_3 + x_4 + x_5 = 8$$
$$2x_1 + 2x_3 - x_4 + x_6 = 4$$

相应的目标函数式变为

$$Z = -4 + 3x_1 - 3x_3 + 2x_4$$

令非基本变量为 $x_1 = x_3 = x_4 = 0$，得到基本可行解为

$$X^{(1)} = (0 \quad 2 \quad 0 \quad 0 \quad 8 \quad 4)^T$$

相应的目标函数值

$$Z = -4$$

因目标函数中系数 $c_3 = -3$，所以当前解 $X^{(1)}$ 也不是最优解，而

$$\delta_k = \min_j \{\delta_j\} = \{3 - 4, \quad -3 - 4, \quad 2 - 4\} = -7$$

故 $k = 3$，选 x_3 为进基变量。

为找主元素 $a_{lk}(k = 3)$，对 $a_{lk} > 0$ 的式计算 $\dfrac{b_i}{a_{ik}}$。新的规范式中，仅 a_{23} 和 a_{33} 是大于零的，根据 θ 规则，$\theta = \min \left\{ \dfrac{b_2}{a_{23}}, \dfrac{b_3}{a_{33}} \right\} = \min \left\{ \dfrac{8}{4}, \dfrac{4}{2} \right\} = \dfrac{8}{4} = 2$，有 $l = 2$，故选 a_{23} 作主元素，则 x_2 为离基变量。

用 a_{23} 作主元素进行消元运算后，得到下面的规范式

$$3x_1 + 1x_2 + 0x_3 + \frac{5}{4}x_4 + \frac{1}{4}x_5 + 0x_6 = 4$$

$$x_1 + 0x_2 + 1x_3 + \frac{1}{4}x_4 + \frac{1}{4}x_5 + 0x_6 = 2$$

$$0x_1 + 0x_2 + 0x_3 - \frac{3}{2}x_4 - \frac{1}{2}x_5 + 1x_6 = 0$$

相应的目标函数式变为

$$Z = -10 + 6x_1 + \frac{11}{4}x_4 + \frac{3}{4}x_5$$

令非基本变量为 $x_1 = x_4 = x_5 = 0$，得基本变量 $x_2 = 4$，$x_3 = 2$，$x_6 = 0$，且 $Z = -10$，得基本可行解 $X^{(2)} = (0 \quad 4 \quad 2 \quad 0 \quad 0 \quad 0)^{\mathrm{T}}$。

由于目标函数式中所有的 c_i 都大于零，因此 $X^{(2)}$ 是最优解，目标函数最小值为 $Z = -10$，即原线性规划问题有最大值 $f(X) = 10$。

3.4　约束优化方法

机电系统性能优化设计问题和一般工程实际优化问题绝大多数属于约束非线性规划问题，它的数学模型一般为

$$\min f(X) , \qquad X \in R^n$$
$$\mathrm{s.\,t.}\ g_j(X) \geqslant 0 \quad (j = 1, 2, \cdots, m)$$
$$h_k(X) = 0 \quad (k = 1, 2, \cdots, p < n)$$

目前对约束最优化问题的解法很多，归纳起来可分为两大类。一类是直接从可行域内寻找约束最优解的直接法，这类方法有约束变量轮换法、随机试验法、随机方向搜索法、复合形法等。另一类是间接方法，即将约束最优化问题转化为无约束最优化问题来求极值，这类方法有消元法、拉格朗日乘子法、惩罚函数法等。本章将介绍几种常用的约束优化方法，在直接法中介绍随机方向搜索法、复合形法，在间接法中介绍应用最广的惩罚函数法。

3.4.1　随机方向搜索法

1. 随机方向搜索法的基本原理

随机方向搜索法是解决小型约束最优化问题的一种简单的直接求解方法，它的基本思路是在可行域内选择一个初始点 $X^{(0)}$，再随机选择一个能使目标函数值下降的方向作为可行搜索方向 S，沿 S 方向进行搜索，求得满足一定条件的新点 X，作为下一次迭代的起点，重复上述过程直至满足精度要求。

下面以二维问题为例说明随机方向搜索法的基本原理。如图 3-22 所示，在约束可行域内任意选择一个初始点 $X^{(0)}$，以给定的初始步长 $\alpha = \alpha^{(0)}$，沿着随机方向 $S^{(1)}$（以某种形式随机产生），取得探索点 $X = X^{(0)} + \alpha S^{(1)}$，检验该点是否满足下降性和可行性要求。若不能满足，则重新产生另一个搜索方向进行搜索。若同时满足，则表示 X 点探索成功。并以它作为新的起始点，在 $S^{(1)}$ 方向上继续探索成功点。直到所探索的点不能同时满足下降性和可行性要求时停止，并将前一个成功点作为 $S^{(1)}$ 方向搜索的最终成功点，记为 $X^{(1)}$。此后将 $X^{(1)}$ 作为新的起始点，然后再产生另一随机方向 $S^{(2)}$，以原定步长 α 重复上述过程，得最终成功点 $X^{(2)}$。经若干循环，$X^{(k)}$ 必最后逼近约束最优点 X^*。

当在某个转折点处（如图 3-22 中 $X^{(2)}$ 点），沿 $N_{\max}$（预先给定的某个转折点处产生随机方向的最大数目）个随机方向以步长 α 探索失败时，可将步长 α 缩半，即以 $\alpha = 0.5\alpha$ 进

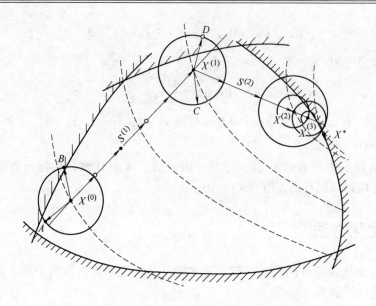

图 3-22 随机方向搜索法的基本原理

行探索，直到 α 已缩减到预定精度 ε 以下，且沿 $N_{\max}$ 个随机方向都探索失败时，则以最后一个成功点（如图3-22中的 $X^{(3)}$ 点）为所求的最优约束点。一般选取 $N_{\max} = 50 \sim 100$，对目标函数性态不好的应取较大的值，以提高解题成功率。

2. 初始点的选择

随机方向搜索法的初始点 $X^{(0)}$ 必须是一个可行点，即必须满足全部约束条件

$$g_u(X) \geqslant 0 \quad (u = 1, 2, \cdots, m)$$

当约束条件比较简单时，可在约束可行域内人为地确定一个初始点。当约束条件比较复杂时，则采取随机选择方法，即利用计算机产生的伪随机数来选择可行初始点 $X^{(0)}$，此时需要输入设计变量的估计上下限，即

$$a_i \leqslant x_i \leqslant b_i \quad (i = 1, 2, \cdots, n)$$

这样，初始点的各分量为

$$X_i^{(0)} = a_i + r_i(b_i - a_i) \quad (i = 1, 2, \cdots, n)$$

式中，r_i 为 $[0, 1]$ 区间内服从均匀分布的伪随机数。这样产生的初始点还必须经过可行性条件的检验，看是否满足约束条件，因为能满足设计变量的边界条件，不一定就能满足所有约束条件。若不满足，则应重新随机选取初始点。

3. 可行搜索方向的产生

过一点要构成 k 个 n 维随机方向单位向量可按如下的公式计算

$$e^{(j)} = \frac{1}{\sqrt{\sum_{i=1}^{n}(y_i^{(j)})^2}}(y_1^{(j)} \quad y_2^{(j)} \quad \cdots \quad y_n^{(j)})^{\mathrm{T}} \quad (i = 1,2,\cdots,n; j = 1,2,\cdots,k) \quad (3\text{-}18)$$

式中，$y_1^{(j)}$，$y_2^{(j)}$，$\cdots$，$y_n^{(j)}$ 为形成第 j 个随机单位向量在 $[-1, 1]$ 区间内的 n 个随机数。y_i^j 可以利用计算机直接产生。或者可以通过已经确定的 r_i 来求取。其公式如下

$$y_i = 2r_i - 1$$

由于 y_i 在区间 $[-1, 1]$ 内产生，因此构成的随机单位向量端点一定位于 n 维超球面上。

4. 约束随机方向搜索法的步骤

1）选择一个可行的初始点 $X^{(0)}$。

2）按式（3-18）产生 j 个 n 维随机单位向量 $e^{(j)}$（$j = 1, 2, \cdots, k$）。

3）取试验步长 α_0，按照 $X^{(j)} = X^{(0)} + \alpha_0 e^{(j)}$ 计算出 j 个随机点 $X^{(j)}$，其中 $j = 1, 2, \cdots, k$。

4）在所产生随机点中找出满足 $f(X_L) < f(X^{(0)})$ 的随机点 X，产生可行搜索方向 $S = X_L - X^{(0)}$。

5）从初始点 $X^{(0)}$ 出发，沿可行搜索方向 S 以步长 α 进行迭代计算，直到搜索到一个满足全部约束条件，且目标函数值不再下降的新点 X。

6）若收敛条件

$$\left| \frac{f(X) + f(X^{(0)})}{f(X^{(0)})} \right| \leq \varepsilon$$

得到满足，迭代终止，约束最优解为 $X^* = X$，$f(X^*) = f(X)$。若收敛条件不满足，令 $X^{(0)} = X$ 转到步骤 2）。

3.4.2　复合形法

在可行域中选取两个设计点（$n + 1 \leqslant k \leqslant 2n$）作为初始复合形的顶点，比较两顶点目标函数值的大小，去掉目标函数值最大的顶点（称最坏点）。以坏点以外其余各点的中心为映射中心，用坏点的映射点替换该点，构成新的复合形顶点。反复迭代计算，使复合形不断向最优点移动和收缩，直至收缩到复合形的顶点与形心非常接近，且满足迭代精度要求为止。另外，初始复合形产生的全部 k 个顶点必须都在可行域内。

由于复合形的形状不必保持规则的图形，对目标函数及约束函数的性状又无特殊要求，因此该法的适应性较强，在优化设计中得到广泛应用。

1. 初始复合形的构成

复合形法是在可行域内直接搜索最优点，所以要求第一个复合形的 k 个顶点必须都是可行点。图 3-23 所示为二维问题的复合形。对复合形的顶点数一般取 $k \approx 2n$，当计算问题的维数 n 较多（如 $n > 5$）时，可取 $k = n + 1$。

初始复合形的构造方法有如下几种：

1）给定 k 个初始顶点。由设计者预先选择 k 个设计点，即人工构造一个初始复合形。当设计变量较多或者约束函数复杂时，由设计者决定 k 个可行点是非常困难的。只有在设计变量少、约束函数简单的情况下，这种方法才被采用。

2）设计者给定一个初始点，其他 $k-1$ 个顶点可用随机法产生。各顶点按下式计算

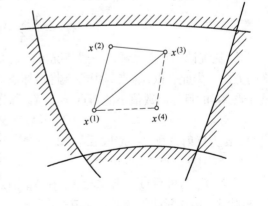

图 3-23　二维问题的复合形

$$x_i^{(j)} = a_i + r_i^{(j)} (b_i - a_i) \qquad (i = 1, 2, \cdots, n;\ j = 2, 3, \cdots, k)$$

式中，a_i、b_i 为各设计变量的上、下限，一般可取边界约束值；$r_i^{(j)}$ 为 [0，1] 区间内服从均匀分布伪随机数。

这样随机产生的 $k-1$ 个顶点，虽然可以满足边界约束条件，但不一定能满足性能约束条件，还必须逐个进行检查，把不满足约束条件的顶点移到可行域内。设已有 q 个顶点满足全部约束条件，先求出 q 个顶点的中心点

$$x_i^{(t)} = \frac{1}{q}\sum_{j=1}^{q} X_i^{(j)} \quad (i=1,2,\cdots,n)$$

然后将不满足约束条件的点 $X^{(q+1)}$ 向中心点 $X^{(t)}$ 靠拢，即

$$X^{(q+1)} = X^{(t)} + 0.5(X^{(q+1)} - X^{(t)})$$

若还不满足约束条件，则可以重复用上式计算。只要中心点 $X^{(t)}$ 是可行点，$X^{(q+1)}$ 点经逐步向 $X^{(t)}$ 靠拢，最终总能成为一个可行顶点，从而构成初始复合形。

事实上，只要可行域是凸集，其中心点必为可行点，因而用上述方法可以成功地在可行域内构成初始复合形。如果可行域为非凸集那就有失败的可能，当中心点处于可行域之外时，就应该缩小随机选点的边界域，重新产生各顶点。

3）随机产生全部顶点。先随机产生一个可行点，然后按第二种方法产生其余的 $k-1$ 个可行点。这样的设计方法比较简单，但因初始复合形在可行域内的位置不能控制，可能会给以后的计算带来困难。

2. 复合形法的搜索方法

改变复合形形状的搜索方法主要有以下几种：

（1）反射　反射是改变复合形形状的一种主要方法，其计算步骤为：

1）计算复合形各顶点的目标函数值，并比较其大小，求出最好点 X_L、最坏点 X_H 及次坏点 X_G，即

$$X_L: f(X_L) = \min\{f(X)_j\}, \; j=1,\,2,\,\cdots,\,k\}$$
$$X_H: f(X_H) = \max\{f(X_j)\}, \; j=1,\,2,\,\cdots,\,k\}$$
$$X_C: f(X_G) = \max\{f(X_j)\}, \; j=1,\,2,\,\cdots,\,k,\,j\neq H\}$$

2）计算除去最坏点 X_H 外的 $k-1$ 个顶点的中心 X_C

$$X_C = \frac{1}{k}\sum_{j=1}^{k} X_j, \quad (j \neq H)$$

3）从统计的观点来看，一般情况下，最坏点 X_H 和中心点 X_C 的连线方向为目标函数下降的方向。为此，以 X_C 点为中心，将最坏点 X_H 按一定比例进行反射，有希望找到一个比最坏点 X_H 的目标函数值小的新点 X_R，X_R 称为反射点。其计算公式为

$$X_R = X_C + \alpha(X_C - X_H) \tag{3-19}$$

式中，α 为反射系数，一般取 $\alpha = 1.2 \sim 1.4$。

4）判别反射点 X_R 的位置。

① 若 X_R 为可行点，则比较 X_R 和 X_H 两点的目标函数值，如果 $f(X_R) < f(X_H)$，则用 X_R 取代 X_H 构成新的复合形，完成一次迭代；如果，$f(X_R) \geqslant f(X_H)$，则将 α 缩小 7/10，用式（3-19）重新计算新的反射点，若仍不可行，继续缩小 α，直至 $f(X_R) < f(X_H)$ 为止。

② 若 X_R 为非可行点，则将 α 缩小 7/10，再用 $X_R = X_C + \alpha(X_C - X_H)$ 计算反射点 X_R，直至可行为止。然后重复以上步骤，即比较 X_R 和 X_H 的大小，一旦 $f(X_R) < f(X_H)$，就用

X_R 取代 X_H 完成一次迭代。

综上所述，反射成功的条件是

$$\begin{cases} g_j(X_R) \leqslant 0 & (j = 1, 2, \cdots, m) \\ f(X_R) < f(X_H) \end{cases}$$

（2）扩张 当求得的反射点 X_R 为可行点，且目标函数值下降较多，则沿反射方向继续移动，即采用扩张的方法，可能找到更好的新点 X_E，X_E 称为扩张点。其计算公式为

$$X_E = X_R + \gamma(X_R - X_C)$$

式中，γ 为扩张系数，一般取 $\gamma = 1$。

若扩张点 X_E 为可行点，且 $f(X_E) < f(X_R)$，则称扩张成功，用 X_E 取代 X_R，构成新的复合形。否则称扩张失败，放弃扩张，仍用原反射点 X_R 取代 X_H，构成新的复合形。

（3）收缩 若在中心点 X_C 以外找不到好的反射点，还可以在 X_C 以内，即采用收缩的方法寻找较好的新点 X_K，X_K 称为收缩点。其计算公式为

$$X_K = X_H + \beta(X_C - X_H)$$

式中，β 为收缩系数，一般取 $\beta = 0.7$。

若 $f(X_K) < f(X_H)$，则称收缩成功，用 X_K 取代 X_H 构成新的复合形。

（4）压缩 若采用上述各种方法均无效，还可以采取将复合形各顶点向最好点 X_L 靠拢，即采用压缩的方法来改变复合形的形状。压缩后的各顶点的计算公式为

$$X_j = X_L - 0.5(X_L - X_j) \quad (j = 1, 2, \cdots, k; \ j \neq L)$$

然后，再对压缩后的复合形采用反射、扩张或收缩等方法，继续改变复合形的形状。

应当指出的是，采用改变复合形形状的方法越多，程序设计越复杂，有可能降低计算效率及可靠性。因此，程序设计时，应针对具体情况，采用某些有效的方法。

3. 复合形法的搜索步骤

基本的复合形法（只含反射）的搜索步骤为：

1）选择复合形的顶点数 k，一般取 $n + 1 \leqslant k \leqslant 2n$，在可行域内构成具有 k 个顶点的初始复合形。

2）计算复合形各顶点的目标函数值，比较其大小，找出最好点 X_L、最坏点 X_H 及次坏点 X_G。

3）计算除去最坏点 X_H 以外的 $k - 1$ 个顶点的中心 X_C。判别 X_C 是否可行，若 X_C 为可行点，则转步骤4）；若 X_C 为非可行点，则重新确定设计变量的下限和上限值，即令

$$a = X_L, \qquad b = X_C$$

然后转到步骤1），重新构造初始复合形。

4）按式（3-19）计算反射点 X_R，必要时，改变反射系数 α 的值，直至反射成功。然后以 X_R 取代 X_H，构成新的复合形。

5）若收敛条件

$$\left\{ \frac{1}{k-1} \sum_{j=1}^{k} [f(X_j) - f(X_L)]^2 \right\}^{\frac{1}{2}} \leqslant \varepsilon$$

得到满足，计算终止。约束最优解为：$X^* = X_L$，$f(X^*) = f(X_L)$。否则转到步骤2）。

复合形法的计算框图如图3-24所示。

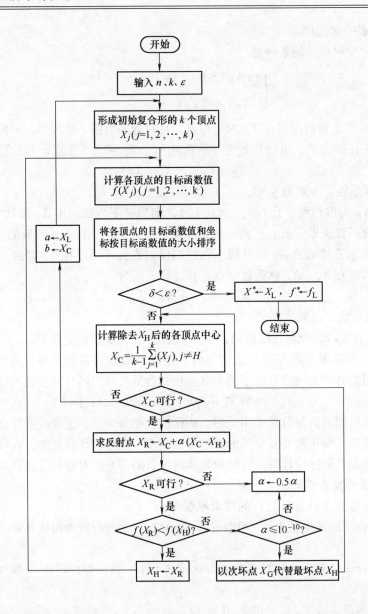

图 3-24　复合形法的计算框图

3.4.3　惩罚函数法

惩罚函数的基本思想是将约束优化问题中的不等式和等式约束函数经过加权转化后，加到原目标函数上，从而形成一个新的目标函数——惩罚函数，即

$$\Phi(X, r_1, r_2) = f(X) + r_1 \sum_{j=1}^{m} G[g_j(X)] + r_2 \sum_{k=1}^{p} H(h_k(X))$$

求解该新目标函数的无约束极小值，这样就把原来约束类优化问题转化成了无约束优化问题。式中，r_1、r_2 是两个不同的加权因子，通过一定法则不断改变 r_1、r_2 的值，使新目标函数极小值不断地逼近原约束优化问题的最优解。因此惩罚函数法又可以称为无约束极小化

方法，常称 SUMT 法。

上式中，$r_1 \sum\limits_{j=1}^{m} G[g_j(X)]$ 和 $\sum\limits_{k=1}^{p} H(h_k(X))$ 称为加权转化项，也称为惩罚项。当设计点 X 不满足约束条件时，这两项值会增大从而对目标函数形成惩罚。按照惩罚函数在优化过程中迭代点是否在可行域内进行，惩罚函数法又可以分为内点惩罚函数法、外点惩罚函数法、混合惩罚函数法三种。

1. 内点惩罚函数法

内点惩罚函数法简称内点法，它的主要特点是将目标函数定义在可行域内，这样，每一迭代点都是在可行域内部移动，从而从可行域内部逐渐逼近原约束优化问题的解，不过内点法只能用来求解具有不等式约束的优化问题。

对于只有不等式约束的优化问题

$$\min f(X), \quad X \in R^n$$
$$\text{s. t.} \quad g_j(X) \geqslant 0 \quad (j = 1,2,\cdots,m)$$

转化后的惩罚函数形式为

$$\Phi(X,r) = f(X) - r\sum_{j=1}^{m} \frac{1}{g_j(X)}$$

或

$$\Phi(X,r) = f(X) - r\sum_{j=1}^{m} \ln[-g_j(X)]$$

上式中的惩罚因子 r 是一递减的正数序列，即

$$r^{(0)} > r^{(1)} > r^{(2)} > \cdots > r^{(k)} > r^{(k+1)} > \cdots \geqslant 0$$

对于给定的某一惩罚因子 r，当点在可行域内时，两种形式惩罚项的值均大于零，而且当点向约束边界靠近时，两种惩罚项的值迅速增大并趋向无穷。可见，只要初始点取在可行域内，迭代点就不可能越出可行域边界。其次，两种惩罚项的大小也受惩罚因子 r 的影响。当惩罚因子 r 逐渐减小并且趋向于零时，对应惩罚项的值也逐渐减小并趋向于零，惩罚函数的值和目标函数的值逐渐接近并趋于相等。当惩罚因子趋于零时，惩罚函数的极小点就是约束优化问题的最优点。内点法的求解过程如图 3-25 所

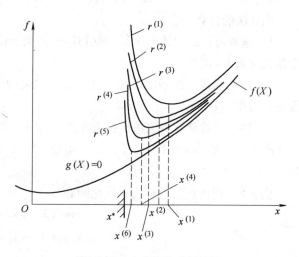

图 3-25　内点法的求解过程

示，其中最下面的曲线代表目标函数，其他的分别表示几个不同惩罚因子所对应的内点惩罚函数的图形。

在内点法中，初始点 $X^{(0)}$、惩罚因子的初始值 $r^{(0)}$ 及其缩减系数 c 等参数的选择对计算结果的影响很大，因此这里介绍一下选取这些参数的时候应该注意的一些事项，以及内点法的收敛条件。

1）初始点 $X^{(0)}$ 的选择。初始点 $X^{(0)}$ 必须是一个满足所有约束条件的点，且最好远离约束边界。当选择可行的初始点有难度时，可先确定各设计变量的上、下限（a_i，b_i），按下式随机选择初始点

$$X_i^{(0)} = a_i + r[b_i - a_i] \quad (i = 1, 2, \cdots, n)$$

式中，r 为 $[0, 1]$ 区间均匀分布的随机数，满足约束条件的一组 x 即可作为初始点 $X^{(0)}$。

2）惩罚因子初始值 $r^{(0)}$ 和递减系数 c 的选择。$r^{(0)}$ 的选择对于寻优过程及其结果的影响都很大。$r^{(0)}$ 取值过小，惩罚函数虽然收敛快，但其性能可能变坏，不宜寻优。使用中，可选几个 $r^{(0)}$ 试用一下，也可按下式选取

$$r^{(k)} = \left| \frac{f(X^{(0)})}{\sum_{j=1}^{m} \frac{1}{g_j(X)}} \right|$$

惩罚因子是一个递减数列

$$r^{(k)} = cr^{(k-1)} \quad (k = 1, 2, \cdots)$$

通常取 $c = 0.1 \sim 0.7$ 之间。

3）内点惩罚函数法的收敛条件为

$$\left| \frac{\Phi[X^*(r^{(k)}), r^{(k)}] - \Phi[X^*(r^{(k-1)}), r^{(k-1)}]}{\Phi[X^*(r^{(k-1)}), r^{(k-1)}]} \right| \leq \varepsilon_1 \quad | X^*(r^{(k)}) - X^*(r^{(k-1)}) | \leq \varepsilon_2$$

前式说明相邻两次迭代的惩罚函数的值相对变化量充分小，后式说明相邻两次迭代的无约束极小点已充分接近。满足收敛条件的无约束极小点 $X^*(r^{(k)})$ 已逼近原问题的约束最优点，迭代终止。原约束问题的最优解为

$$X^* = X^*(r^{(k)}), \quad f(X^*) = f(X^*(r^{(k)}))$$

内点法的计算步骤为：

1）选取可行的初始点 $X^{(0)}$、惩罚因子的初始值 $r^{(0)}$、缩减系数 c 以及收敛精度 ε_1、ε_2。令迭代次数 $k = 0$。

2）构造惩罚函数 $\Phi(X, r)$，选择适当的无约束优化方法，求函数 $\Phi(X, r)$ 的无约束极值，得 $X^*(r^{(k)})$ 点。

3）根据收敛条件判别迭代是否收敛，若满足收敛条件，迭代终止。约束最优解为 $X^* = X^*(r^{(k)})$，$f(X^*) = f(X^*(r^{(k)}))$；否则令 $r^{(k+1)} = cr^{(k)}$，$X^{(0)} = X^*(r^{(k)})$，$k = k+1$ 转步骤 2）。

例 3-8　用内点法求解约束优化问题

$$\min f(X) = x_1 + x_2$$
$$\text{s. t. } g_1(X) = x_1^2 - x_2 \leq 0$$
$$g_2(X) = -x_1 \leq 0$$

解：构造惩罚函数

$$\min \Phi(X, r^{(k)}) = x_1 + x_2 - r^{(k)} [\ln(-x_1^2 + x_2) + \ln(x_1)]$$

用极值条件求解，令

$$\frac{\partial \Phi}{\partial x_1} = 1 - r^{(k)} \left[\frac{2x_1}{x_1^2 - x_2} + \frac{1}{x_1} \right] = 0$$

$$\frac{\partial \Phi}{\partial x_2} = 1 - 2r^{(k)} \frac{1}{x_1^2 - x_2} = 0$$

联立求解，得

$$x_1 = \frac{\sqrt{1 + 8r^{(k)}} - 1}{4}, \quad x_2 = \frac{\left(\sqrt{1 + 8r^{(k)}} - 1\right)^2}{16} + r^{(k)}$$

当 $r^{(0)} = 1$ 时，$X^{(0)} = (0.5 \quad 1.25)^{\mathrm{T}}$，$f(X^{(0)}) = 1.75$；

当 $r^{(1)} = \frac{1}{2}$ 时，$X^{(1)} = (0.309 \quad 0.782)^{\mathrm{T}}$，$f(X^{(1)}) = 1.09$；

当 $r^{(2)} = \frac{1}{4}$ 时，$X^{(2)} = (0.183 \quad 0.283)^{\mathrm{T}}$，$f(X^{(2)}) = 0.466$；

当 $r^{(3)} = \frac{1}{8}$ 时，$X^{(3)} = (0.103 \quad 0.135 \quad)^{\mathrm{T}}$，$f(X^{(3)}) = 0.238$；

$$\vdots$$

当 $r^{(k)} = 0$ 时，$X^{(k)} = (0 \quad 0)^{\mathrm{T}}$，$f(X^{(k)}) = 0$。

由此可知，$X^* = X^{(k)} = (0 \quad 0)^{\mathrm{T}}$，$f(X^*) = f(X^{(k)}) = 0$ 就是所求约束优化问题的最优解。惩罚函数的极小点向最优点的逼近路线如图 3-25 中的虚线所示。

2. 外点惩罚函数法

外点惩罚函数法简称外点法。这种方法和内点法相反，新目标函数定义在可行域之外，序列迭代点从可行域之外逐渐逼近约束边界上的最优点。外点法可以用来求解含不等式和等式约束的优化问题。

对于约束优化问题

$$\min f(X), \quad X \in R^n$$
$$\text{s. t. } g_j(X) \geqslant 0 \quad (j = 1, 2, \cdots, m)$$
$$h_k(X) = 0 \quad (k = 1, 2, \cdots, p < n)$$

转化后的外点惩罚函数的形式为

$$\Phi(X, r) = f(X) + r \sum_{j=1}^{m} \max[0, g_j(X)]^2 + r \sum_{k=1}^{p} [h_k(X)]^2$$

式中的惩罚因子 r 是由小到大，且趋向于无穷大的数列，即

$$r^{(0)} < r^{(1)} < r^{(2)} < \cdots \to \infty$$

由惩罚项的形式可知，当迭代点并不可行时，惩罚项的值大于零。使得惩罚函数 $\Phi(X, r)$ 大于原目标函数，这可看成是对迭代点不满足约束条件的一种惩罚。当迭代点离边界越远，惩罚项的值越大。但当迭代点不断接近约束边界和等式约束面时，惩罚项的值减小，且趋近于 0，惩罚项的作用逐渐消失，迭代点也就趋近于约束上的最优点了。

外点法的收敛条件与内点法相同，其计算步骤除了更换惩罚函数的形式，其他的也与内点法相似。但是在选取迭代参数的时候需要注意几个事项。

1）惩罚因子是一个递增数列，$r^{(k+1)} = cr^{(k)}$，其中 c 为递增系数，通常取 $c = 5 \sim 10$。

2）$r^{(0)}$ 和 c 的选取也非常重要。通常情况下取 $r^{(0)} = 1$，$c = 10$ 可以取得满意结果。也可根据经验公式来计算 $r^{(0)}$ 值

$$r^{(0)} = \max\{r_j^{(0)}\} \quad (j=1,2,\cdots,m)$$

式中，$r_j^0 = \dfrac{0.02}{mg_j(X^{(0)})f(X^{(0)})}$。

3）约束裕量。外点法是在可行域外寻优的，在可行域外所有的迭代点都是非可行点，其最优点 X^* 尽管靠近边界，但也是非可行点。为使 X^* 成为可行点，可将每个约束都加上一个裕量，即 $g_j(X)' = g_j(X) + \delta \leqslant 0$。

例3-9 用外点惩罚函数法求解例3-8。

解 1）构造惩罚函数的无约束优化问题

$$\min\varPhi(X,\ r^{(k)}) = \begin{cases} x_1 + x_2 & (g_u(X)<0) \\ x_1 + x_2 + r^{(k)}(x_1^2 - x_2)^2 + r^{(k)}(-x_1)^2 & (g_u(X)>0) \end{cases}$$

2）用极值条件求解：在可行域内，$\dfrac{\partial \varPhi}{\partial x_1} = 1 \neq 0$，$\dfrac{\partial \varPhi}{\partial x_2} = 1 \neq 0$，知可行域内无极值点。在可行域外，令

$$\frac{\partial \varPhi}{\partial x_1} = 1 + 4r^{(k)}x_1(x_1^2 - x_2) + 2r^{(k)}x_1 = 0$$

$$\frac{\partial \varPhi}{\partial x_2} = 1 - 2r^{(k)}(x_1^2 - x_2) = 0$$

联立求解，得

$$x_1 = \frac{1}{2(1 + r^{(k)})}, \ x_2 = \frac{1}{4(1 + r^{(k)})^2} - \frac{1}{2r^{(k)}}$$

当 $r^{(1)} = 1$ 时，$X^{(1)} = \left(-\dfrac{1}{4} \quad -\dfrac{17}{16}\right)^{\mathrm{T}}$，$f(X^{(1)}) = -0.6875$；

当 $r^{(2)} = 2$ 时，$X^{(2)} = \left(-\dfrac{1}{6} \quad -\dfrac{2}{9}\right)^{\mathrm{T}}$，$f(X^{(2)}) = -0.389$；

当 $r^{(3)} = 3$ 时，$X^{(3)} = \left(-\dfrac{1}{8} \quad -\dfrac{29}{192}\right)^{\mathrm{T}}$，$f(X^{(3)}) = -0.276$；

当 $r^{(4)} = 4$ 时，$X^{(4)} = \left(-\dfrac{1}{10} \quad -\dfrac{23}{200}\right)^{\mathrm{T}}$，$f(X^{(4)}) = -0.215$；

$$\vdots$$

当 $r^{(k)} = \infty$ 时，$X^{(k)} = (0 \quad 0)^{\mathrm{T}}$，$f(X^{(k)}) = 0$。

由此可知，$X^* = X^{(k)} = (0 \quad 0)^{\mathrm{T}}$，$f(X^*) = f(X^{(k)}) = 0$ 就是所求约束优化问题的最优解。惩罚函数的极小点向最优点的逼近路线如图3-26中的虚线①所示。

3. 混合惩罚函数法

混合惩罚函数法简称混合法，这种方法是将内点法和外点法结合起来，实现取长补短的效果的一种方法。转化后的混合惩罚函数的形式为

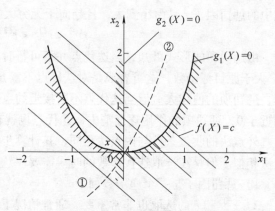

图3-26 外点法的迭代路线

$$\Phi(X,r) = f(X) - r\sum_{j=1}^{m} \frac{1}{g_j(X)} + \frac{1}{\sqrt{r}}\sum_{k=1}^{p} [h_k(X)]^2$$

式中，惩罚因子 r 按内点法选取，即 $r^{(0)} > r^{(1)} > r^{(2)} > \cdots > r^{(k)} > r^{(k+1)} > \cdots \geq 0$。混合法具有内点法的求解特点，即迭代过程在可行域内进行，因此初始点，惩罚因子初值的选取都可以参考内点法的方法来选取。计算步骤也与内点法相似。

3.5 多目标及离散变量优化方法

3.5.1 多目标优化概述

在工程优化设计中，很多设计往往涉及要求多项设计指标最优化。例如，设计一台齿轮变速器，总是希望它的自重要轻、寿命要长、制造成本尽可能低。这种同时要求几项设计指标达到最优的问题，称为多目标优化设计问题。根据要求，将各项设计指标分别建立目标函数 $f_1(X)$，$f_2(X)$，$\cdots$，$f_p(X)$，这些目标函数称为分目标函数。知道了这些分目标函数之后，可将包含了 p 个分目标函数的多目标优化问题的数学模型写成如下形式

$$\min \ (f_1(X) \quad f_2(X) \quad \cdots \quad f_p(X))^{\mathrm{T}}, \ X \in R^n$$

$$\mathrm{s.t.} \quad g_j(X) \leqslant 0 \ (j=1, \ 2, \ \cdots, \ m)$$

$$h_k(X) = 0 (k = 1, \ 2, \ \cdots, \ l)$$

多目标优化问题的求解与单目标优化问题的求解有根本区别。对于单目标优化问题，任意两个解都可以用其目标函数值比较方案优劣，但对于多目标优化问题，任何两个解不一定都可以评判出其优劣。设 $X^{(0)}$ 和 $X^{(1)}$ 为满足多目标优化问题约束条件的两个设计方案，判别这两个方案的优劣需分别计算其各自对应的分目标函数值，$f_1(X^{(0)})$，$f_2(X^{(0)})$，$\cdots$，$f_p(X^{(0)})$ 和 $f_1(X^{(1)})$，$f_2(X^{(1)})$，$\cdots$，$f_p(X^{(1)})$ 进行对照，若

$$f_t(X^{(1)}) \leqslant f_t(X^{(0)}) \quad (t = 1, 2, \cdots, p)$$

则方案 $X^{(1)}$ 肯定比方案 $X^{(0)}$ 好。然而绝大多数情况是 $f_t(X^{(1)})$ 中一部分小于 $f_t(X^{(0)})$，另一部分则相反。这样的情况下，$X^{(0)}$ 和 $X^{(1)}$ 两个方案的优劣就比较难了。这就是多目标优化需要解决的问题。

在多目标优化设计中，如果一个解使每个分目标函数值都比另一个解为劣，则这个解称为劣解。显然多目标优化问题只有当找到的解是非劣解时才具有意义。实际上往往是一个分目标的极小化会引起另一个或一些分目标的变化，有时各分目标的优化还互相矛盾，甚至完全对立。因此，就需要协调各分目标函数 $f_1(X)$，$f_2(X)$，$\cdots$，$f_p(X)$ 的最优值，互相做出一些让步，以便取得对各分目标函数值来说都算是比较好的方案。

3.5.2 统一目标函数法

统一目标函数法的基本原理是将各分目标函数 $f_1(X)$，$f_2(X)$，$\cdots$，$f_p(X)$ 统一到一个新构筑的总的目标函数 $f(X) = f\{f_1(X)$，$f_2(X)$，$\cdots$，$f_p(X)\}$ 中，这样就把原来的多目标问题转化为了单目标问题来求解。根据构筑方法的不同可以分为线性加权组合法、目标规划法和

功效系数法。

1. 线性加权组合法

线性加权组合法的基本思想是在多目标优化问题中，将其各个分目标函数 $f_1(X)$, $f_2(X)$, $\cdots$, $f_p(X)$ 依其数量级和在整体设计中的重要程度相应地给出一组加权因子 w_1, w_2, $\cdots$, w_p, 取 $f_j(X)$ 与 $w_j(j=1,2,\cdots,p)$ 的线性组合，构成一个新的统一的目标函数，即

$$f(X) = \sum_{j=1}^{p} w_j f_j(X)$$

以 $f(X)$ 作为单目标优化问题求解，即原多目标优化问题转化为求统一目标函数

$$\min_{x \in D} f(X) = \min_{x \in D} \left\{ \sum_{j=1}^{p} w_j f_j(X) \right\}$$

的最优解 X^*, 它也是原多目标优化问题的最优解。

上式中，加权因子 w_j 是一组大于零的数，其取值大小决定于各项目标的数量级及其重要程度。加权因子的选择对计算结果的正确性影响较大，有时要凭经验、凭估计或统计计算并经试算得出。下面介绍一种确定权系数的方法，按此方法

$$w_j = f_j^* \quad (j = 1, 2, \cdots, p)$$
$$f_j^* = \min_{x \in D} f_j(X) \quad (j = 1, 2, \cdots, p)$$

即将各单目标最优化值的倒数取作权系数。此种函数反映了各个单目标函数值离开各自最优值的程度。在确定权系数时，只需预先求出各个单目标最优值，而无需其他信息，使用方便。

2. 目标规划法

这种方法的基本思想是为所有目标确定一个预期达到的目标值 $f_i(X^*)$, 使作出的优化与该值越接近越好，如完全符合此目标，则是最优解；如不符合，则以离差平方和的大小来衡量其偏离预期值的程度，从而把目标函数 $f_1(X)$, $f_2(X)$, $\cdots$, $f_p(X)$ 化为

$$\min V(X) = \sum_{i=1}^{p} \left[f_i(X) - f_i^*(X) \right]^2$$

按这种思想还可根据目标的重要程度而采用加权目标的规划法，即

$$\min V(X) = \sum_{i=1}^{p} \lambda_i \left[f_i(X) - f_i^*(X) \right]^2$$

加权系数的确定可参照前面线性加权组合法中权系数的确定方法。

3. 功效系数法

每个目标都具有自己所特有的特征。有的目标要求越大越好，如劳动生产率指标；有的要求越小越好，如成本指标；也有要求适中为佳的，如可靠性指标。

为了在评价函数中反映这些不同的要求，可引入功效函数

$$c_i = F_i(f_i)$$

c_i 的具体数值称为功效系数，它是表示目标满足程度的参数。当 $c_i = 1$ 时，表示对目标最满意；而当 $c_i = 0$ 时，表示对目标最不满意，因此 $0 \leqslant c_i \leqslant 1$。按上述方法可得出不同目标函数和功效系数之间的变化关系。

当已知目标函数的这种特性曲线以后，对于任一多目标问题，当给定一组 X，即可以得到一组相应的 c_i，则根据各目标的 c_i 值构成一评价函数

$$\max f(X) = c = \sqrt[p]{c_1 c_2 \cdots c_p} \qquad (3\text{-}20)$$

式中，p 是目标函数个数。

当 $c = 1$ 时，所有的目标函数都处在最满意的情况；当 $c = 0$ 时则相反。因此，由不同的 X 值即可确定不同的 c_i 值，也得到不同的满意程度，进而反映出目标的不同功效。作为一个综合的目标 c，总是要求它越大越好，因此逐步调整变量，可使其达到最大值，进而达到多目标优化的目的。

功效函数值即功效系数，按照对目标函数的不同要求，功效函数可分为以下三种类型：

1）当 f_i 越大，c_i 越大；f_i 越小，c_i 越小。该类功效函数适合于要求目标函数越大越好。

2）当 f_i 越小，c_i 越大；f_i 越大，c_i 越小。该类功效函数适合于要求目标函数越小越好。

3）当 c_i 取的值越靠近预先确定的适当值时，c_i 就越大，否则 c_i 就越小。

功效系数法的关键在于如何确定功效系数 c_i。功效系数的确定方法有：直线法、折线法和指数法。

1）直线法。该法需预先定出 $c_i = 1$ 时的 f_i 和 $c_i = 0$ 时的 f_i，在 $f_i - c_i$ 坐标上将此两点连接后即可求得与 f_i 对应的 c_i 值。图 3-27a、b、c 分别表示采用直线法确定 c_i 时，对应于上述三种类型的情况。

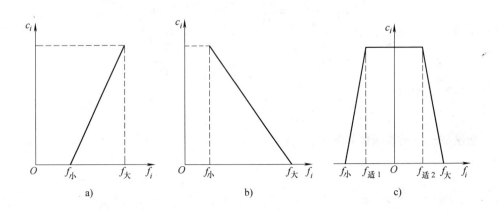

图 3-27　用直线法确定 c_i

2）折线法。该法需要确定 f_i 的两个临界值 $f_i^{(1)}$ 与 $f_i^{(2)}$。$f_i^{(1)}$ 为比较满意的目标函数值；$f_i^{(2)}$ 为可接受与不可接受的目标函数值的分界值。相应的功效系数如图 3-28a、b、c 所示。

当 f_i 比 $f_i^{(2)}$ 还要差 0.5 ~ 1 倍，即为 $f_i^{(3)}$ 时，令 $c_i = 0$；当 $f_i = f_i^{(2)}$ 时，令 $c_i = 0.3$；当 $f_i = f_i^{(1)}$ 时，令 $c_i = 0.7$；当 f_i 为理想 $f_i^{(0)}$ 时，令 $c_i = 1$。

在 $f_i - c_i$ 坐标上将上述这些特殊点用直线相连，就形成了折线形的功效系数图。当 f_i 处在 $f_i^{(0)}$ 与 $f_i^{(3)}$ 之外时，c_i 可分别取为 1 或 0。

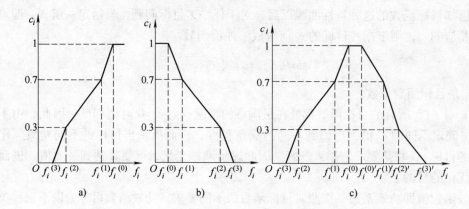

图 3-28　折线法确定 c_i

3）指数法。该法对前述第 1）类功效函数的选取表达式可表示为

$$c = e^{-(e^{-(b_0 + b_1 f)})} \tag{3-21}$$

式中，b_0、b_1 可以用下法来确定。

设取 f 为某一刚合格值 $f^{(1)}$ 时，$c = e^{-1} \approx 0.37$；f 为某一刚不合格值 $f^{(0)}$ 时，$c = e^{-e} \approx 0.07$，将上述值代入式（3-21），可解得

$$c = e^{-1} = e^{-(e^{-(b_0 + b_1 f(1))})}$$
$$c = e^{-(e^{-(b_0 + b_1 f(0))})}$$

由上面两式可得

$$b_0 + b_1 f^{(1)} = 0, \qquad b_0 + b_1 f^{(0)} = -1$$

进而可解得

$$b_0 = \frac{f^{(1)}}{f^{(0)} - f^{(1)}}, \qquad b_1 = -\frac{1}{f^{(0)} - f^{(1)}}$$

代入式（3-21）可得

$$c = e^{-(e^{((f - f(1))/(f(0) - f(1))))}}$$

指数法的三类功效函数如图 3-29 所示。

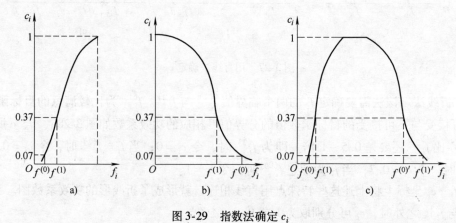

图 3-29　指数法确定 c_i

实践证明，功效系数法有如下优点：

1）可直接按所要求的性能指标来评价函数，非常直观。试算后调整方便。

2）只要有一个性能指标不能接受时，则相应的功效系数 c_i 为零，从而使评价函数 c 也为零，方案被否决。这正是实际问题所要求的。它可以避免某一目标函数值不可接受而评价函数值却较好，使优化计算引入歧途。

3）此法还可以处理目标函数值既不希望太大，又不希望太小，而希望取某一适当值的情况。这也是其他优化方法难以对付的一种情况。

该法的缺点是事先要求明确目标函数值的取值范围。对某些问题，若难以确定取值范围时，此法就不适用。

例 3-10 设计一曲柄摇杆机构，要求实现摇杆摆角 $\Delta\psi = 60°$，最大压力角 α_{max} 尽可能小，以改善机构的传力性能；极位夹角 θ 尽可能大，以提高机构的急回性能。

解 如图 3-30 所示，设 l_1、l_2、l_3、l_4 分别为该四杆机构的杆长。

令 $\dfrac{l_1}{l_1} = 1$，$\dfrac{l_2}{l_1} = a$，$\dfrac{l_3}{l_1} = b$，$\dfrac{l_4}{l_1} = c$，按上述设计要求，可列出该设计的分目标函数分别为

$$f_1(x) = |\theta| = \left| \arccos \frac{(a+1)^2 + c^2 - b^2}{2c(a+1)} - \arccos \frac{(a-1)^2 + c^2 - b^2}{2c(a-1)} \right| \to \max$$

$$f_2(x) = |\alpha_{max}| = \begin{cases} \dfrac{\pi}{2} - \arccos \dfrac{a^2 + b^2 - (c-1)^2}{2ab}, & \text{当 } l_1^2 + l_4^2 < l_2^2 + l_3^2 \text{ 时} \to \min \\[3mm] \arccos \dfrac{a^2 + b^2 - (c-1)^2}{2ab} - \dfrac{\pi}{2}, & \text{当 } l_1^2 + l_4^2 > l_2^2 + l_3^2 \text{ 时} \to \min \end{cases}$$

$$f_3(x) = \Delta\psi = \arccos \frac{b^2 + c^2 - (a+1)^2}{2bc} - \arccos \frac{b^2 + c^2 - (a-1)^2}{2bc} \to 60°$$

1）$f_1(x)$ 为极位夹角，希望越大越好，其取值范围为 $17° \sim 0°$，$f_1(x) = 17°$ 时，$c_1 = 1$；$f_1(x) = 0°$ 时，$c_1 = 0$。

2）$f_2(x)$ 为最大压力角，希望越小越好，其取值范围 $0° \sim 55°$，$f_2(x) = 0°$ 时，$c_2 = 1$；$f_2(x) = 55°$ 时，$c_2 = 0$。

3）$f_3(x)$ 为摆角，希望越接近 $60°$ 越好，其取值范围 $59° \sim 61°$，$f_3(x) = 60°$ 时，$c_3 = 1$；$f_3(x) = 59°$ 时，$c_3 = 0$，或 $f_3(x) = 61°$ 时，$c_3 = 0$。

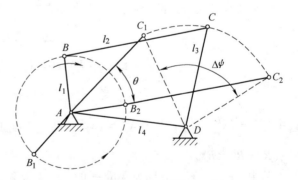

图 3-30 曲柄摇杆机构示意图

按上述取值范围，用直线法可作出图 3-31 所示的功效系数图。代入式（3-20）得该多目标优化问题的评价函数为

$$c = \sqrt[3]{c_1 c_2 c_3} \to \max$$

经优化可解出该多目标优化问题的解

当 $l_1 = 100mm$ 时，$l_2 = 533.33mm$，$l_3 = 200mm$，$l_4 = 500mm$。

若取 $l_1 = 100mm$，$l_2 = 352.60mm$，$l_3 = 203.62mm$，$l_4 = 394.70mm$，这时 $\theta = 0°$，即

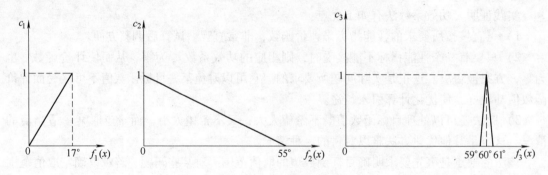

图 3-31　直线法功效系数图

$f_1(x) = 0°$，此时 $c_1 = 0$，则 $c = 0$，表示此方案不能被接受。

3.5.3　离散变量优化问题

在工程优化问题中，经常会遇到非连续变量的一些参数。它们有些是整数变量，如齿轮的齿数、冷凝器管子的数目、行星轮的个数等；有些是离散变量，如齿轮模数、型钢尺寸以及大量的标准表格、数据等。整数也可视为是离散数的一种特殊情形。

由于离散变量在工程中大量存在，故研究离散变量的优化方法是非常必要的。目前，解决该类问题主要有两种方法：①将所有离散变量视为连续变量，在连续域内搜索，得到最优点后再圆整，即连续变量优化加圆整处理；②依不同变量分别在连续域和离散域内轮换搜索，取得最优解，即混合变量优化。采用方法①不仅会造成设计上的不可行解或得不到真正最优解，而且在有些情况下将失去优化解的实用价值（违背技术标准和技术规范）；若采用方法②，由于必须轮换在连续、离散域内搜索，使得搜索困难、转换次数繁多、算法和程序复杂。

约束非线性混合离散变量优化设计问题的数学模型可表达为

$$\min f(X)$$

$$\text{s. t.} \quad g_j(X) \leqslant 0 \quad (j = 1, 2, \cdots, m)$$

$$x_{i\min} \leqslant x_i \leqslant x_{i\max} \quad (i = 1, 2, \cdots, m)$$

式中，$X = (x^D \quad x^C) \in R^n$；$X^D = (x_1 \quad x_2 \quad \cdots \quad x_p)^\mathrm{T} \in R^D$；$X^C = (x_{p+1} \quad x_{p+2} \quad \cdots \quad x_n)^\mathrm{T} \in R^C$；$R^n = R^D \times R^C$。

其中，$x_{i\min}$、$x_{i\max}$ 分别为变量 x_i 的上、下界限，X^D 为离散变量的子集合，X^C 为全连续变量的子集合。当 X^D 为空集时，为全连续变量型问题；当 X^C 为空集时，为全离散型问题；两者均为非空集时为混合型问题。若将整数视为离散数的一种特殊情况，则混合离散变量优化问题实际上已包含了混合整数变量的优化问题。

解决工程问题离散变量优化的方法需要与处理连续变量优化技术不完全相同的一种理论和方法。离散最优化是数学规划和运筹学中最有意义，但也是较困难的领域之一。

Dantzig 继 1949 年提出解线性规划的单纯形法不久后所提出的线性整数规划问题，1958年 Gomory 提出的割平面法，1960 年 Lang 和 Doig 提出的分支定界法，1965 年 Balas 提出的 0

-1 规划的隐枚举法，奠定了求解线性整数规划的常用三大类算法的基础。后来虽经一些学者对其作了改进与发展，但仍存在计算效率低及只能求解维数较低的问题。工程优化设计的数学模型多数为非线性的，本节主要介绍非线性问题，但非线性离散优化技术要比线性整数规划更困难。目前，数学家们所做的工作还仅限于一些特殊的问题，例如，非负可分离函数、可微凸函数、线性约束的半正定二次函数等，或用线性整数规划向非线性整数规划推广。对于工程中遇到的一般函数，特别是有约束非线性离散变量问题，在理论、算法和程序方面还不十分成熟，缺少有效的通用算法和系统的理论。目前能在工程中解决复杂问题的实用的非线性离散优化方法多数是由从事工程优化的学者提出来的，未必都有严格的数学证明。

约束非线性离散变量的优化方法有：①以连续变量优化方法为基础的方法，如圆整法、拟离散法、离散型惩罚函数法；②离散变量的随机型优化方法，如离散变量随机试验法、随机离散搜索法；③离散变量搜索优化方法，如启发式组合优化方法、整数梯度法、离散复合型法；④其他离散变量优化方法，如非线性隐枚举法、分支定界法、离散型网格与离散型正交网格法、离散变量的组合型法。上述这些方法的解题能力与数学模型的函数状态和变量多少有很大关系，下面只介绍其中的几种主要方法。

1. 按连续变量优化为基础的方法

（1）整型化、离散化法（圆整法、凑整法）　该法的特点是先按连续变量方法求得优化解 X^*，然后再进一步寻找整型量或离散量优化解，这一过程称为整型化或离散化。下面介绍按连续实型量优化得到优化解后如何圆整化、离散化的方法，并讲述其中可能产生的问题。

设有 n 维优化问题，其实型最优点为 $X^* \in R^n$，它的几个实型分量为 x_i^*（$i = 1, 2, \cdots, n$），则 x_i^* 的整数部分（或它的偏下一个标准量）$[x_i^*]$ 和整数部分加 1 即 $[x_i^*] + 1$（或它的偏上一个标准量）便是最接近 x_i^* 的两个整型（或离散型）分量。由这些整型分量的不同组合，便构成了最邻近于实型最优点 X^* 的两个整型分量及相应的一组整型点群 $[X_i^*]^{(t)}$（$t = 1, 2, \cdots, 2^n$，n 为变量维数）。

该整型点群包含有 2^n 个设计点，在整型点群中，可能有些点不在可行域内，应将它们剔除。在其余可行域内的若干整型点中选取一个目标函数值最小的点作为最优的整型点给予输出。图 3-32 所示是二维的例子，在实型量最优点 X^* 周围的整型点群有 A、B、C、D 四点，图中 B 点在可行域外，A、B、C 三点为在可行域内的整型点群。分别计算其目标函数，由图中等值线可看出，其最优整型点是 C 点，它即为最优整型设计点 $[X^*]$。但这样做有时不一定行得通，因为连续变量的最优点通常处于约束边界上，在连续变量最优点附近凑整所得的设计点有可能均不在可行域内，如图 3-33 所示。显然，在这种情况下，采用连续变量优化点附近凑整法就可能得不到一个可行设计方案。另一方面，这种简单的凑整法是基于一种假设，即假设离散变量的最优点是在连续变量最优点（图 3-32 中 X^* 周围的整型点群）附近。然而，这种假设并非总能成立。下面一个例子可说明这个情况。

$$\min f(X) = -(x_1 + 5x_2)$$
$$\text{s. t.} \quad x_1 + 10x_2 \leq 20$$
$$x_1 \leq 2$$

$$x_1 \geqslant 0, \quad x_2 \geqslant 0$$

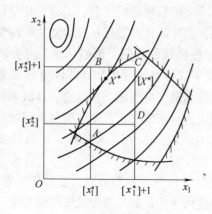

图 3-32　X^* 周围整型点群

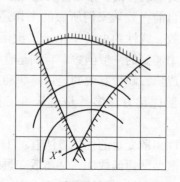

图 3-33　X^* 周围整型点群均不在可行域内

从图 3-34 中可以看出，这个线性规划问题的设计变量为连续时，在 $x_1 = 2$，$x_2 = 1.8$ 处有最小目标函数值 -11，在这个连续最优解周围最好的可行整数解是 $(x_1, x_2) = (2, 1)$，此时目标函数值为 -7。然而这个问题的最优整数解 $(x_1, x_2) = (0, 2)$ 却不在连续解的附近，这个整数解的最小目标函数值为 -10。这些情况表明，凑整法虽然简便，但不一定能得到理想的结果。

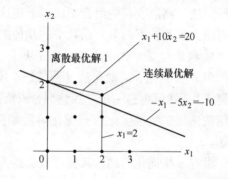

图 3-34　离 X^* 较远处整型点为优化点的情况

由上面分析可知，离散优化点不一定落在某个约束面上，因此对连续变量约束最优解的 K - T 条件不再成立。与连续变量优化解一样，离散变量优化解通常也是指局部优化解。而局部离散优化解的是指在此点单位邻域 $UN(x)$ 内查点未搜索到优于 X^* 点的离散点，所得的解即为局部离散优化解 X^*。当目标函数为凸函数、约束集合为凸集时，此点也是全域的约束离散优化解。

（2）拟离散法　该法是在求得连续变量优化解 X^* 后，不是用简单的圆整方法来寻优，而是在 X^* 点附近按一定方法进行搜索来求得优化离散解。该法虽比前述圆整法前进了一步，但因仍是在连续变量优化解附近邻域进行搜索，往往也不可能取得正确的离散优化解。

1）交替查点法（Luns 法）。该法适用于全整数变量优化问题，其优化离散解的搜索方法为：

① 先按连续变量求得优化解 X^*，并将它圆整到满足约束条件的整数解上。

② 依次将每个圆整后的优化分量 $[x_i^*]$ $(i = 1, \cdots, n)$ 加 1，检查该点是否为可行点，然后仅保留目标函数值为最小的 x_i 点，重复此过程，直到可行的 x_i 不再增大为止。

③ 将一个分量加 1，其余 $n - 1$ 个分量依次减 l，如将 x_1 增加 $x_1 + 1$，再将 x_2 减到 $x_2 - 1$，但暂不做代换。继续此循环，将 x_3 减到 $x_3 - 1$，也暂不做代换，直到继续循环到 x_n 为止。最后选择目标函数值最小的点去替换旧点，再依次增大 x_2，x_3，$\cdots$，直到 x_n，重复上述循环。最终比较目标函数值的大小，找到优化解，即认为它是该问题的整数优化解。

2）离散分量取整，连续分量优化法（Pappas 法）。

① 该法是针对混合离散变量问题（即变量中既含有离散分量，也含有连续分量）提出来的。其步骤为：

a. 先将连续变量优化解 X^* 圆整到最近的一个离散点 $[X^*]$ 上。

b. 将 $[X^*]$ 的离散分量固定，对其余的连续分量进行优化。

c. 若得到的新优化点可行，且满足收敛准则，则输出优化结果，结束。

d. 否则，把离散分量移到 X^* 邻近的其他离散点上，再对连续分量优化，即转到第 b 步。如此重复，直到 X^* 附近离散点全部轮换到为止。

该法实际上只能是从上述几个方案中选出一个较好的可行解作为近似优化解。由于离散变量移动后得到的离散点可能已在可行域之外，故要求连续变量所用优化程序应选择其始点可以是外点的一种算法。上述算法可适用于设计变量较多但连续变量显著多于离散变量的情形，且其计算工作量增加不大。

② 对离散变量较多，而变量维数又较低（少于6）的混合离散变量问题，Pappas 又提出了另一种算法。其步骤为：

a. 求出连续变量优化解 X^*，取整到最靠近 X^* 的离散值上。

b. 令变量的灵敏度为 S_i，它是目标函数的增量与自变量增量的比值，即它反映了变量对目标函数的影响程度。计算各离散变量的灵敏度 S_i，并将离散变量按灵敏度从大到小的顺序排列：x_1，x_2，$\cdots$，x_k，$1 \leqslant k \leqslant n$。

c. 先对灵敏度最小的离散变量 x_k 做离散一维搜索，并使其他的离散变量 x_1，x_2，$\cdots$，x_{k-1} 固定不变。每当搜索到一个较好的离散点时，便需要对所有连续变量优化一次。然后，再对 x_{k-1} 做一维离散搜索，此时将其余的离散变量 x_1，x_2，$\cdots$，x_{k-2} 保持不变，但对分量 x_k 还要再做一次搜索。找到好的离散点后仍需对所有连续变量再次优化，如此重复，直到 x_1 为止。

d. 由上述第 c 步所得终点，重新计算灵敏度并进行排列。若与第 b 步结果相近，则停止计算，其终点即为优化解。否则，若两者相差较大，则转第 c 步继续搜索。该法是采用连续变量优化程序对初始点是外点的一种算法。

拟离散法是目前求解离散变量优化的一种常用方法，但这类算法都是基于离散优化解一定在连续优化解附近这样一种观点之上，而实际情况又不一定是这样的，而且这类算法工作量较大，因此具有一定局限性。

（3）离散惩罚函数法　若将设计变量的离散性视为对该变量的一种约束条件，则可用连续变量的优化方法来计离散变量问题的优化。按此思想可以 Lagrange 乘子法或 SUMT 法等连续变量优化方法为基石做些变换后，再用来求解离散变量的优化问题。由于有些方法只适用于凸函数或可分离函数等特殊情况，不具有普遍性，因此不作介绍。下面介绍一种离散惩罚函数法。

1）构造一个具有下列性质的离散惩罚函数项 $Q_k(x^D)$

$$Q_k(x^D) = \begin{cases} 0, & \text{当 } X^D \in R^D \\ \mu > 0, & \text{当 } X^D \notin R^D \end{cases}$$

式中，R^D 为设计空间离散点的集合。

Marcal 定义离散惩罚函数项为

$$Q_K(X^D) = \sum_{j \in d} \prod_{i=1}^{d} \left| \frac{x_{ij} - z_{ij}}{z_{ij}} \right|$$

式中，x_{ij} 为第 j 个离散变量的坐标；z_{ij} 是该变量允许取的第 j 个离散值。乘积项可保证求和式中的每一项在变量趋于离散值时为零。上式所定义的函数形式简洁，但此函数值变化范围较大，计算时不易控制。

Gisvold 定义了另一种形式的离散惩罚函数项为

$$Q_K(X^D) = \sum_{j \in d} \left[4q_i(1 - q_i) \right] \beta_k$$

式中，$q_i = \dfrac{x_i - x_{i\min}}{x_{i\max} - x_{i\min}}$；$x_{i\min} \leqslant x_i \leqslant x_{i\max}$。

其中，x_i 为 $x_{i\min}$ 和 $x_{i\max}$ 之间任一点坐标，$x_{i\min}$ 和 $x_{i\max}$ 是两个相邻的离散值。离散惩罚函数项 $Q_K(X^D)$ 是一对称的规范化的函数，如图 3-35 所示。上式中的每一项的最大值为 1，而且对于所有 $\beta_k \geqslant 1$ 的情形，在离散值之间的范围内，函数的一阶导数是连续的。

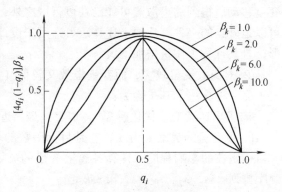

图 3-35　离散惩罚函数项

2）将离散惩罚函数项 $Q_K(X^D)$ 加到内点法 SUMT 的惩罚项中，可得离散惩罚函数。其中，离散惩罚函数项

$$\phi(X, \gamma, S) = f(X) + \gamma_k \sum_{u=1}^{m} \frac{1}{g_u(X)} + S_k Q_k(X^D)$$

式中，$f(X)$ 为原目标函数；γ_k 为参数（或称罚因子）；$g_u(X)$ 为不等式约束条件；S_k 为离散项罚因子。$\gamma_k > \gamma_{k+1}$ 而 $S_k < S_{k+1}$，当 $K \to \infty$ 时即有 $\gamma_k \to 0$，此时

$$\min\{\phi(X, \gamma, S)\} \longmapsto \min f(X)$$
$$g_u(X) \geqslant 0 \quad (u = 1, 2, \cdots, m)$$
$$Q_K(X^D) \to 0$$

2. 离散变量的分支定界法

离散变量的分支定界法是一种解线性整数规划问题的有效方法。O. K. Gupta 和 A. Ravindran 将该方法的原理推广到解非线性离散变量问题中，取得了较好效果。

此法与线性整数规划的分支定界法类似，其步骤如下：

1）设所讨论问题为求极小化的问题，先求出原问题不计整数或离散约束的非线性问题的连续变量解。如所得解的各个分量正好是整数，则它是该问题的离散优化解，但这种机会较少。否则，其中至少有一个变量为非整数值或非离散值，则转下一步。

2）对非整数变量，以 a_i 的值为例，可将它分解为整数部分 $[a_i]$ 和小数部分 f_i，即

$$a_i = [a_i] + f_i, \quad 0 < f_i < 1$$

3）构造两个子问题：上界约束，$x_i \leqslant [a_i]$；下界约束，$x_i \geqslant [a_i] + 1$，对离散变量，若其离散值集合为 $q_{i1}, q_{i2}, \cdots, q_{il}$，则对于分支 x_i 必定存在一个下标 $j(1 \leqslant j \leqslant l)$，使

$$q_{ij} \leqslant x_i \leqslant q_{ij+1}$$

因而应分别构造以 $x_i \leqslant q_{ij}$ 为上界约束子问题和以 $x_i \geqslant q_{i1+1}$ 为下界约束子问题。

4）将上述两个子问题按连续变量非线性问题求优化解。

5）重复上述过程，不断分支，并求得分支产生的子问题的优化解，直至求得一个离散解为止。

6）在上述求解过程中，每个节点最多能分出两个新的节点。当取一个可行整数解时，如果其目标函数值小于当前目标函数值的上界值，则可将该值作为目标函数新的上界。

7）当下列情况出现时，则认为相应的节点以及它以后的节点已考查清楚：①所得连续变量为整数可行解，且连续变量问题解的目标函数值比当前的目标函数值的上界值大；②连续变量解为不可行解。

8）当所有节点都考查清楚后，寻优工作结束，此时最好的整数解或离散解就是该问题的离散优化解。

此法的计算时间与所解问题的变量数和约束数的多少密切相关。要使这一方法能有好的计算结果，必须要有一种有效的可靠的解非线性规划问题的方法及待查分支节点信息的存储方法。

3. 离散变量型普通网格法

离散变量型普通网格法就是以一定的变量增量为间隔，把设计空间划分为若干个网格，计算在域内的每个网格节点上的目标函数值，比较其大小，再以目标函数值最小的节点为中心，在其附近空间划分更小的网格，再计算在域内各节点上的目标函数值。重复进行下去，直到网格小到满足精度为止。此法对低维变量较有效，对多维变量因其要计算的网格节点数目成指数幂增加，故很少用它。为提高网格搜索效率，通常可先把设计空间划分为较稀疏的网格，如先按 50 个离散增量划分网格。找到最好点后，再在该点附近空间以 10 个离散增量为间隔划分网格，在这个范围缩小，但密度增大的网格空间中进一步搜索最好的节点。如此重复，直至网格节点的密度与离散点的密度相等，即按 1 个离散增量划分网格节点为止，这时将搜索到的最好点作为离散优化点。

第4章 机电系统优化设计实例及 MATLAB 优化工具箱介绍

前面几章系统地介绍了机械优化设计的理论和方法。为了进一步提高大家对机械优化设计的认识,本章将通过列举汽车转向梯形的优化设计、螺栓组联接的优化设计、圆柱齿轮减速器的优化设计、注塑机合模系统的优化设计、起重机工作机构的优化设计等工程实例的分析,来说明解决一个工程实际问题的一般步骤和方法。最后,简单地介绍了在机械优化设计中应用比较广泛的 MATLAB 优化工具箱,列举了优化工具箱中几种最常用的优化函数的编程方法及应用场合。

4.1 汽车转向梯形的优化设计

例4-1 图4-1所示为汽车转向梯形示意图,转向梯形的作用是在汽车转向时保证全部车轮绕一个瞬时转向中心行驶,使在不同圆周上运动的车轮,作无滑动的纯滚动运动。

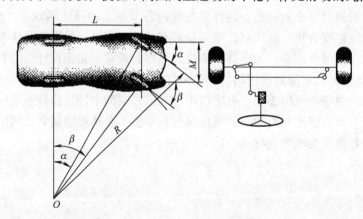

图4-1 汽车转向梯形示意图

1. 基本解析关系式

转向车轮(一般是前轮)纯滚动、无侧滑的转向要求是

$$\cot\beta - \cot\alpha = \frac{M}{L}$$

则
$$\beta = \arctan\left(\cfrac{1}{\cfrac{M}{L} + \cfrac{1}{\tan\alpha}}\right) \tag{4-1}$$

式中,α、β 为内、外侧转向车轮的理论转角,即内、外侧转向梯形臂的理论转角;$\frac{M}{L}$ 为转向特性参数;M 为两转向主销的轴线延长线与地面交点间的距离;L 为汽车的轴距。

当内侧转向车轮的实际转角为 α 时，通过转向梯形所能获得的外侧转向车轮（或转向梯形臂）的实际转角为 β'，如图 4-2 所示。假定转向梯形在过 M' 的水平平面内运动，不计前轮定位角的影响，不考虑弹性轮胎的侧偏，现以后置转向梯形为例推导 β' 的函数关系式。

图 4-2 中的梯形 $A'B'A_0B_0$ 为汽车直线行驶时的位置，而 $A'B'A_1B_1$ 则是内侧转向梯形臂转过 α 角时的位置。γ_0 为转向梯形的布置角，即直线行驶

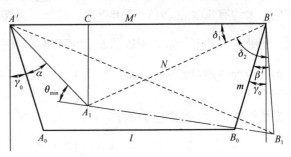

图 4-2 转向梯形

时，转向梯形臂与车辆纵向平面间的夹角，称为 γ_0 的余角（$90° - \gamma_0$），为梯形底角；m 为转向梯形臂过 M' 水平面的投影长度；M' 为连接转向梯形臂处主销轴线间的距离；l 为横拉杆长度。则

$$k = \frac{m}{M'} \tag{4-2}$$

$$l = M' - 2m\sin\gamma_0 \tag{4-3}$$

$$\delta_1 = \arcsin\frac{\overline{A_1C}}{N} = \arcsin\frac{m\cos(\gamma_0 + \alpha)}{N} \tag{4-4}$$

由余弦定理得

$$N^2 = M'^2 + m^2 - 2M'm\cos[90° - (\gamma_0 + \alpha)] = M'^2 + m^2 - 2M'm\sin(\gamma_0 + \alpha) \tag{4-5}$$

又

$$l^2 = N^2 + m^2 - 2N\sin(\delta_1 + \gamma_0 - \beta')$$

则

$$\beta' = \gamma_0 + \delta_1 - \arcsin\frac{N^2 + m^2 - l^2}{2Nm} \tag{4-6}$$

将式（4-2）~式（4-5）代入式（4-6）得

$$\beta' = \gamma_0 + \arcsin\frac{k\cos(\gamma_0 + \alpha)}{\sqrt{1 + k^2 - 2k\sin(\gamma_0 + \alpha)}} - \arcsin\frac{(k\cos2\gamma_0 + 2\sin\gamma_0) - \sin(\gamma_0 + \alpha)}{\sqrt{1 + k^2 - 2k\sin(\gamma_0 + \alpha)}} \tag{4-7}$$

式（4-7）同样适合于前置转向梯形，只是 γ_0、α 角均要换成负值计算，得出的 β' 角也为负值。

2. 最小传动角

最小传动角 θ_{min} 是指转向梯形臂与横拉杆所夹的最小锐角。此角过小会使杆件的作用力臂短而且受力过大，还会使杆件接近转动的"死点"（即 $\theta_{min} = 0°$），进而影响正常使用。

转向梯形属于四连杆机构。在机械转动过程中，其传动角（即本文中的 θ 角）的大小是变化的。为了保证机构传动良好，设计时通常应使 $\theta_{min} \geqslant 40°$；在传递力矩较大时，则应使 $\theta_{min} \geqslant 50°$。传递动力较大的四杆机构常根据其许用传动角进行设计。所以最小传动角应该作为主要的设计约束。

转向梯形的最小传动角 θ_{min} 只能发生在 $\alpha = \alpha_{max}$ 时。汽车因结构的限制，左、右转向车轮的最大转角常不相同，但多在 $30° \sim 40°$ 之间。为了方便计算，并便于不同车型的比较，

通常以平均值 $\alpha_{max} = 35°$ 为准，这时应该使 $\theta_{max} \geq 40°$；但是，在汽车行驶过程中，多用小转角转向，大约有 80% 的转角在 20° 以内，即使是大转角转向，也是从小转角开始，并且速度较低，所处工况并不严重，所以当 $\theta_{max} > 35°$ 时，或 $\dfrac{M}{L}$ 比值偏大，或为后置转向梯形（θ_{min} 偏小）时，应允许超过此限。因此，认为 $\alpha_{max} = 35°$ 时的最小传动角 $\theta_{35} \geq 35° \sim 40°$ 为宜，不能小于 30°。

参照图 4-1，由余弦定理可得

$$\overline{A'B_1}^2 = l^2 + m^2 - 2lm\cos\delta_3$$

$$\overline{A'B_1}^2 = M'^2 + m^2 - 2M'm\sin(\gamma_0 - \beta'_{max})$$

将以上两式联立解得

$$\delta_3 = \arccos\left[\sin\gamma_0 + \frac{\sin\gamma_0 - \sin(\gamma_0 - \beta'_{max})}{1 - 2k\sin\gamma_0}\right]$$

式中，β'_{max} 为最大实际外侧向车轮转角，即 $\alpha = \alpha_{max}$ 时，$\beta = \beta'_{max}$。

对于后置转向梯形

$$\theta_{min} = 180° - \delta_3 \tag{4-8}$$

对于前置转向梯形

$$\theta_{min} = \delta_3 （此时的 \gamma_0 \sqrt{\beta'_{max}} 为负值） \tag{4-9}$$

3. 转向梯形优化设计的数学模型

综上所述，转向梯形优化设计的数学模型为

设计变量 $\qquad x = (x_1 \quad x_2)^T = (\gamma_0 \quad m)^T$

求目标函数 $\qquad \min f(x) = \min\{\max|\beta'_i - \beta_i|\} \tag{4-10}$

即在转向过程中，外侧转向梯形臂的实际转角和理论转角偏差的最大值。

受约束于

$$g_1(x) = \theta_{min} - \theta_{35} \leq 0$$
$$g_2(x) = \gamma_0 - \gamma_{max} \leq 0$$
$$g_3(x) = \gamma_{min} - \gamma_0 \leq 0$$
$$g_4(x) = m - m_{max} \leq 0$$
$$g_5(x) = m_{min} - m \leq 0 \tag{4-11}$$

式中，θ_{min}、γ_{min} 和 m_{min} 分别为传动角、γ_0 和 m 的下限；γ_{max} 和 m_{max} 分别为 γ_0 和 m 的上限。

4. 实例分析

已知 CA141 型汽车，$M' = 1480mm$，$M = 1616mm$，$L = 4000mm$。γ_0 和 m 的下限分别为 10° 和 100mm，γ_0 和 m 的上限分别为 30° 和 400mm。选用 MATLAB 优化设计工具箱中约束非线性优化命令 **fmincon** 进行优化。

首先，建立目标函数程序 obfun1.m：

```
function f = objfun1 （x）
    L = 4000;                % 汽车轴距 L
    bml = 1480;              % 连接转向梯形臂处主销轴线间的距离 M'
    bm = 1616;               % 两转向主销的轴线延长线与地面交点间的距离 M
    gam = x（1）* pi/180;      % 设计变量 1
```

```
        sm = x(2);                    %设计变量2
        k = sm/bml;                   %式(4-2)
        sig = 0;
    for i = 1:35
        a(i) = i * pi/180;
        dd = sqrt( 1 + k * k − 2 * k * sin( gam + a(i) ) );
        b = atan( 1/ ( bm/L + 1/tan( a(i) ) ) );              %式(4-1)
        bl = gam + asin( k * cos( gam + a(i) )/dd ) −
asin( ( k * cos(2 * gam) + 2 * sin( gam) − sin( gam + a(i) ) ) /dd );    %式(4-7)
        e(i) = abs( bl − b) * 180/pi;                         %计算误差 e
    end
        f = max( e);                                          %目标函数,式(4-10)
```

然后,建立约束条件程序 confun1. m:

```
function [ c,ceq] = confun1( x)
bml = 1480;
gam = x(1) * pi/180;
sm = x(2);
k = sm/bml;
a35 = 35 * pi/180;
dd = sqrt( 1 + k * k − 2 * k * sin( gam + a35) );
bl35 = gam + asin( k * cos( gam + a35)/dd) − asin( ( k * cos(2 * gam) +
2 * sin( gam) − sin ( gam + a35) )/dd) ;                  %式(4-9)
dlt = acos( sin( gam) + ( sin( gam) − sin( gam − bl35) )/( 1 − 2 * k * sin( gam) ) ) * 180/pi;
%非线性不等式约束
c(1) = x(1) − 30;              %γ₀ 上限30°
c(2) = 10 − x(1);             %γ₀ 下限10°
c(3) = x(2) − 400;            %m 上限400mm
c(4) = 100 − x(2);           %m 下限400mm
c(5) = 30 − dlt;             %最小传动角 θ_min 下限30°
ceq = [];                   %非线性等式约束
```

最后,在 MATLAB 命令窗口键入命令:

```
x0 = [10,200];                %初始值 x0
options = optimset( "LargeScale","off");
options = optimset ('Algorithm','active-set');      %设置 active-set 优化算法
[x,fval] = fmincon( @ objfun1,x0,[],[],[],[],[],[],@ confun1, options)
```

优化结果为

```
x =      16.4880   200.0183
fval =    0.2752
```

优化方案的外侧转向梯形臂的理论转角和实际转角在转向过程中的最大偏差为

0.2752°。转向过程中，优化方案外侧转向梯形臂的理论转角和实际转角变化规律及偏差如图4-3所示。

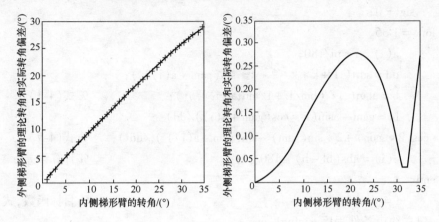

图 4-3　外侧转向梯形臂的理论转角和实际转角变化规律及偏差

4.2　螺栓组联接的优化设计

例 4-2　在图 4-4 所示的压力容器螺栓组联接中，已知 $D_1 = 400\text{mm}$，$D_2 = 250\text{mm}$，缸内工作压力 $p = 1.5\text{MPa}$，螺栓材料为 35 钢，$\sigma_s = 320\text{MPa}$，安全系数 $S = 3$，取残余预紧力 $Q_p = 1.6F$，采用铜皮石棉密封垫片。现从安全、可靠、经济的角度来选择螺栓的个数 n 和螺栓的直径 d。

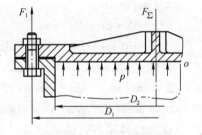

图 4-4　压力容器受力图

问题分析：若从经济性考虑，螺栓数量尽量少些、尺寸小些，但这会降低联接的强度和密封性，不能保证安全可靠的工作；若从安全、可靠度角度考虑，螺栓数量应多一些、尺寸大一些为好，显然经济性差，甚至造成安装扳手空间过小，操作困难。为此，该问题的设计思想是：在追求螺栓组联接经济成本最小化的同时，还要保证联接工作安全、可靠。

1）选取螺栓的个数 n 和直径 $d(\text{mm})$ 为设计变量，即

$$X = (n \quad d)^{\text{T}} = (x_1 \quad x_2)^{\text{T}}$$

2）追求螺栓组联接经济成本 C_n 最小为目标。而当螺栓的长度、材料和加工条件一定时，螺栓的总成本与 nd 值成正比，所以本问题优化设计的目标函数为

$$\min F(X) = C_n = nd = x_1 x_2$$

3）确定约束条件。

① 强度约束条件。为了保证安全可靠地工作，螺栓组联接必须满足强度条件

$$\sigma_{ca} = \frac{5.2Q}{3\pi d_1^2} \leqslant [\sigma]$$

式中，$[\sigma] = \dfrac{\sigma_s}{S} = \dfrac{320}{3}\text{MPa} = 106\text{MPa}$；$Q = Q_p + F = 1.6F + F = 2.6F = 2.6 \times \dfrac{\pi D_2^2}{4n}p = 2.6 \times 1.5$

$$\frac{\pi 250^2}{4n}N = 60937\pi/n \text{ N}。$$

对于粗牙普通螺纹，小径 $d_1 = 0.85d$，所以，强度约束条件为

$$g_1(X) = \frac{105624}{nd_1^2} - 106 = \frac{146192}{nd^2} - 106 = \frac{146192}{x_1 x_2^2} - 106 \leqslant 0$$

② 密封约束条件。为了保证密封安全，螺栓间距应小于 $10d$，所以，密封约束条件为

$$g_2(X) = \frac{\pi D_1}{n} - 10d = \frac{400\pi}{x_1} - 10x_2 \leqslant 0$$

③ 安装扳手空间约束条件。为了保证足够的扳手空间，螺栓间距应大于 $5d$，所以，安装约束条件为

$$g_3(X) = 5d - \frac{\pi D_1}{n} = 5x_2 - \frac{400\pi}{x_1} \leqslant 0$$

④ 边界约束条件为

$$g_4(X) = -x_1 \leqslant 0$$
$$g_5(X) = -x_2 \leqslant 0$$

4）综上所述，本问题的数学模型可表达为

设计变量　　　　　　　　　　$X = (x_1 \quad x_2)^T$

目标函数　　　　　　　　　　$\min F(X) = x_1 x_2$

约束条件　　　　　s.t.　$g_i(X) \leqslant 0 \quad (i=1,2,3,4,5,)$

现运用 MATLAB 的优化函数进行求解。

先编写 M 文件 myfun.m：

```
function[c,ceq] = mynas(x)
c(1) = 146192/(x(1)*x(2)^2) - 106;          %    非线性不等式约束
c(2) = 400*pi/x(1) - 10*x(2);
c(3) = -400*pi/x(1) + 5*x(2);
ceq = [];                                    %    非线性等式约束
```

在 MATLAB 命令窗口输入：

```
fun = 'x(1)*x(2)';                           %    目标函数
x0 = [4,6];                                  %    设计变量初始值
A = [-1,0;0,-1];                             %    线性不等式约束矩阵
b = [0; 0];
Aeq = [];                                    %    线性等式约束矩阵
beq = [];
lb = [];                                     %    边界约束矩阵
ub = [];
[x, fval] = fmincon (fun, x0, A, b, Aeq, beq, lb, ub, @mynlsub)
                                             %    调用有约束优化函数
```

运行结果如下：

x = (11.4499　10.9751)

fval = 125.6637

所以，该问题优化结果为：$n = 11.4499$ ，$d = 10.9751\text{mm}$，目标函数最小值 $F(X) = 125.6637$。根据实际问题的意义取整、标准化：$n = 12$ ，$d = 12\text{mm}$。

由此例可以看出，与其他编程语言相比，MATLAB 语言可以简化编程。

4.3 圆柱齿轮减速器的优化设计

例 4-3 设计一个单级直齿圆柱齿轮减速器，其输入功率 $P = 280\text{kW}$，输入转速为 $n_1 = 980 \text{ r/min}$，传动比 $i = 4$，工作寿命要求达到 $L_h = 72000\text{h}$，大小齿轮材料均为 40Cr，调质后表面淬火，$[\sigma_H] = 855\text{MPa}$，$[\sigma_{F1}] = 256\text{MPa}$，$[\sigma_{F2}] = 210\text{MPa}$，要求在满足正常工作条件下减速器体积最小。

确定设计变量。设计变量必须是相互独立的一组参数，这里将齿宽、模数和小齿轮齿数作为独立设计参数 $X = (x_1 \quad x_2 \quad x_3)^T = (B \quad m \quad z_1)^T$。

要使目标体积最小，可以转化为求减速器的中心距 $d = \dfrac{m}{2}(z_1 + z_2)$ 最小。故可以得到目标函数为

$$\min f(X) = 0.5x_2(x_3 + 4x_3) = 2.5x_2x_3$$

再根据相关准则建立约束条件如下：

1）小齿轮的齿数应大于不产生根切的最小齿数，一般选取 $17 \leqslant z_1 \leqslant 25$，可得

$$g_1(X) = 17 - x_3 \leqslant 0, \quad g_2(X) = x_3 - 25 \leqslant 0$$

2）齿轮的齿面最大接触应力应不大于 $[\sigma_H]$，查《机械设计手册》齿轮齿面接触应力相关公式，将数据代入可以得到

$$g_3(X) = 43854x_1^{-0.5}x_2^{-1}x_3^{-1} - 855 \leqslant 0$$

3）按大小齿轮的弯曲疲劳强度校核，代入相关公式，可得

$$g_4(X) = 7098/[x_1x_2^2x_3(0.619 + 0.006666x_3 - 0.0000854x_3^2)] - 256 \leqslant 0$$

$$g_5(X) = 7098/[x_1x_2^2x_3(0.2824 + 0.0003539x_3 - 0.0000015 \times 16x_3^2)] - 210 \leqslant 0$$

4）齿轮宽度应满足

$$g_6(X) = 1.11x_1 - x_2x_3 \leqslant 0$$

5）齿轮的模数一般选取 $2\text{mm} \leqslant m \leqslant 5\text{mm}$，即

$$g_7(X) = 2 - x_2 \leqslant 0, \quad g_8(X) = x_2 - 5 \leqslant 0$$

综上所述，总结出齿轮减速器的优化数学模型为

$$\min f(X) = 2.5x_2x_3$$

$$\text{s. t. } g_1(X) = 17 - x_3 \leqslant 0$$

$$g_2(X) = x_3 - 25 \leqslant 0$$

$$g_3(X) = 43854x_1^{-0.5}x_2^{-1}x_3^{-1} - 855 \leqslant 0$$

$$g_4(X) = 7098/[x_1x_2^2x_3(0.619 + 0.006666x_3 - 0.0000854x_3^2)] - 256 \leqslant 0$$

$$g_5(X) = 7098/[x_1x_2^2x_3(0.2824 + 0.0003539x_3 - 0.0000015 \times 16x_3^2)] - 210 \leqslant 0$$

$$g_6(X) = 1.11x_1 - x_2 x_3 \leqslant 0$$

$$g_7(X) = 2 - x_2 \leqslant 0$$

$$g_8(X) = x_2 - 5 \leqslant 0$$

选用 MATLAB 软件中的求非线性约束类问题函数 **fmincon** 求解。

首先编写 ff. m 文件，用来输出非线性约束：

function[c,ceq] = ff1(x);

c(1) = 43854/(x(1)^0.5 * x(2) * x(3)) - 855;

c(2) = 7098/(x(1) * x(2)^2 * x(3) * (0.169 + 0.006666 * x(3) - 0.0000854 * x(3)^2)) - 256;

c(3) = 7098/(x(1) * x(2) * ^2 * x(3)(0.2824 + 0.0003539x(3) - 0.0000015 * 16 * x(3)^2)) - 210;

c(4) = 1.1111 * x(1) - x(2) * x(3);

ceq = [];

在 MATLAB 命令窗口中调用 ff1. m：

A = [0,0, -1;0,0,1;0, -1,0;0,1,0];

b = [-17;25; -2.5];

f = inline('2.5 * x(2) * x(3)','x');

x0 = [50,4,18];

[x,fval] = fmincon(f,x0,A,b,[],[],[],[],'ff1')

经运行，得到如下优化结果：

X = (29.9274　2.0000　17.0000)

fval = 85.0000

经过计算圆整后可选 $B = 30$mm，$m = 2$mm，小齿轮齿数 $z_1 = 17$。

4.4　注塑机合模系统的优化设计

例 4-4　图 4-5 所示是五铰双曲肘斜排列合模机构的运动简图，其工作原理为合模液压缸通过十字头驱动肘杆机构摆动，使动模板沿拉杆轴向移动，实现开合模及锁模工艺要求。

当机构运动到终点前某一位置时，模具刚好碰上（令此时的 $\alpha = \alpha_0$，α_0 称为临界角），机构继续运动，迫使合模装置机件发生弹性变形，从而对模具产生压紧力（这种力称为锁模力），以保证注塑时模具不被胀模力顶开。运动终止时，杆 L_1 和 L_2 在同一直线上，处于自锁状态，这时即使合模液压缸卸荷，锁模力也不会消失。

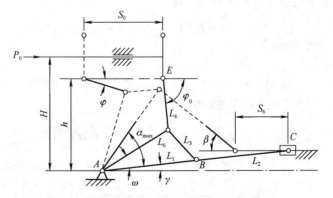

图 4-5　五铰双曲肘斜排列合模机构的运动简图

基于对注塑机合模系统的功能要求，一个好的合模机构应达到如下的设计要求：①在满足标准系列模板行程 S_b 的条件下，合模液压缸行程 S_0 越小越好，S_0 越小，动模板平均移模速度越大，同时机构长度也越短；②动模板运动速度能实现慢→快→慢的变化，速度转换平稳准确且没有合模冲击；③在合模进入临界角 α_0 以内变形阶段，力放大倍数越大越好，力放大倍数大可以使合模液压缸最大推力减少，也使合模液压缸内径减小，在同一液压泵流量的情况下，动模板速度更大；④要求合模机构总长度尽可能短，从而减少机器总的占地空间。

1）设计变量的选取。在满足要求的前提下，本例选取设计变量为 9 个，它们分别是：后连杆 L_1，杆长比 λ，后连杆支杆 L_6，推力杆 L_4，L_1 杆起始角 α_{max}，L_1 杆与 L_6 杆夹角 ω，斜排角 γ，临界锁模角 α_0，以及 A 点与十字头零件上 E 点在垂直方向的距离 h，即

$$X = (x_1 \quad x_2 \quad x_3 \quad x_4 \quad x_5 \quad x_6 \quad x_7 \quad x_8 \quad x_9)^T = (L_1 \quad \lambda \quad L_6 \quad L_4 \quad \alpha_{max} \quad \omega \quad \gamma \quad \alpha_0 \quad h)^T$$

2）目标函数的确定。根据和合模机构的一般设计要求，在满足原始数据动模板行程、速度、合模力及可运动条件的前提下，确定优化模型的目标为合模液压缸推力尽可能小、整个合模机构的总长度尽可能短及动模板运动特性达到最佳。目标函数为

$$F(X) = w_1 P_0(X) + w_2 L(X) + w_3 F_3(X)$$

式中，w_1、w_2、w_3 为权重系数，P_0 (X)、L (X)、F_3 (X) 分别为合模液压缸推力、机构总长度及运动特性函数。

各目标函数的表达式分述如下：

①合模液压缸推力 P_0。在锁模过程中，液压缸推力是不断变化的。为便于优化，以 $\dfrac{\alpha}{2}$ 处的液压缸推力作为模型的目标函数。具体表达式为

$$P_0 = \frac{3CKL_1^2(1 + \lambda)^2 \alpha_0^2 \sqrt{L_4^2 - \left[h - L_6 \sin \dfrac{\alpha_0}{2} + \gamma + \omega \right]^2}}{8L_4 L_6 \sin \left[\dfrac{\alpha_0}{2} + \omega + \arcsin \dfrac{h - L_6 \sin \dfrac{\alpha_0}{2} + \gamma + \omega}{L_4} \right]}$$

式中，K 为系统刚度；C 为安全系数，考虑摩擦、制造、安装及计算所造成的误差，为保证合模力始终大于机构变形力且有一定的安全裕度，一般取 $C = 1.1 \sim 1.2$。

②合模机构的总长度 L。这里作为目标函数考虑的是那些在设计变量改变后会引起机构总长度变化的那部分分量。即

$$L = L_1 \left(1 + \frac{1}{\lambda} \right) \cos\gamma + L_6 \left[\cos(\omega + \gamma) - \cos(\omega + \gamma + \alpha_{max}) \right]$$

$$- \sqrt{L_4^2 - \left[h - L_6 \sin(\alpha_{max} + \gamma + \omega) \right]^2} + \sqrt{L_4^2 - \left[h - L_6 \sin(\alpha_{max} + \gamma + \omega) \right]^2}$$

③运动特性函数 F_3 (X)。其数学表达式为模板实际速度曲线 V (X) 与预期理想曲线 f (X) 的平方和偏差最小。即

$$F_3(X) = \int_0^{\alpha_{max}} \left[V(\alpha) - f(\alpha) \right]^2 d\alpha = \sum_{i=1}^{N} \left[V(\alpha_i) - F(\alpha_i) \right]^2$$

式中，V (α) 通过对图 4-5 中 C 点的位移表达式求导得

$$V(\alpha) = \frac{\cos\varphi L_1 \sin(\alpha + \beta + \gamma)}{\sqrt{1 - \left[\lambda \sin(\alpha + \gamma) - (\lambda + 1) \sin\gamma \right]^2} L_3 \sin(\alpha + \omega + \varphi + \gamma)} \frac{4Q_0}{\pi D_{\text{缸}}^2}$$

其中
$$\varphi = \arcsin \frac{h - L_6 \sin(\alpha_{max} + \omega + \gamma)}{L_4}$$

$$\beta = \arccos \sqrt{1 - [\lambda \sin(\alpha + \gamma) - (\lambda + 1)\sin\gamma]^2}$$

$f(\alpha)$ 曲线的设定必须保证动模板的运动有效地实现慢→快→慢及转换平稳无冲击的目标。

3) 约束条件的建立。

①合模力 P_{cm} 和动模板行程 S_b。合模力、动模板行程必须满足注塑机标准系列的要求，从而有如下的约束条件

$$G_1(X) = \frac{KL_1(1 + \lambda)\alpha_0^2}{2} - P_{cm} \geqslant 0$$

$$G_2(X) = L_1(1 + \frac{1}{\lambda})\cos\gamma - L_1\cos(\alpha_{max} + \gamma) - L_1$$

$$\sqrt{\frac{1}{\lambda^2} - [\sin(\alpha_{max} + \lambda) - (1 + \frac{1}{\lambda})\sin\lambda]^2} - S_b \geqslant 0$$

②防碰撞干扰。在实际应用设计中，$\alpha + \gamma \geqslant 90°$，由于此类合模机构为对称的双曲肘形式，为防止 L_1 杆摆动时的碰撞干扰，显然应满足

$$G_3(X) = H - \Delta h - L_1 \geqslant 0$$

式中，H 一般按注塑机标准系列中规定的拉杆间距确定；Δh 为连杆 L_1 和 L_3 连接的销轴中心到外壁的距离，可用类比法或者按合模力算出销轴半径和所需的连接销孔壁厚求得。

③防自锁。为保证合模开始时不出现自锁及其有良好的力传递性，起始角

$$\rho = \alpha_{max} + \gamma + \omega + \varphi_{max} \geqslant 150°$$

即
$$G_4(X) = 150° - \alpha_{max} - \gamma - \omega - \varphi_{max} \geqslant 0$$

式中，φ_{max} 是对应于 α_{max} 时的 φ，即

$$\varphi_{max} = \arcsin \frac{h - L_6 \sin(\alpha_{max} + \omega + \gamma)}{L_4}$$

④对 φ 角的限制。由于五铰机构的累积误差比较大，若 φ 角过大，装配时往往造成 L_4 太短，结果使实际合模力达不到设计要求，如果太小易造成 L_4 和 L_6 相碰，传动角也很小，因此

$$\varphi_0 = \arcsin \frac{h - L_6 \sin(\omega + \gamma)}{L_4} \leqslant 80°$$

$$\varphi_{max} = \arcsin \frac{h - L_6 \sin(\omega + \gamma + \alpha_{max})}{L_4} \geqslant -80°$$

得约束条件

$$G_5(X) = 0.9848 - \frac{h - L_6 \sin(\omega + \gamma)}{L_4} \geqslant 0$$

$$G_6(X) = 0.9848 + \frac{h - L_6 \sin(\alpha_{max} + \omega + \gamma)}{L_4} \geqslant 0$$

⑤对 L_3 杆的限制。一般情况下 L_3 较短，因此 L_3 杆有如下的限制

$$G_7(X) = \sqrt{L_1^2 - L_6^2 - 2L_1L_6\cos\omega} - B \geqslant 0$$

式中，B 包括 L_4 和 L_2 连接销轴半径以及所需连杆销孔壁厚之和。

⑥其他约束条件。为了提高计算效率，减少不必要的占机时间，根据经验和类比，在不影响向最优值收敛的条件下，确定优化变量的上、下限，即 $A_i \leqslant X_i \leqslant B_i$。

4）综上所述，该数学模型是一个多目标的设计决策模型，其模型表达式为

$$\min F(X) = w_1 P_0(X) + w_2 L(X) + w_3 F_3(X)$$

$$\text{s. t.} \quad G_1(X) = \frac{KL_1(1+\lambda)\alpha_0^2}{2} - P_{cm} \geqslant 0$$

$$G_2(X) = L_1\left(1+\frac{1}{\lambda}\right)\cos\gamma - L_1\cos(\alpha_{\max}+\gamma) -$$

$$L_1\sqrt{\frac{1}{\lambda^2} - \left[\sin(\alpha_{\max}+\lambda) - \left(1+\frac{1}{\lambda}\right)\sin\lambda\right]^2} - S_b \geqslant 0$$

$$G_3(X) = H - \Delta h - L_1 \geqslant 0$$

$$G_4(X) = 150° - \alpha_{\max} - \gamma - \omega - \varphi_{\max} \geqslant 0$$

$$G_5(X) = 0.9848 - \frac{h - L_6\sin(\omega+\gamma)}{L_4} \geqslant 0$$

$$G_6(X) = 0.9848 + \frac{h - L_6\sin(\alpha_{\max}+\omega+\gamma)}{L_4} \geqslant 0$$

$$G_7(X) = \sqrt{L_1^2 - L_6^2 - 2L_1L_6\cos\omega} - B \geqslant 0$$

其中，$X = (x_1 \quad x_2 \quad x_3 \quad x_4 \quad x_5 \quad x_6 \quad x_7 \quad x_8 \quad x_9)^T = (L_1 \quad \lambda \quad L_6 \quad L_4 \quad \alpha_{\max} \quad \omega \quad \gamma \quad \alpha_0 \quad h)^T$。

权重系数 $\sum\limits_{i=1}^{3} w_i = 1$。在多目标决策问题中，一般可用每个目标的权重系数来反映各目标之间的相对重要性，越重要的目标相应的权重系数越大。

5）该数学模型是一个非线性规划问题，用目标函数的求导及海赛矩阵非常麻烦，故采用直接求解的复合形法求最优值。基于上述模型，以某厂生产的 SZ250/100 注塑机为实际计算例子。该注塑机合模是四铰链双曲肘，利用模型优化前后的参数见表 4-1。

表 4-1 模型优化前后参数对照

名 称	L_1	L_2	λ	L_4	h	$\alpha_0/(°)$	$\alpha_{\max}/(°)$	S_b	S_0
原始参数	190	329	0.578	179.12	190.0	5.37	128	340	478
优化参数	195	300	0.650	182.00	181.7	4.10	119	340	460

根据优化前后的参数，计算动模板速度 $V_b(\alpha)$，数据分析表明速度曲线符合慢→快→慢的工艺要求，且速度变化比较平稳。当 $\alpha = \frac{\alpha_0}{2}$ 时，力放大倍数 $M = 60$，这在同类机中是比较高的。与原设计相比，在 α_0 以内机构变形阶段合模液压缸最大推力降低 5%，动模板平均速度提高 7%，合模液压缸行程也有一定程度的下降。这进一步验证了该数学模型及优化过程的合理性。

4.5　起重机工作机构的优化设计

例 4-5　图 4-6 所示为某港口起重机工作机构示意图，O_1A 为起重臂，O_2 和 F 点安装滑轮，其中 O_2 固定在机架上，F 随起重臂一起运动。随着起重臂俯仰角 θ 改变，将货物从轮船卸到码头，要求货物在移动过程中垂直方向晃动最小。

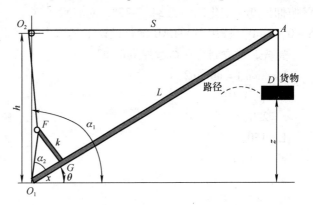

图 4-6　港口起重机工作机构示意图

1. 优化设计数学模型

当起重臂长度 L 和钢丝绳长度 S 一定时，影响货物移动轨迹的因素为 O_2 和 F 点的位置。O_2 点的位置由 α_1 和 h 确定，α_1 为 O_1O_2 和水平面夹角，h 为 O_2 点到水平面的垂直距离。F 点的位置由 α_2 和 k 确定，α_2 为 O_1F 和起重臂的夹角，k 为 F 点到起重臂的垂直距离。故设计变量为

$$X = (x_1 \quad x_2 \quad x_3 \quad x_4)^{\mathrm{T}} = (\alpha_1 \quad \alpha_2 \quad h \quad k)^{\mathrm{T}}$$

将起重臂俯仰角 θ 的变化范围 $[\theta_{\min}, \theta_{\max}]$ 分为 n 等份，则

$$\theta_i = \theta_{\min} + i(\theta_{\max} - \theta_{\min})/n \quad (i = 0, 1, \cdots, n)$$

对应起重臂任意角度 θ_i 时货物的垂直高度 Z_i 为

$$Z_i = L\sin\theta_i - \left[S - \left(\sqrt{L^2 + h^2 - 2Lh\cos(\alpha_1 - \theta_i)} + \right.\right.$$
$$\left.\left. \sqrt{h^2 + (k/\sin\alpha_2)^2 - 2hk\cos(\alpha_1 - \alpha_2 - \theta_i)/\sin\alpha_2} + k/\sin\alpha_2 \right) \right]$$

货物高度的均值 Z_{m} 为

$$Z_{\mathrm{m}} = \sum_i \frac{Z_i}{n+1}$$

目标函数为货物垂直高度相对于均值偏差的均方根，即

$$f(X) = \sqrt{\frac{\sum_i (Z_i - Z_{\mathrm{m}})^2}{n+1}}$$

约束条件为各设计变量的边界约束，即

$$g_1(X) = \alpha_{1\min} - \alpha_1 \leqslant 0$$
$$g_2(X) = \alpha_1 - \alpha_{1\max} \leqslant 0$$
$$g_3(X) = \alpha_{2\min} - \alpha_2 \leqslant 0$$
$$g_4(X) = \alpha_2 - \alpha_{2\max} \leqslant 0$$
$$g_5(X) = h_{\min} - h \leqslant 0$$
$$g_6(X) = h - h_{\max} \leqslant 0$$
$$g_7(X) = k_{\min} - k \leqslant 0$$
$$g_7(X) = k - k_{\max} \leqslant 0$$

式中，α_{1min}、α_{2min}、h_{min}、k_{min}分别为各设计变量下界；α_{1max}、α_{2max}、h_{max}、k_{max}分别为各设计变量上界。

2. 实例分析

已知某港口起重机起重臂长度 L 为150ft（1ft = 0.3048m），钢丝绳长度 S 为280ft。起重臂俯仰角度 θ 变化范围为34°~75°，对各设计变量的要求为 $75° \leq \alpha_1 \leq 180°$，$0° \leq \alpha_2 \leq 105°$，$h \geq 0$，$k \geq 0$。选用 MATLAB 优化设计工具箱中约束非线性优化命令进行优化。

首先，建立目标函数程序 objfun2.m：

```
function f = objfun2(x)
w = pi/180;
s = 280;                              % 钢丝绳长度
L = 150;                              % 起重臂长度
al = x(1) * w;                        % 设计变量 α₁
a2 = x(2) * w;                        % 设计变量 α₂
h = x(3);                             % 设计变量 h
k = x(4);                             % 设计变量 k
zsg = 0;
for i = 1:21                          % 将仰角 θ 分为 20 等份
st = (34 + (75 - 34)/20 * (i-1)) * w;  % 计算仰角 θᵢ
z(i) = L * sin(st) - s + sqrt(L^2 + h^2 - 2 * L * h * cos(al - st)) - sqrt(h^2 + (k/sin
(a2))^2 - 2 * h * k * cos(al - a2 - st)/sin(a2)) - k/sin(a2);
                                     % 计算垂直高度 Zᵢ
zsg = zsg + z(i);                     % 计算 ∑ᵢ Zᵢ
end
zm = zsg/21;                          % 计算均值 Zₘ
zg = 0;
for i = 1:21;
st = (34 + (75 - 34)/20 * (i-1)) * w;
z(i) = L * sin(st) - s + sqrt(L^2 + h^2 - 2 * L * h * cos(al - st)) + sqrt(h^2 + (k/sin(a2))^2
- 2 * h * k * cos(al - a2 - st)/sin(a2)) - k/sin(a2);
zg = (z(i) - zm)^2 + zg;              % 计算 ∑ᵢ (Zᵢ - Zₘ)²
end
f = sqrt(zg/21);                      % 目标函数
```

其次，建立约束条件程序 confun2.m：

```
function [c, ceq] = confun2(x)        % 非线性不等式约束
c(1) = x(1) - 180;
c(2) = 75 - x(1);
c(3) = x(2) - 105;
c(4) = -x(2);
```

$c(5) = -x(3);$

$c(6) = -x(4);$

$ceq = [\ ];$　　　　　　　　　　　　　% 非线性等式约束

最后，在 Command Window 键入 ming 命令

$x0 = [90, 45, 80, 20];$　　　　　　　　% 初始值 x0

options = optimset ('LargeScale','off');

options = optimset('Algorithm','active-set');　　% 选择 active-set 算法

$[x, fval] = fmincon (@objfun2, x0, [\ ],[\ ],[\ ],[\ ],[\ ],[\ ], @confun2, options)$

优化结果为

　　$x = (75.0000\quad 105.0000\quad 74.4965\quad 47.1272)$

　　$fval = 0.2013$

在起重臂举升过程中，优化方案和初始方案货物垂直方向位移偏差的对比如图 4-7 所示。

图 4-8 所示为起重机工作机构优化方案和初始方案结构对比。

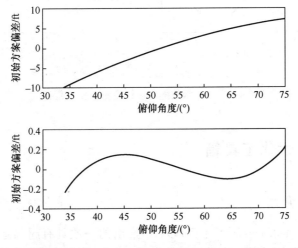

图 4-7　优化前后货物垂直方向位移偏差的对比

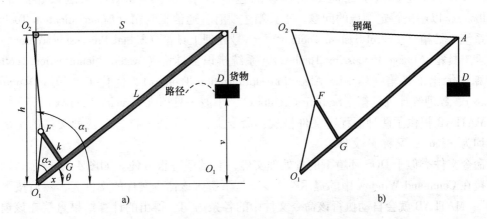

图 4-8　起重机工作机构初始方案和优化方案结构对比

以优化方案为基准，分别对各设计变量进行单因素分析，得到目标函数随各设计变量的变化规律如图 4-9 所示。由图 4-9 可见，优化结果是正确的。

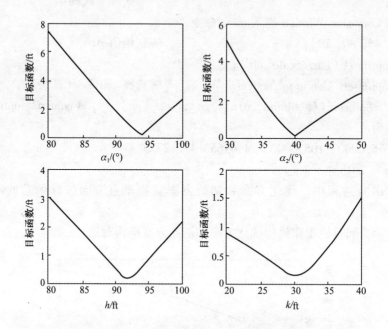

图 4-9　目标函数随各设计变量的变化规律

4.6　MATLAB 优化工具箱

4.6.1　MATLAB 介绍

MATLAB 是美国 MathWorks 公司于 1994 年推出的一款具有超强运算能力的计算软件。该软件具有功能强、使用简单、容易扩展等优点，已被广泛应用于研究和解决各种实际工程问题。MATLAB 还提供了面向专业领域的包含一系列专用 MATLAB 函数库的工具箱（Toolbox），以解决特定领域的问题。工具箱主要有：通信工具箱（Communication Toolbox）、控制系统工具箱（Control System Toolbox）、信号处理工具箱（Signal Processing Toolbox）、图像处理工具箱（Image Processing Toolbox）、系统辨识工具箱（System Identification Toolbox）、遗传算法优化工具箱（Genetic Algorithm Optimization Toolbox）、优化工具箱（Optimization Toolbox）、数理统计工具箱（Statistics Toolbox）、小波工具箱（Wavelet Toolbox）等。

MATLAB 提供了两种源程序文件格式：命令文件和函数文件。这两种文件的扩展名相同，均为".m"，又称 M 文件。

命令文件类似于 DOS 环境下的批处理文件，它的运行很方便。如图 4-10 所示，用户可以直接在 Command Window 中的提示符"＞＞"下键入该命令文件的文件名，然后按下"回车键"，MATLAB 就会自动执行该命令文件中的各条语句，得出的计算结果直接在该窗口显示出来。

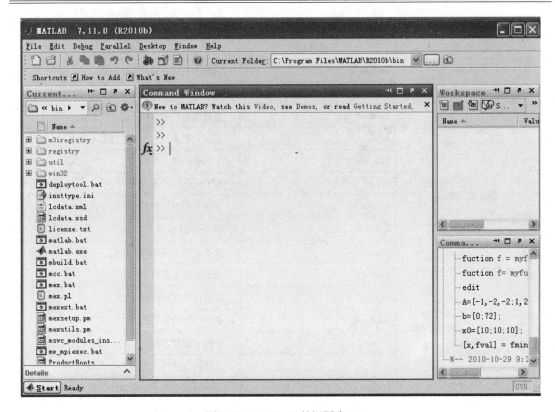

图 4-10　MATLAB 的视图窗口

函数文件是 MATLAB 程序设计的主流。一般情况下，使用函数文件格式编程。MATLAB 的 M 函数是由 Function 语句引导的，其基本格式是：

Function［返回变量列表］＝函数名（输入变量列表）　　％注释说明语句段

注释语句段的每行语句都应该由百分号（％）引导，百分号后面的内容不执行，只起注释作用。用户采用"help"命令可以显示出注释语句段的内容。

4.6.2　MATLAB 的优化工具箱

利用 MATLAB 的优化工具箱，可以求解线性规划、非线性规划和多目标规划问题。具体而言，包括线性、非线性最小化及最大化，二次规划，半无限问题，线性、非线性方程（组）的求解，线性、非线性的最小二乘问题。另外，该工具箱还提供了线性、非线性最小化，方程求解，曲线拟合，二次规划等问题中大型课题的求解方法，为优化方法在工程中的应用提供了更方便快捷的途径。

优化工具箱中常用的求极值函数见表 4-2 。

归纳总结上述函数，得出优化工具箱能求解的优化模型，如图 4-11 所示。

使用优化工具箱时，由于优化函数要求目标函数和约束条件满足一定的格式，所以需要用户在进行模型输入时注意以下几个问题：

1. 目标函数最小化

优化函数一般都要求目标函数最小化，如果优化问题要求目标函数最大化，可以通过使该目标函数的负值最小化即 $-f(X)$ 最小化来实现。

表 4-2　优化工具箱中常用的求极值函数

类　　别	函数名称	功能描述
极小化函数	fgoalattain	求解多目标规划的优化问题
	fmin	求解单变量函数的极小值
	fminbnd	求解边界约束条件下的非线性极小值
	fmincon	求解约束条件下的非线性极小值
	fminimax	求解最小最大极值
	fmins	同 fminsearch
	fminsearch	求解无约束条件下的非线性极小值
	fminu	同 fminunc
	fminunc	求解多变量函数的极小值
	fseminf	求解半无限条件下的极小值
	linprog	求解线性规划问题
	quadprog	求解二次规划问题
方程求解函数	fsolve	求解非线性方程
	fzero	求解标量非线性方程
最小二乘函数	lsqlin	求解约束条件下的线性最小平方问题
	lsqcurvefit	求解非线性曲线拟合问题
	lsqnonlin	求解非线性最小平方问题
	lsqnonneg	求解非负线性最小平方问题
优化控制函数	optimset	设置优化参数
	optimget	优化参数选择

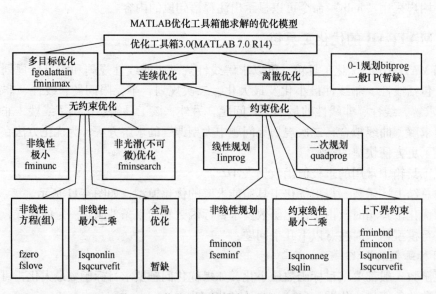

图 4-11　优化工具箱能求解的优化模型

2. 约束非正

优化工具箱要求非线性不等式约束的形式为 $C_i(x) \leqslant 0$，通过对不等式取负可以达到使大于零的约束形式变为小于零的不等式约束形式的目的，如 $C_i(X) \geqslant 0$ 等价于 $-C_i(X) \geqslant 0$，$C_i(X) \geqslant b$ 形式的约束等价于 $-C_i(X) + b \geqslant 0$。

4.6.3 线性规划问题

线性规划问题是指目标函数与约束函数都是变量 X 的线性函数。其一般形式为

$$\min f^{\mathrm{T}} X$$

$$\text{s. t.}\quad AX \leqslant b$$

$$A_{\mathrm{eq}} X = b_{\mathrm{eq}}$$

$$lb \leqslant X \leqslant ub$$

其中，X 为 n 维未知向量；$f^{\mathrm{T}} = (f_1 \quad f_2 \quad \cdots \quad f_n)$ 为目标函数系数向量，小于或等于约束系数矩阵，b 为其右端 m 维列向量；A_{eq} 为等式约束系数矩阵；b_{eq} 为等式约束右端常数列向量；lb、ub 为自变量取值上界和下界的 n 维常数向量。

线性规划问题一般用 **linprog** 函数求最优解。

1）语法：

x = **linprog**（f, A, b）

x = **linprog**（f, A, b, Aeq, beq）

x = **linprog**（f, A, b, Aeq, beq, lb, ub）

x = **linprog**（f, A, b, Aeq, beq, lb, ub, x0）

x = **linprog**（f, A, b, Aeq, beq, lb, ub, x0, options）

［x, fval］ = **linprog**（…）

［x, fval, exitflag］ = **linprog**（…）

［x, fval, exitflag, output］ = **linprog**（…）

2）说明：

x = **linprog**（f, A, b）返回值 x 为最优解向量。

x = **linprog**（f, A, b, Aeq, beq）作有等式约束的问题。若没有不等式约束，则令 A = ［ ］, b = ［ ］。

x = **linprog**（f, A, b, Aeq, beq, lb, ub, x0, options）中 lb、ub 为变量 x 的下界和上界，x0 为初始点，options 为指定优化参数进行最小化。

options 的参数描述：

① Display 显示水平。选择"off"不显示输出；选择"iter"显示每一步迭代过程的输出；选"final"显示最终结果。

② MaxFunEvals 为函数评价的最大允许次数。

③ Maxiter 为最大允许迭代次数。

④ TolX 为 x 处的终止容限。

［x, fval］ = **linprog**（…）为左端 fval 返回解 x 处的目标函数值。

［x, fval, exitflag, output, lambda］ = **linprog**（f, A, b, Aeq, beq, lb, ub, x0）的输出部分。

exitflag 描述函数计算的退出条件：若为正值，表示目标函数收敛于解 x 处；若为负值，表示目标函数不收敛；若为零值，表示已经达到函数评价或迭代的最大次数。

output 返回优化信息：output. iterations 表示迭代次数；output. algorithm 表示所采用的算法。

output. funcCount 表示函数评价次数。

lambda 为返回 x 处的 Lagrange 乘子。它有以下属性：

lambda. lower—— lambda 的下界。

lambda. upper—— lambda 的上界。

lambda. ineqlin —— lambda 的线性不等式。

lambda. eqlin —— lambda 的线性等式。

例 4-6 求解如下数学模型

$$\max f = 0.15x_1 + 0.1x_2 + 0.08x_3 + 0.12x_4$$
$$\text{s. t.} \quad x_1 - x_2 - x_3 - x_4 \leqslant 0$$
$$x_2 + x_3 - x_4 \geqslant 0$$
$$x_1 + x_2 + x_3 + x_4 = 1$$
$$x_j \geqslant 0 \quad (j = 1, 2, 3, 4)$$

首先需要将上述数学模型转化为求极小值的模型

$$\min f = -0.15x_1 - 0.1x_2 - 0.08x_3 - 0.12x_4$$
$$\text{s. t.} \quad x_1 - x_2 - x_3 - x_4 \leqslant 0$$
$$-x_2 - x_3 + x_4 \leqslant 0$$
$$x_1 + x_2 + x_3 + x_4 = 1$$
$$x_j \geqslant 0 \quad (j = 1, 2, 3, 4)$$

MATLAB 代码如下：

```
>>f = [ -0.15; -0.1; -0.08; -0.12 ];
A = [1 -1 -1 -1;0 -1 -1 1];
b = [0;0];
Aeq = [1 1 1 1];
beq = [1];
lb = zeros(3,1);
[ x,fval,exitflag ] = linprog( f,A,b,Aeq,beq,lb )
f = - fval
```

计算结果：

```
x =
    0.5000
    0.2500
    0.0000
    0.2500
fval =
    -0.1300
```

exitflag =

　　1

f =

　　0. 1300

上述结果中 exitflag 为正数，则说明过程收敛。

4. 6. 4　非线性规划问题

1. 无约束非线性规划问题

对于无约束优化问题，如果函数连续的话，一般使用 **fminunc** 函数，如果函数不连续则使用 **fminsearch** 函数，对于二次以上的问题 **fminsearch** 比 **fminunc** 函数具有更好的寻优效果。

（1） **fminunc** 函数

1） 语法：

x = **fminunc**(fun , x0)

x = **fminunc**(fun , x0 , options)

x = **fminunc** (fun , x0 , options , P1 , P2)

$[x , fval] = $ **fminunc**(⋯)

$[x , fval , exitflag] = $ **fminunc**(⋯)

$[x , fval , exitflag , output] = $ **fminunc**(⋯)

$[x , fval , exitflag , output , grad] = $ **fminunc**(⋯)

$[x , fval , exitflag , output , grad , hessian] = $ **fminunc**(⋯)

2） 说明：fun 为需最小化的目标函数；x0 为给定的搜索的初始点；options 指定优化参数。返回的 x 为最优解向量；fval 为 x 处的目标函数值；exitflag 描述函数的输出条件；output 返回优化信息；grad 返回目标函数在 x 处的梯度；hessian 返回在 x 处目标函数的海赛矩阵信息。

例 4-7　求 $\min f = 4x^2 + 5xy + 2y^2$。

需要先编辑 myfun. m 文件：

function f = myfun(x)

f = 4 * x(1)^2 + 5 * x(1) * x(2) + 2 * x(2)^2;

取初始点:x0 = (1,1),在 Command Window 输入：

x0 = [1,1];

[x , fval , exitflag] = fminunc(@ myfun , x0)

运算结果：

x =

　　1. 0e − 005 　*

　　　0. 2490　−0. 4397

fval =

　　8. 7241e −012

exitflag =　　1

（2）**fminsearch** 函数

语法：

x = **fminsearch**(fun, x0)

x = **fminsearch**(fun, x0, options)

x = **fminsearch**(fun, x0, options, P1, P2)

[x, fval] = **fminsearch**(⋯)

[x, fval, exitflag] = **fminsearch**(⋯)

[x, fval, exitflag, output] = **fminsearch**(⋯)

[x, fval, exitflag, output, grad] = **fminsearch**(⋯)

[x, fval, exitflag, output, grad, hessian] = **fminsearch**(⋯)

参数及返回变量与 **fminunc** 函数相同。

2. 多元非线性最小二乘问题

多元非线性二乘问题的数学模型为

$$\min f(x) = \sum_{i=1}^{m} f(x_i)^2 + L (L \text{ 为常数})$$

1）语法：

x = **lsqnonlin**(fun, x0)

x = **lsqnonlin**(fun, x9, lb, ub)

x = **lsqnonlin**(fun, x0, options)

x = **lsqnonlin**(fun, x0, options, P1, P2)

[x, resnorm] = **lsqnonlin**(⋯)

[x, resnorm, residual, exitflag] = **lsqnonlin**(⋯)

[x, resnorm, residual, exitflag, output] = **lsqnonlin**(⋯)

[x, resnorm, residual, exitflag, output, lambda] = **lsqnonlin**(⋯)

[x, resnorm, residual, exitflag, output, lambda, jacobianl = **lsqnonlin**(⋯)

2）说明：x 返回解向量；resnorm 返回 x 处残差的平方范数值 sum（fun（x）.^2）；residual 返回 x 处的残差值 fun（x）；lambda 返回包含 x 处拉格朗日乘子的结构参数；jacobian 返回解 x 处的 fun 函数的雅可比矩阵。

lsqnonlin 默认时选择大型优化算法。Lsqnonlin 通过将 optidns. LargeScale 设置为"off"来作中型优化算法，其采用一维搜索法。

例 4-8　求 $\min f = 4(x_2 - x_1)^2 + (x_2 - 4)^2$，选择初始点 $x_0(1,1)$。

MATLAB 代码：

f = '4 * (x(2) - x(1))^2 + (x(2) - 4)^2';

[x, reshorm] = lsqnonlin(f, [1,1])

结果：

x =

　　　3.9987　3.9987

reshorm =

　　　3.2187e - 012

3. 有约束非线性规划问题

有约束非线性规划数学模型为

$$\min F(X)$$
$$\text{s. t. } G_i(X) \le 0 \quad (i = 1, \cdots, m)$$
$$G_j(X) = 0 \quad (j = m+1, \cdots, n)$$
$$X_l \le X \le X_u$$

式中，$f(X)$ 为多元实值函数；$G(X)$ 为向量值函数。

在有约束非线性规划问题中，通常要将该问题转换为更简单的子问题，这些子问题可以求并作为迭代过程的基础。其基于 K – T 方程解的方法的 K – T 方程可表达为

$$f(X^*) + \sum_{i=1}^{n} \lambda_i^* \cdot \nabla G_i(X^*) = 0$$
$$\nabla G_i(X^*) = 0 \quad (i = 1, \cdots, m)$$
$$\lambda_i^* \ge 0 \quad (i = m+1, \cdots, n)$$

方程第一行描述了目标函数和约束条件在解处梯度的取消。由于梯度取消，需要用 Lagrange 乘子 λ_i 来平衡目标函数与约束梯度间大小的差异。

有约束非线性问题一般用 **fmincon** 函数求解。

1）语法：

x = **fmincon** (f, x0, A, b)

x = **fmincon** (f, x0, A, b, Aeq, beq)

x = **fmincon** (f, x0, A, b, Aeq, beq, lb, ub)

x = **fmincon** (f, x0, A, b, Aeq, beq, lb, ub, nonlcon)

x = **fmincon** (f, x0, A, b, Aeq, beq, lb, ub, nonlcon, options)

[x, fval] = **fmincon** (⋯)

[x, fval, exitflag] = **fmincon** (⋯)

[x, fval, exitflag, output] = **fmincon** (⋯)

[x, fval, exitflag, output, lambda] = **fmincon** (⋯)

2）说明：

x = fmincon (f, x0, A, b) 返回值 x 为最优解向量。其中，x0 为初始点；A、b 为不等式约束的系数矩阵和右端列向量。

x = fmincon (f, x0, A, b, Aeq, beq) 作有等式约束的问题。若没有不等式约束，则令 A = [ ]，b = [ ]。

x = fmincon (f, x0, A, b, Aeq, beq, lb, ub, nonlcon, options) 中 lb、ub 为变量 x 的下界和上界；nonlcon = @ fun，由 M 文件 fun. m 给定非线性不等式约束 c (x) ≤0 和等式约束 g (x) = 0；options 为指定优化参数进行最小化。

例 4-9　求解

$$\min f(X) = -x_1 x_2 x_3$$
$$\text{s. t. } 0 \le x_1 + 2x_2 + 2x_3 \le 72$$

首先建立目标函数文件 myfun. m 文件：

Function f = ff7 (x)

$$f = -x(1) * x(2) * x(3)$$

然后将约束条件改写成如下不等式

$$-x_1 - 2x_2 - 2x_3 \leqslant 0$$
$$x_1 + 2x_2 + 2x_3 \leqslant 72$$

在 Command Window 键入程序：

```
A = [ -1  -2  -2;1  2  2];
b = [0;72];
x0 = [10;10;10];
[x,fval] = fmincon(@ myfun,x0,A,b)
```

结果：

```
x =
    24.0000
    12.0000
    12.0000
fval =
    -3456
```

4.6.5 其他问题介绍

1. 二次规划问题

二次规划的数学模型

$$\min \frac{1}{2} X^{\mathrm{T}} H X + f^{\mathrm{T}} X$$

$$AX \leqslant b$$
$$A_{\mathrm{eq}} X = b_{\mathrm{eq}}$$
$$lb \leqslant X \leqslant ub$$

式中，H 为二次型矩阵；A、A_{eq} 分别为不等式约束和等式约束系数矩阵。求解二次规划问题函数为 **quadprog**。

1）语法：

x = **quadprog** （H, f, A, b, Aeq, beq, lb, ub, x0, options）

[x, fval, exitflag, outputl, lambda] = **quadprog** （…）

2）说明：x0 为初始点；若无等式约束或无不等式约束，就将相应的矩阵和向量设置为空；options 为指定优化参数。输出参数中，x 是返回最优解；fval 是返回解所对应的目标函数值；exitflag 是描述搜索是否收敛；output 是返回包含优化信息的结构；lamdba 是返回 x 包含拉格朗日乘子的参数。

例 4-10 求解二次规划问题

$$\min f(X) = x_1 - 3x_2 + 3x_1^2 + 4x_2^2 - 2x_1 x_2$$
$$\mathrm{s.\,t.}\ 2x_1 + x_2 \leqslant 2$$
$$-x_1 + 4x_2 \leqslant 3$$

MATLAB 代码如下：

```
f = [1; -3];
H = [6   -2; -2   8];
A = [2   1; -1   4];
b  = [2; 3]
[x, fval, exitflag] = quadprog( H, f, A, b)
```

结果：

x =

　　 – 0. 0455

　　 0. 3636　.

fval =

　　 – 0. 5682 .

exitflag ＝

　　　　　　 1

2. 多目标规划问题

对于多目标规划，其数学模型为

$$\min(f_1(X) \quad f_2(X) \quad \cdots \quad f_m(X))$$
$$\text{s. t. } g_j(X) \leqslant 0 \quad (j = 1, 2, \cdots, n)$$

先设计与目标函数相应的一组目标值理想化向量$(f_1^* \quad f_2^* \quad \cdots \quad f_m^*)$，再设 γ 为一松弛因子标量，设 $W = (w_1 \quad w_2 \quad \cdots \quad w_m)$ 为权值系数向量，于是多目标规划问题化为

$$\min_{x,r} \gamma$$
$$f_j(X - w_j\gamma \leqslant f_j^* \quad (j = 1, 2, \cdots, m)$$
$$g_j(X) \leqslant 0 \quad (j = 1, 2, \cdots, k)$$

在 MATLAB 的优化工具箱中，**fgoalattain** 函数用于解决此类问题。

其数学模型形式为

$$\min \gamma$$
$$\min f(X) - weight \cdot \gamma \leqslant goal$$
$$c(X) \leqslant 0$$
$$c_{eq}(X) = 0$$
$$AX \leqslant b$$
$$A_{eq}X = b_{eq}$$
$$lb \leqslant X \leqslant ub$$

式中，X、$weight$、$goal$、b、b_{eq}、lb 和 ub 为向量；A 和 A_{eq} 为矩阵；$c(X)$、$c_{eq}(X)$ 和 $f(X)$ 为函数。

1）语法：

x = **fgoalattain** (F , x0, goal, weight, A , b, Aeq, beq, lb, ub, nonlcon, options , P1, P2)

[x , fval, attainfactor, exitflag , output , lambda] = fgoalattain (⋯)

2）说明：F 为目标函数；x0 为初值；goal 为 F 达到的指定目标；weight 为参数指定权重；A、b 为线性不等式约束的矩阵与向量；Aeq、beq 为等式约束的矩阵与向量；lb、ub 为变量 x 的上、下界向量；nonlcon 为定义非线性不等式约束函数 c（x）和等式约束函数 ceq（x）；options 中设置优化参数。

例 4-11 求解如下问题

$$\min f_1\ (X)\ =2x_1+5x_2$$
$$\min f_2\ (X)\ =4x_1+x_2$$
$$s.\ t.\ x_1 \leqslant 5$$
$$x_2 \leqslant 6$$
$$x_1+x_2 \geqslant 7$$
$$x_1 \geqslant 0,\ x_2 \geqslant 0$$

首先编辑目标函数 M 文件 myfun. m

```
function f = myfun(x)
f(1) = 2 * x(1) + 5 * x(2);
f(2) = 4 * x(1) + x(2);
```

在 Command Window 输入命令：

```
goal = [20,12];
weight = [20,12];
x0 = [2,2]
A = [1 0; 0 1; -1 -1];
lb = zeros(2,1) ;
[x,fval,attainfactor, exitflag] = fgoalattain( @ myfun , x0, aoal, weight, A, b,[ ],[ ], lb,[ ])
```

结果：

```
x =
   2.9167    4.0833
fval =
   26.2500   15.7500
attainfactor =
       0.3125
exitflag =
         4
```

3. 最大最小化问题

最大最小化的数学模型为

$$\min_{x}\max_{\{F_i\}}\{F_i\ (X)\}$$
$$s.\ t.\ c\ (X)\ \leqslant 0$$
$$c_{eq}\ (X)\ =0$$
$$AX \leqslant b$$

$$A_{eq}X = b_{eq}$$
$$lb \leqslant X \leqslant ub$$

求解最大最小化问题的函数为 **fminimax**。

1）语法：

x = fminimax（F，x0，A，b，Aeq，beq，lb，ub，nonlcon，options）

[x，fval，maxfval，exitflag，output，lambda] = fminimax（…）

2）说明：F 为目标函数；x0 为初值；A、b 为线性不等式约束的矩阵与向量；Aeq、beq 为等式约束的矩阵与向量；lb、ub 为变量 x 的上、下界向量；nonlcon 为定义非线性不等式约束函数 c（x）和等式约束函数 ceq（x）；options 中设置优化参数。

x 返回最优解；fval 返回解 x 处的目标函数值；maxfval 返回解 x 处的最大函数值；exitflag 描述计算的退出条件；output 返回包含优化信息的输出参数；lambda 返回包含拉格朗日乘子的参数。

例 4-12　求解下列最大最小值

$$\min \max(f_1(X) \quad f_2(X) \quad f_3(X) \quad f_4(X))$$

其中

$$f_1(X) = 3x_1^2 + 2x_2^2 - 12x_1 + 35$$
$$f_2(X) = 5x_1x_2 - 4x_2 + 7$$
$$f_3(X) = x_1^2 + 6x_2$$
$$f_4(X) = 4x_1^2 + 9x_2^2 - 12x_1x_2 + 20$$

首先编辑 m 文件 myfun. m：

```
function f = myfun(x)
f(1) = 3 * x(1)^2 + 2 * x(2)^2 - 12 * x(1) + 35;
f(2) = 5 * x(1) * x(2) - 4 * x(2) + 7;
f(3) = x(1)^2 + 6 * x(2);
f(4) = 4 * x(1)^2 + 9 * x(2)^2 - 12 * x(1) * x(2) + 20;
```

取初值为 x0 =（1，1），调用优化函数，在 Command Window 输入命令：

```
x0 = [1 1];
[x，fval] = fminimax（@ myfun，x0）
```

结果：

```
x =
    1.7637    0.5317
fval =
    23.7331    9.5621    6.3010    23.7331
```

第 5 章 液压系统的建模与仿真

随着计算机技术的发展，计算机仿真得到了越来越广泛的应用。计算机仿真作为液压系统动态特性研究的一种重要手段，对液压系统进行优化设计，为液压系统的设计开发提供了一定的借鉴和指导。本章主要介绍计算机仿真对液压系统的重要性、概念、系统数学模型的建立和几种基本表述形式，连续系统普遍运用的一种数值积分法——四阶龙格 - 塔库法基本原理，并结合具体的液压系统介绍如何建立系统数学模型，并运用 MATLAB 进行求解。

5.1 液压系统计算机仿真的重要性

随着机电液一体化在现代设备中的应用，液压装置的造价通常达到工程机械设备的 20% ~30%，甚至超过 50%，因此对液压系统进行设计和分析时，运用计算机仿真技术则具有重大意义。在许多液压技术应用场合，如果设计人员在设计阶段就考虑液压系统的动静态特性，就可以缩短液压系统或元件的设计时间，避免重复试验和加工带来的损失，并且可以提前了解系统在动静态特性方面存在的问题并加以改进，而这些可通过对系统的动静态特性进行仿真来实现。计算机仿真技术不仅可以在设计中预测系统性能，减少设计时间，还可以通过仿真对所设计的系统进行整体分析和评估，从而达到优化系统、缩短设计周期和提高系统稳定性的目的。

5.2 计算机仿真的基本概念

所谓仿真，就是模仿真实事物，也就是用一个模型来模仿真实系统。基于这种定义，仿真分为物理仿真和数学仿真。物理仿真指的是用一个物理模型来仿真实际系统，也就是用一个由实际系统放大或缩小的模型来进行试验研究，它的理论基础是相似原理。数学仿真是通过数学模型来仿真实际系统。由于数学仿真需要对数学模型进行大量的解算，而这项工作往往依靠计算机来完成，因此，数学仿真又称为计算机仿真。近年来随着 MATLAB 等仿真软件的发展，计算机仿真得到了广泛的应用。

计算机仿真主要包括两个过程：①建立描述系统的数学模型；②将数学模型"模化"处理建立仿真模型，编制仿真程序，通过计算机对模型进行求解。

5.3 系统数学模型的建立

通常采用解析建模，即利用先验知识对系统进行分析建立系统的数学模型。所谓先验知识是前人已经证明过的定理及原理等，例如，建立某液压系统的数学模型时，可以利用流量连续方程、力学和液压传动方面的定理及原理。所建立的数学模型应具有准确性、简明性及适应性的特点。

系统的数学模型主要有如下表述形式。

1. 微分方程

微分方程式的推导通常基于物料平衡和能量平衡关系，通过运用先验知识对系统进行运动学或动力学等的分析便可写出微分方程式，如果各式中有些项与输入或输出变量有关，则应转化为它们的函数，从而找出输入与输出之间的关系，得到描述系统的微分方程模型。对于 n 阶系统，其微分方程模型的一般形式可描述为

$$\frac{\mathrm{d}^n y}{\mathrm{d}t^n} + a_1 \frac{\mathrm{d}^{n-1} y}{\mathrm{d}t^{n-1}} + \cdots + a_{n-1}\frac{\mathrm{d}y}{\mathrm{d}t} + a_n y = c_0 \frac{\mathrm{d}^{n-1} u}{\mathrm{d}t^{n-1}} + c_1 \frac{\mathrm{d}^{n-2} u}{\mathrm{d}t^{n-2}} + \cdots + c_{n-1} u$$

2. 传递函数

将微分方程模型进行拉氏变换或根据系统的方框图，都可写出用传递函数表述的系统模型。对于 n 阶系统，其传递函数模型的一般形式可描述为

$$G(s) = \frac{c_0 s^{n-1} + c_1 s^{n-2} + \cdots + c_{n-2} s + c_{n-1}}{s^n + a_1 s^{n-1} + \cdots + a_{n-1} s + a_n}$$

这种模型仅适用于单输入、单输出的线性系统。

3. 状态变量模型

系统的状态变量是确定系统状态的最少一组变量。由系统的状态变量构成的一阶微分方程组，称为系统的状态方程。输出量与状态变量间的函数关系式，称为系统的输出方程。把状态方程和输出方程综合起来便可构成一个对系统动态完整描述的状态变量模型。状态变量模型可通过微分方程转化法间接获得，也可由功率键合图法直接写出。

状态变量模型的一般表达式为

$$\begin{cases} \dot{X} = F(X, U, t) \\ Y = \Phi(X, t) \end{cases}$$

若为线性系统，则

$$\begin{cases} \dot{X} = A(t) + B(t)U \\ Y = C(t)X \end{cases}$$

状态变量模型可方便地用于分析非线性系统、时变系统、随机过程和采样数据系统以及多变量复杂的系统：任何 n 阶微分方程或任意个高阶微分方程组均可用 n 个一阶微分方程组或差分方程组代替，而且一阶微分方程组可用矩阵形式表示，简化了系统的数学表达，便于计算机求解。

5.4　系统模型的求解

应用 MATLAB 对数学模型进行求解主要有以下两条途径：

1）直接使用 MATLAB 中的 Simulink 工具箱进行仿真，一般分为两步：首先需要在仿真模型编辑窗口中搭建好自己的仿真模型，设置好具体模型参数和仿真参数；然后，用户就可以开始仿真，Simulink 将根据用户搭建的模型，模拟系统在用户设定条件下的具体行为。一个典型的 Simulink 模型由信源、系统及信宿三部分组成，如图 5-1 所示。这种方法可用于对

微分方程模型、传递函数模型、线性系统的状态变量模型进行求解。

2）将建立的系统数学模型进行二次模型化处理，变成一个仿真模型，如图 5-2 所示，通过编程进行求解，这种方法更多用于状态变量模型的仿真。

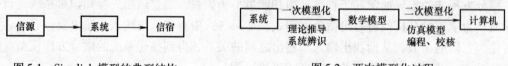

图 5-1　Simulink 模型的典型结构　　　　　图 5-2　两次模型化过程

5.5　四阶龙格 – 库塔法

对于连续系统通常采用数值积分法，其中四阶龙格 – 库塔法计算精度较高，是一种最为常用的数值积分方法。其计算公式为

$$y_{n+1} = y_n + \frac{h}{6}(k_1 + 2k_2 + 2k_3 + k_4)$$

式中

$$k_1 = f(t_n, y_n)$$

$$k_2 = f(t_n + \frac{h}{2}, y_n + \frac{h}{2}k_1)$$

$$k_3 = f(t_n + \frac{h}{2}, y_n + \frac{h}{2}k_2)$$

$$k_4 = f(t_n + h, y_n + hk_3)$$

这样，下一个值（y_{n+1}）由现在的值（y_n）加上时间间隔（h）和一个估算的斜率的乘积决定。该斜率是以下斜率的加权平均：

1）时间段开始时的斜率。

2）时间段中点的斜率，通过欧拉法采用斜率 k_1 来决定 y 在点 $t_n + h/2$ 的值。

3）是中点的斜率，但是这次采用斜率 k_2 决定 y 值。

4）时间段终点的斜率，其 y 值用 k_3 决定。

当四个斜率取平均时，中点的斜率有更大的权值

$$slope = \frac{k_1 + 2k_2 + 2k_3 + k_4}{6}$$

四阶龙格 – 库塔法是四阶方法，也就是说每步的误差是 h^5 阶，总积累误差为 h^4 阶。

5.6　液压系统仿真实例

在有关的工程设备中，对于停电或故障等意外情况的发生，出于安全等目的常设计有图 5-3 所示的液压系统。该液压系统在正常工作时蓄能器作为压力缓冲器能消除压力脉动，有效防止由于故障、液压缸突然停止运动造成的压力剧增，同时当发生停电及其他异常情况时，能作为应急动力源，使

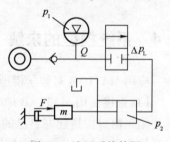

图 5-3　液压系统简图

执行元件能继续完成必要的动作，保证系统安全。现对泵停止供液时，活塞的运动进行仿真分析。其中，负载质量 $m = 5000\text{kg}$，阻尼系数 $f = 1\text{N}\cdot\text{s/m}$，阻力 $F = 200\text{N}$，液压缸活塞面积 $A = 0.01\text{m}^2$，气体常数 $G = 100000\text{N}\cdot\text{m}$，蓄能器气体原始容积 $V_0 = 0.5\text{m}^3$，阀的压力损失 $\Delta p_L = CQ^2$，系数 $C = 10^{10}\text{N}\cdot\text{s}^2/\text{m}^8$。

（1）系统分析　当二位二通阀打开时，蓄能器中的高压油流向液压缸，推动液压缸活塞伸出从而带动负载一起运动。考察活塞位移、速度、加速度随时间的变化。

（2）模型假设

1）蓄能器中气体的变化为等温变化。

2）整个回路中无泄漏，不考虑管路损失。

3）回油管路中的压力为0。

（3）模型建立

1）管路中流量

$$Q = A\frac{\mathrm{d}x}{\mathrm{d}t} \tag{5-1}$$

式中，x 为活塞位移；A 为活塞面积。

2）蓄能器中气体体积变化与压力关系

$$p_1 V_1 = G \tag{5-2}$$

式中，p_1 为蓄能器中气体的压力；V_1 为蓄能器中气体的体积，$V_1 = V_0 + Ax$；G 为气体常数，此处 $G = 100000\text{N}\cdot\text{m}$。

3）液压缸中高压油的压力

$$p_2 = p_1 - \Delta p_L \tag{5-3}$$

式中，Δp_L 为阀的压力损失，$\Delta p_L = CQ^2$。

对负载受力分析，列运动方程

$$p_2 A - F - f\frac{\mathrm{d}x}{\mathrm{d}t} = m\frac{\mathrm{d}x}{\mathrm{d}t^2} \tag{5-4}$$

式中，F 为负载所受阻力；f 为阻尼系数。

综合式(5-1)~式(5-4)，并整理得系统的数学模型为

$$m\frac{\mathrm{d}^2x}{\mathrm{d}t^2} = A\left[\frac{G}{V_0 + Ax} - CA^2\left(\frac{\mathrm{d}x}{\mathrm{d}t}\right)^2\right] - F - f\frac{\mathrm{d}x}{\mathrm{d}t} \tag{5-5}$$

初始条件：$x|_{t=0} = 0$，$\left.\frac{\mathrm{d}x}{\mathrm{d}t}\right|_{t=0} = 0$。令 $x_1 = x$，$x_2 = \frac{\mathrm{d}x}{\mathrm{d}t} = \dot{x}_1$，可将式（5-5）转化为状态方程

$$\dot{x}_1 = x_2$$

$$\dot{x}_2 = \frac{A}{m}\left(\frac{G}{V_0 + Ax_1} - CA^2 x_2^2\right) - \frac{F}{m} - \frac{f}{m}x_2$$

$$x_1(0) = 0, x_2(0) = 0$$

5.7 运用 MATLAB 编写程序求解

四阶龙格-库塔法是连续系统数值分析普遍采用的一种方法，计算精度高。本例介绍如何运用四阶龙格-库塔法仿真图 5-3 所示的液压系统。

设定仿真步长为 0.001s，仿真时间为 2s。为便于分析，每间隔 0.2s 输出一组参数，并绘出位移、速度、加速度曲线。程序流程图如图 5-4 所示。

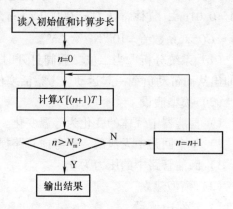

图 5-4 程序流程图

MATLAB 计算程序如下：

```
step = 0.001;                    % 设定仿真计算步长
nd = 2/step + 1;
a = zeros(11,4);                 % 预先设定数组变量,提高运算速度
x1 = zeros(1,nd);
x2 = zeros(1,nd);
x3 = zeros(1,nd);
x1(1) = 0;                       % 设定初始条件
x2(1) = 0;
n = 1;
A = 0.01;                        % 将系统中的已知条件赋值给变量
m = 5000;
f = 1;
F = 200;
v0 = 0.5;
G = 100000;
C = 1e10;
x3(1) = (A * G/v0 - F)/m;
for i = step:step:2              % 采用循环语句实现递推过程
n = n + 1;
x = x1(n - 1);
y = x2(n - 1);
k11 = y;                         % 求 k1、k2、k3、k4
k21 = A/m * (G/(v0 + A * x) - C * A^2 * y^2) - F/m - f/m * y;
x = x1(n - 1) + step/2 * k11;
y = x2(n - 1) + step/2 * k21;
k12 = y;
```

```
k22 = A/m * (G/(v0 + A * x) - C * A^2 * y^2) - F/m - f/m * y;
x = x1(n - 1) + step/2 * k12;
y = x2(n - 1) + step/2 * k22;
k13 = y;
k23 = A/m * (G/(v0 + A * x) - C * A^2 * y^2) - F/m - f/m * y;
x = x1(n - 1) + step/2 * k13;
y = x2(n - 1) + step/2 * k23;
k14 = y;
k24 = A/m * (G/(v0 + A * x) - C * A^2 * y^2) - F/m - f/m * y;
x1(n) = x1(n - 1) + 1/6 * (k11 + 2 * k12 + 2 * k13 + k14) * step;
x2(n) = x2(n - 1) + 1/6 * (k21 + 2 * k22 + 2 * k23 + k24) * step;
x3(n) = A/m * (G/(v0 + A * x1(n)) - C * A^2 * x2(n)^2) - F/m - f/m * x2(n);
end
z = 0;                          %将要显示的 11 个点处的数值赋值给变量,以便输出
step = 0.001;
for j = 0:0.5:2
z = z + 1;
a(z,1) = j;
a(z,2) = x1(1 + j/step);
a(z,3) = x2(1 + j/step);
a(z,4) = x3(1 + j/step);
end
disp(a)
step2 = 0.01;                   %绘图程序
b = 0:step2:2;
d = 1 + 2/step2;
s = zeros(1,d);
v = zeros(1,d);
a1 = zeros(1,d);
z2 = 0;
for k = 0:step2:2
z2 = z2 + 1;
s(z2) = x1(1 + k/step);
v(z2) = x2(1 + k/step);
a1(z2) = x3(1 + k/step);
end
plot(b,s,'k - ',b,v,'g:',b,a1,'r - . ')
xlabel('仿真时间')
ylabel('位移、速度、加速度')
```

legend('位移', '速度', '加速度')

通过四阶龙格-库塔法的 MATLAB 编程仿真结果如图 5-5 所示。

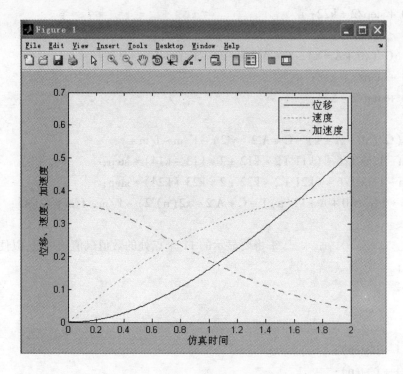

图 5-5　MATLAB 编程仿真结果

5.8　运用 Simulink 搭建仿真模型求解

Simulink 是一种图形化仿真工具包，能够进行动态系统建模、仿真和综合分析，可以处理线性和非线性系统，离散、连续和混合系统，以及单任务和多任务系统，并在同一系统中支持不同的变化速率。

5.8.1　Simulink 的功能

Simulink 是 MATLAB 中的一种可视化仿真工具，是一种基于 MATLAB 的框图设计环境，是实现动态系统建模、仿真和分析的一个软件包，被广泛应用于线性系统、非线性系统、数字控制及数字信号处理的建模和仿真中。Simulink 可以用连续采样时间、离散采样时间或两种混合的采样时间进行建模，它也支持多速率系统，也就是系统中的不同部分具有不同的采样速率。为了创建动态系统模型，Simulink 提供了一个建立模型方块图的图形用户接口（GUI），这个创建过程只需单击和拖动鼠标操作就能完成，它提供了一种更快捷、直接明了的方式，而且用户可以立即看到系统的仿真结果。

Simulink 是用于动态系统和嵌入式系统的多领域仿真和基于模型的设计工具。对各种时变系统，包括通信、控制、信号处理、视频处理和图像处理系统，Simulink 提供了交互式图形化环境和可定制模块库来对其进行设计、仿真、执行和测试。

构架在 Simulink 基础之上的其他产品扩展了 Simulink 多领域建模功能，也提供了用于设计、执行、验证和确认任务的相应工具。Simulink 与 MATLAB 紧密集成，可以直接访问 MATLAB 大量的工具来进行算法研发、仿真的分析和可视化、批处理脚本的创建、建模环境的定制以及信号参数和测试数据的定义。

5.8.2　Simulink 的特点

1）丰富的可扩充的预定义模块库。

2）交互式的图形编辑器来组合和管理直观的模块图。

3）以设计功能的层次性来分割模型，实现对复杂设计的管理。

4）通过 Model Explorer 导航、创建、配置、搜索模型中的任意信号、参数、属性，生成模型代码。

5）提供 API 用于与其他仿真程序的连接或与手写代码集成。

6）使用 Embedded MATLAB™模块在 Simulink 和嵌入式系统执行中调用 MATLAB 算法。

7）使用定步长或变步长运行仿真，根据仿真模式（Normal，Accelerator，Rapid Accelerator）来决定以解释性的方式运行或以编译 C 代码的形式来运行模型。

8）图形化的调试器和剖析器来检查仿真结果，诊断设计的性能和异常行为。

9）可访问 MATLAB，从而对结果进行分析与可视化，定制建模环境，定义信号参数和测试数据。

10）模型分析和诊断工具来保证模型的一致性，确定模型中的错误。

5.8.3　基于 Simulink 建模方法

1. Simulink 的打开

在 MATLAB 命令窗口输入 "Simulink" 或者单击 MATLAB 工具栏中的 Simulink 图标，将打开 Simulink 模型库浏览器窗口，如图 5-6 所示。

2. Simulink 仿真的基本过程

建立一个模型应该按照一定的顺序，这样才能够不会遗漏某些步骤。下面给出一个创建 Simulink 模型的基本过程，这个过程并不是唯一的，可根据个人喜好而定。基本步骤如下：

1）根据系统具体情况，建立数学仿真模型。

2）打开一个空白模型编辑窗口，如图 5-7 所示。

3）拖放模块建立模型。

4）设置模块参数。

5）对模块进行连线。

6）设置仿真模型的系统参数。

7）运行仿真。

8）查看仿真结果。

9）保存文件，退出。

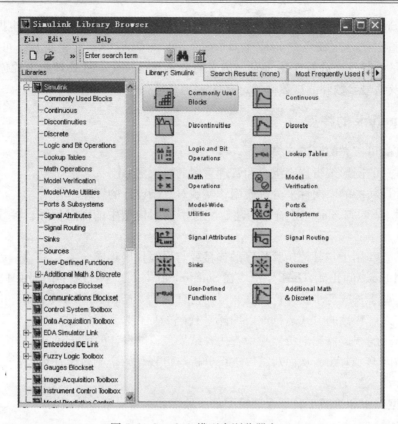

图 5-6　Simulink 模型库浏览器窗口

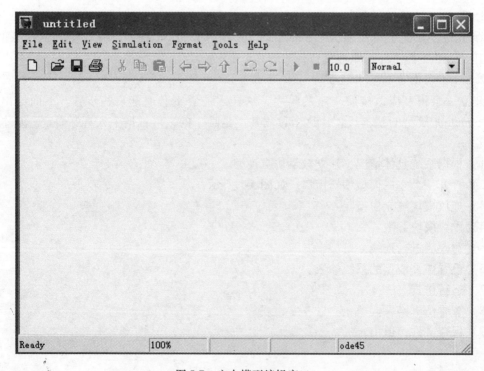

图 5-7　空白模型编辑窗口

3. 对液压系统进行仿真

1）保存空白模型编辑窗口，保存文件名为 model. mdl。

2）创建相应模块，如图 5-8 所示。

3）对模块进行以下设置：

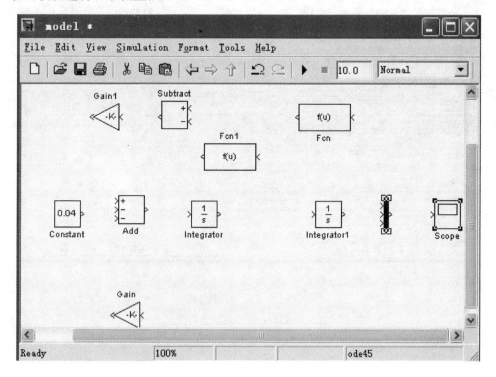

图 5-8 仿真模型模块图

①设置 Constant 模块。双击模块，弹出参数的对话框，设置如图 5-9 所示，常数值为 0.04，然后单击 "OK" 按钮。

②设置 Gain 模块。双击模块，弹出参数的对话框，设置如图 5-10 所示，设置增益的值为 0.0002，然后单击 "OK" 按钮。

③设置 Gain1 模块。双击模块，弹出参数的对话框，设置如图 5-11 所示，常数值为 0.000002，然后单击 "OK" 按钮。

④设置 Subtract 模块。双击模块，弹出参数的对话框，设置如图 5-12 所示，符号为 + -，然后单击 "OK" 按钮。

⑤设置 Add 模块。双击模块，弹出参数的对话框，设置符号为 + - -，然后单击 "OK" 按钮。

⑥设置 Fcn 模块。双击模块，弹出参数的对话框，设置如图 5-13 所示，设置函数表达式为 $100000/(0.5 + 0.01 * u)$，然后单击 "OK" 按钮。

⑦设置 Fcn1 模块。双击模块弹出参数的对话框，设置如图 5-14 所示，设置函数表达式为 $10000000000 * (0.01)^2 * u^2$，然后单击 "OK" 按钮。

4）连接模块，如图 5-15 所示。

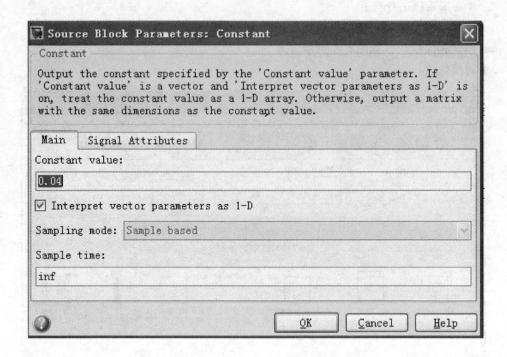

图 5-9　Constant 模块设置对话框

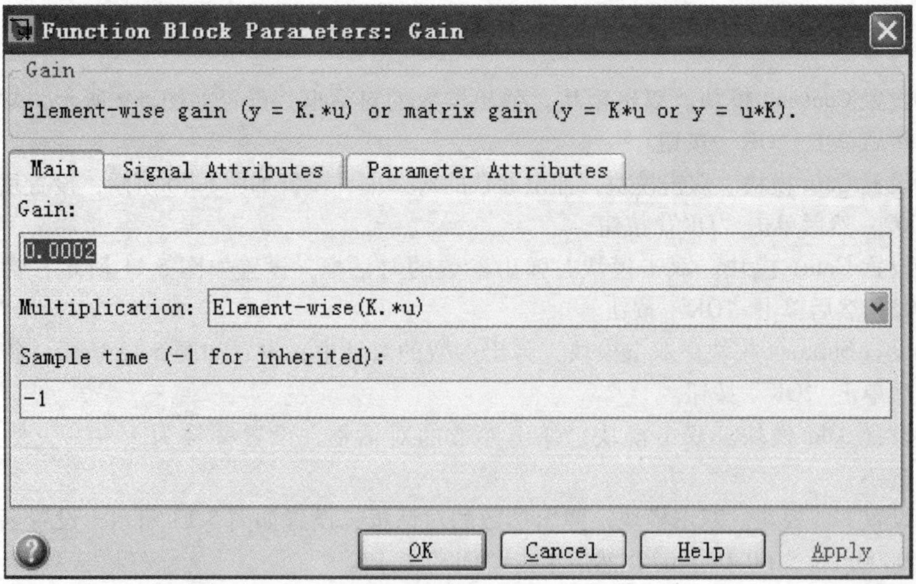

图 5-10　Gain 模块设置对话框

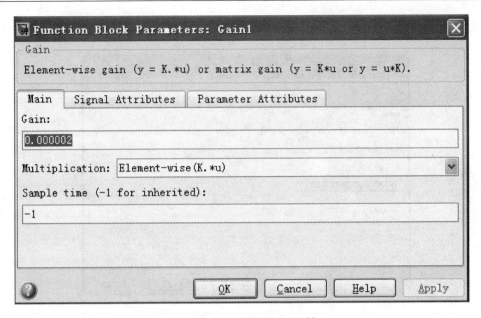

图 5-11　Gain1 模块设置对话框

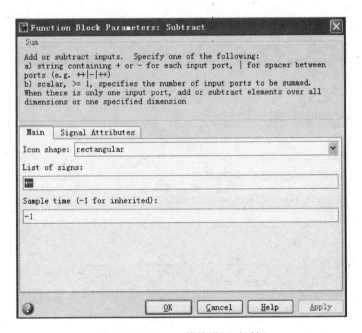

图 5-12　Subtract 模块设置对话框

5）对模型的系统参数进行设置，选择 Simulation→Configuration Parameters 命令，弹出"Configuration Parameters"对话框，如图 5-16 所示。

・Start time 为仿真开始时间，在此取默认值 0。

・Stop time 为仿真结束时间，在此修改为 2。

・Type 为是否固定步长，在此选择 Variable-step。

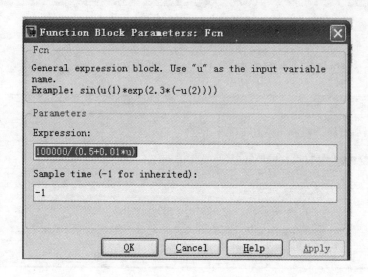

图 5-13 Fcn 模块设置对话框

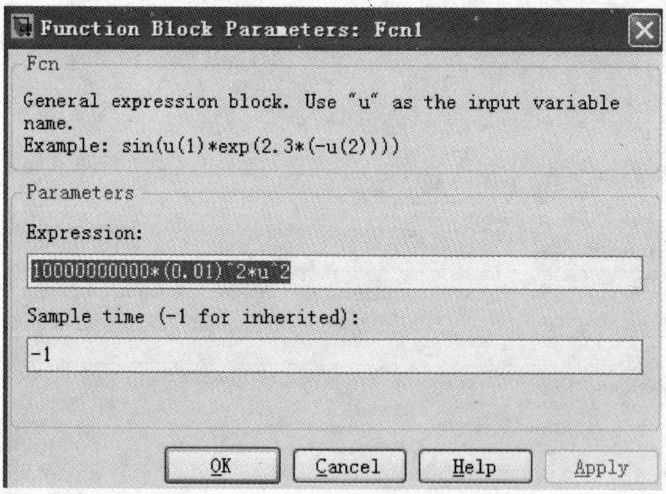

图 5-14 Fcn1 模块设置对话框

·Solver 为计算方法，在此选择 ode45 方法。

其他选项，在此不需设置。

6）运行仿真。单击▶按钮，或者选择 Simulation→Start 命令，或者按〈Ctrl + T〉快捷键。

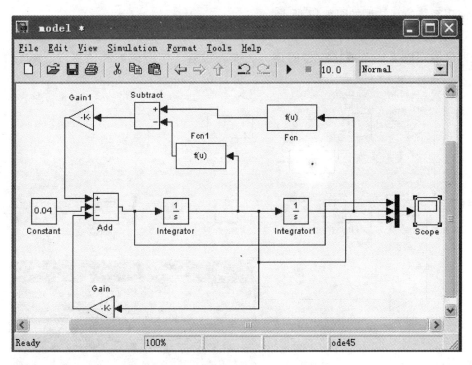

图 5-15   系统仿真模型结构图

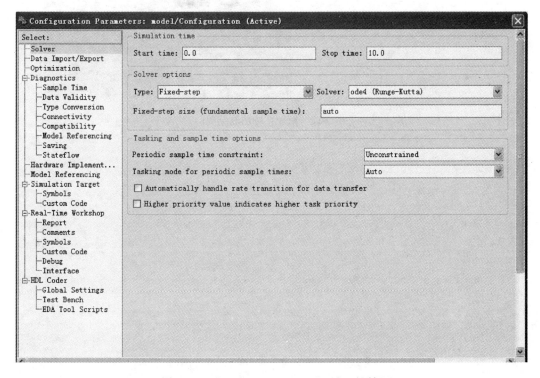

图 5-16   "Configuration Parameters" 对话框

7）查看运行结果。双击 Scope 模块，弹出液压系统位移、速度、加速度曲线，调整坐标轴，液压系统仿真结果如图 5-17 所示。

8）保存文件。

至此已经完成了一个液压模型的建立、模块设置、模型设置和仿真以及最后的结果显示。

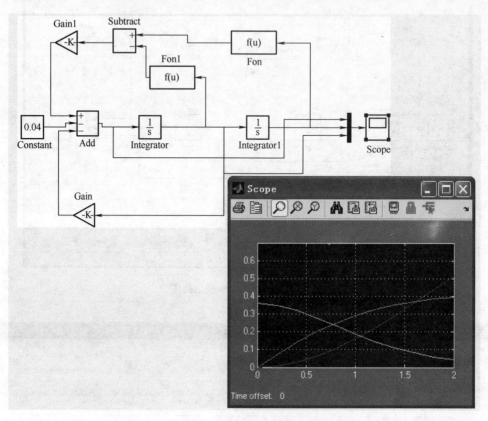

图 5-17 液压系统仿真结果

第 6 章　弹性力学基础理论

6.1　引言

工程中最简单的结构可以认为是铰支的杆件。它的性质完全类似于图 6-1 所示的单自由度弹簧，因为铰支杆件只能承受拉伸力和压缩力（二力杆）。因此，将以弹簧系统代替二力杆进行应力应变的分析。下面将引入最简单的弹簧系统。图 6-1 所示为一最简单的单自由度弹簧。在图 6-1 中，根据理论力学知识，可得到弹簧系统中力与弹簧伸长量之间的关系。由胡克定律可得

$$F = k\delta \tag{6-1}$$

$$\delta = \frac{1}{k}F \tag{6-2}$$

式中，F 为弹簧所受外力；k 为弹簧刚度系数；δ 为变形量。

处理比较复杂的铰支杆件系统时，则需采用矩阵的形式写出杆件系统受力和变形的关系。图 6-2 所示为一桁架系统，要确定系统在力 P 作用下节点 B、C、D、E 处的变形。为方便计算各个杆件的内应力和各个杆件所受的轴向力，也可和前面计算公式类似，不过此时系统刚度、各点位移和力均需要用矩阵来表示，即

$$\boldsymbol{F} = \boldsymbol{K\delta} \tag{6-3}$$

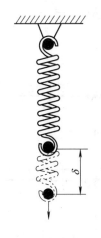

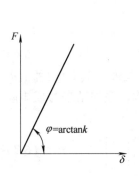

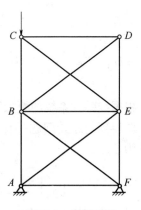

图 6-1　单自由度弹簧　　　　　　　　　图 6-2　桁架系统

6.2　弹簧系统的刚度矩阵

下面详细介绍推导弹簧系统刚度矩阵的基本过程。

图6-3所示为单个受力弹簧，其刚度系数为k，节点1的受力和位移为F_1和u_1，节点2的受力和位移为F_2和u_2。

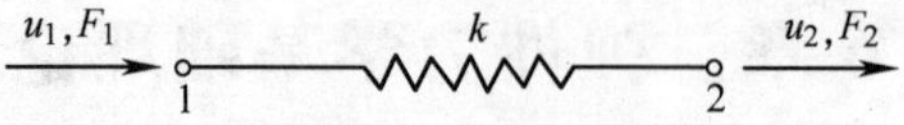

图6-3 单个受力弹簧

采用矩阵形式可写出弹簧的作用力向量和弹簧的位移向量分别如下

$$\begin{bmatrix} F_1 \\ F_2 \end{bmatrix}, \quad \begin{bmatrix} u_1 \\ u_2 \end{bmatrix}$$

根据前面单自由度弹簧变形与受力的关系公式，可得到如右方程

$$\begin{bmatrix} F_1 \\ F_2 \end{bmatrix} = \begin{bmatrix} k_{11} & k_{12} \\ k_{13} & k_{14} \end{bmatrix} \begin{bmatrix} u_1 \\ u_2 \end{bmatrix} \tag{6-4}$$

其中弹簧刚度矩阵 **K** 待求。

6.2.1 单个弹簧系统的分解与合成

可以将单个弹簧系统分解为几个简单的单自由度弹簧系统，再叠加合成，得到合成的变形与受力的关系矩阵。具体分解情形如下：

（a）节点1变形，节点2固定。

（b）节点2变形，节点1固定。

（c）根据线弹性系统的叠加原理，叠加（a）（b）两种情形，得到合成的系统矩阵。弹簧受力的分解与合成如图6-4所示。

在情形（a）中，节点2固定，则$u_2 = 0$，根据受力平衡方程可以得到

$$F_{1a} = ku_1, \ F_{1a} + F_{2a} = 0, \ F_{2a} = -F_{1a} = -ku_1 \tag{6-5}$$

同样，根据受力平衡方程，可以推导出情形（b）中的对应公式

$$F_1 = ku_1 - ku_2, \ F_2 = -ku_1 + ku_2, \ F_{2b} = -F_{1b} = -ku_2 \tag{6-6}$$

根据线弹性系统的叠加原理，叠加（a）（b）两种情形后，就得到与原始问题一样的结构，叠加结果写成矩阵形式为

$$\begin{bmatrix} F_1 \\ F_2 \end{bmatrix} = \begin{bmatrix} k & -k \\ -k & k \end{bmatrix} \begin{bmatrix} u_1 \\ u_2 \end{bmatrix} \tag{6-7}$$

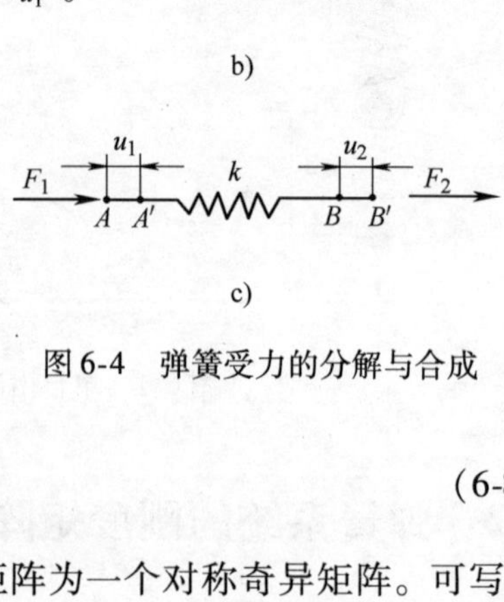

对应前面的普通矩阵公式

图6-4 弹簧受力的分解与合成

$$\begin{bmatrix} F_1 \\ F_2 \end{bmatrix} = \begin{bmatrix} k_{11} & k_{12} \\ k_{13} & k_{14} \end{bmatrix} \begin{bmatrix} u_1 \\ u_2 \end{bmatrix} \tag{6-8}$$

对照式（6-7）和式（6-8）可以看出，弹簧系统的刚度矩阵为一个对称奇异矩阵。可写成如下形式

$$\boldsymbol{K}^{\mathrm{e}} = \begin{bmatrix} k & -k \\ -k & k \end{bmatrix} \qquad (6\text{-}9)$$

式中，$\boldsymbol{K}^{\mathrm{e}}$ 所求的弹簧系统的刚度矩阵也称为单元刚度矩阵。

6.2.2　组合弹簧的刚度矩阵

前面推导了单个弹簧单元的刚度矩阵，让我们知道了一个弹簧单元的刚度矩阵的求法，这里可将它推广到多个弹簧单元的组合系统。下面介绍两组弹簧系统的刚度矩阵。图 6-5 所示为两组串联弹簧系统，两弹簧通过节点 2 连接。u_1、u_2、u_3 分别为节点 1、2、3 的位移，F_1、F_2、F_3 分别为节点 1、2、3 的受力，弹簧 1－2、2－3 的刚度系数分别为和 k_{a} 和 k_{b}。

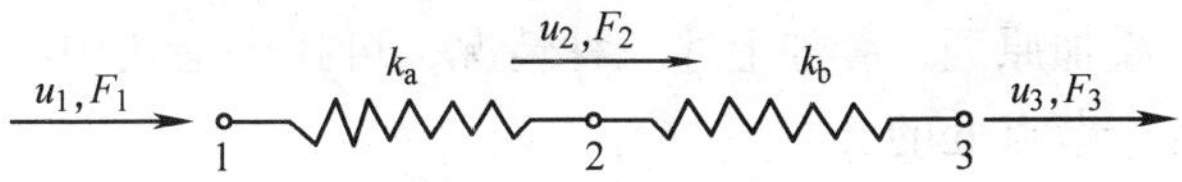

图 6-5　两组串联弹簧系统

为写成其刚度矩阵，对上述弹簧系统仍可采用分解与合成方法。将组合弹簧分解为图 6-6 所示的三种情形。其中，三种情形描述如下：

（a）$u_2 = u_3 = 0$，只允许节点 1 有位移。

（b）$u_1 = u_3 = 0$，只允许节点 2 有位移。

（c）$u_1 = u_2 = 0$，只允许节点 3 有位移。

在情形（a）中，由于只有节点 1 有位移，因此力与位移间的关系为

$$F_{1\mathrm{a}} = k_{\mathrm{a}} u_1 \qquad (6\text{-}10)$$

考虑弹簧 1－2，由静力平衡条件有

$$F_{2\mathrm{a}} = -F_{1\mathrm{a}} = -k_{\mathrm{a}} u_1 \qquad (6\text{-}11)$$

由于 $u_2 = u_3 = 0$，没有力作用于节点 3，因此可以得到

$$F_{3\mathrm{a}} = 0 \qquad (6\text{-}12)$$

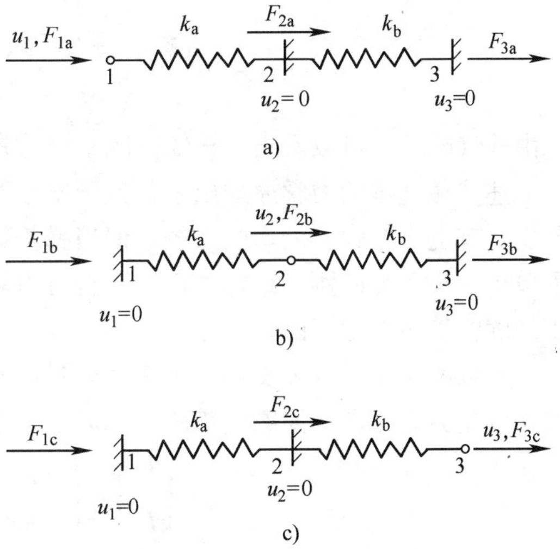

图 6-6　组合弹簧的分解与合成

在情形（b）中，只允许节点 2 有位移，此时每个弹簧在节点 2 要求有相同的位移，即弹簧 1－2 的伸长量等于弹簧 2－3 的伸长量。

分别对两弹簧求静力平衡，可以得到

$$F_{1\mathrm{b}} = -k_{\mathrm{a}} u_2 \qquad (6\text{-}13)$$

$$F_{2\mathrm{b}} = (k_{\mathrm{a}} + k_{\mathrm{b}}) u_2 \qquad (6\text{-}14)$$

$$F_{3\mathrm{b}} = -k_{\mathrm{b}} u_2 \qquad (6\text{-}15)$$

在情形（c）中，只允许节点 3 有位移，节点 1、2 位移为 0，和情形（a）一样，可以得到

$$F_{2b} = -F_{3c} = -k_b u_3 \tag{6-16}$$

$$F_{3c} = k_a u_3 \tag{6-17}$$

由于节点 1、2 无位移，可以得到

$$F_{1c} = 0 \tag{6-18}$$

最后将分解的弹簧系统合成，对整个弹簧系统来说有三个节点，每个节点只有一个方向的位移。故受力应有如下形式

$$
\begin{pmatrix} F_1 \\ F_2 \\ F_3 \end{pmatrix}
\begin{pmatrix} F_{11} & F_{12} & F_{13} \\ F_{21} & F_{22} & F_{23} \\ F_{31} & F_{32} & F_{33} \end{pmatrix}
\begin{pmatrix} u_1 \\ u_2 \\ u_3 \end{pmatrix} \tag{6-19}
$$

利用线弹性系统的叠加原理，叠加上述三种情况，可找出上式中 3×3 阶刚度矩阵各元素的表达式，下面为各个节点处的合力

$$F_1 = F_{1a} + F_{1b} + {}_{1c} = k_a u_1 - k_a u_2 + 0$$

$$F_2 = F_{2a} + F_{2b} + {}_{2c} = -k_a u_1 + k_a u_2 - k_b u_2 - k_b u_3$$

$$F_3 = F_{3a} + F_{3b} + F_{3c} = 0 - k_a u_2 + k_b u_3$$

将这一组方程写成矩阵的形式，就得到要求的两弹簧组合系统的刚度矩阵，即

$$
\boldsymbol{K} = \begin{pmatrix} k_a & -k_a & 0 \\ -k_a & k_a + k_b & -k_b \\ 0 & -k_b & k_b \end{pmatrix} \tag{6-20}
$$

由式（6-20）可以看出，该矩阵既是对称矩阵，又是奇异矩阵。

上述从最基本的力学原理出发，推导出了两个弹簧系统的刚度矩阵。用同样的方法可以求解出具有更多个弹簧的串联系统。但当弹簧数目增加时，推导过程就比较冗余乏味。在知道了单个弹簧单元的刚度矩阵式后，是否可以利用它来直接叠加出多个弹簧串联系统的总刚度矩阵呢？答案是肯定的。

下面以两个串联的弹簧系统为例加以具体阐述和推导。由前面的推导结论知道，每个弹簧单元的受力方程和单元刚度矩阵可写成如下形式

$$
\begin{bmatrix} F_1 \\ F_2 \end{bmatrix} = \begin{bmatrix} k_a & -k_a \\ -k_a & k_a \end{bmatrix} \begin{bmatrix} u_1 \\ u_2 \end{bmatrix}
$$

$$
\begin{bmatrix} F_2 \\ F_3 \end{bmatrix} = \begin{bmatrix} k_b & -k_b \\ -k_b & k_b \end{bmatrix} \begin{bmatrix} u_2 \\ u_3 \end{bmatrix}
$$

由于系统有三个节点（位移），将上述方程分别扩大成三阶方程，则可以得到两个刚度矩阵形式

$$
\begin{pmatrix} F_1 \\ F_2 \\ F_3 \end{pmatrix} = \begin{pmatrix} k_a & -k_a & 0 \\ -k_a & k_a & 0 \\ 0 & 0 & 0 \end{pmatrix} \begin{pmatrix} u_1 \\ u_2 \\ u_3 \end{pmatrix}
$$

$$
\begin{pmatrix} F_1 \\ F_2 \\ F_3 \end{pmatrix} = \begin{pmatrix} 0 & 0 & 0 \\ 0 & k_b & -k_b \\ 0 & -k_b & k_b \end{pmatrix} \begin{pmatrix} u_1 \\ u_2 \\ u_3 \end{pmatrix}
$$

将上述两式叠加，得到矩阵形式

$$
\begin{Bmatrix} F_1 \\ F_2 \\ F_3 \end{Bmatrix} = \begin{pmatrix} k_a & -k_a & 0 \\ -k_a & k_a+k_b & -k_b \\ 0 & -k_b & -k_b \end{pmatrix} \begin{Bmatrix} u_1 \\ u_2 \\ u_3 \end{Bmatrix} \tag{6-21}
$$

对照式（6-20）和式（6-21）可以看出，两者完全相同。这表明在推导两个串联弹簧系统的刚度矩阵时，不必按照前面传统的方法推导，如果能写出单个弹簧系统的单元刚度矩阵，通过矩阵的扩展和叠加，则可以得到整个弹簧系统的刚度矩阵。

同样，可以把上述结论推广到三个串联的弹簧系统、四个串联的弹簧系统，扩展到多个串联的弹簧系统。具体阐述如下：

对于具有 n 个节点的弹簧系统，由于每个节点只有一个可能的位移方向（一个自由度），因此整个系统有 n 个自由度，相应的总刚度矩阵应该是 $n \times n$ 阶的矩阵。假设先写成一个空的 $n \times n$ 阶矩阵，将单元刚度矩阵按单元的节点号写到空矩阵中去。以上面两弹簧系统为例，总刚度矩阵应是 3×3 阶的，第一个单元的节点号为 1、2，则单元刚度矩阵中的元素在总刚度矩阵中应在位置第 1、2 行的第 1、2 列。再将第二个单元（节点号为 2 和 3）的刚度矩阵叠加到总刚度矩阵的第 2、3 行和 2、3 列去，即可得到和原有的矩阵形式一样的刚度矩阵。

弹簧系统单元刚度矩阵可写为

$$
\boldsymbol{K}^{\mathrm{e}} = \begin{pmatrix} k_a & -k_a \\ -k_a & k_a \end{pmatrix}
$$

扩展第一单元矩阵，写成如下形式

$$
\begin{pmatrix} k_{11}^1 & -k_{12}^1 & 0 \\ -k_{11}^1 & k_{12}^1 & 0 \\ 0 & 0 & 0 \end{pmatrix}
$$

扩展第二单元矩阵得到

$$
\begin{pmatrix} 0 & 0 & 0 \\ 0 & k_{22}^2 & -k_{23}^2 \\ 0 & -k_{32}^2 & k_{33}^2 \end{pmatrix}
$$

将两个单元矩阵相叠加，得到的矩阵形式为

$$
\begin{pmatrix} k_{11}^1 & -k_{12}^1 & 0 \\ -k_{11}^1 & k_{12}^1 & 0 \\ 0 & 0 & 0 \end{pmatrix} + \begin{pmatrix} 0 & 0 & 0 \\ 0 & k_{22}^2 & -k_{23}^2 \\ 0 & -k_{32}^2 & k_{33}^2 \end{pmatrix} = \begin{pmatrix} k_{11}^1 & -k_{12}^1 & 0 \\ -k_{11}^1 & k_{12}^1+k_{22}^2 & -k_{23}^2 \\ 0 & -k_{23}^2 & k_{33}^2 \end{pmatrix} \tag{6-22}
$$

6.2.3　方程求解（约束条件的引入）

接下来将对式（6-3）进行求解。由前面的公式推导结论如式（6-19）、式（6-20）、式（6-21）可知，弹簧系统的刚度矩阵是奇异矩阵，那么它的行列式值为 0，矩阵的逆不存在。由线性代数的理论指导，该线性方程组无定解。根据弹簧系统的实际情况，这也是可以理解的。对前面的单个弹簧或者是多个弹簧系统，对整个位移 u 没有加以限制，即 u 无定值，故不能确定位移与力的具体定解。要使方程有定解，则还需给系统加上一定的约束。

在图 6-5 所示的串联弹簧系统中，设节点 1 固定不动，可得

$$\begin{pmatrix} F_1 \\ F_2 \\ F_3 \end{pmatrix} \begin{pmatrix} k_a & -k_a & 0 \\ -k_a & k_a+k_b & -k_b \\ 0 & -k_b & k_b \end{pmatrix} \begin{pmatrix} u_1=0 \\ u_2 \\ u_3 \end{pmatrix} \tag{6-23}$$

由此可以得到定解。

经过前面对弹簧系统的推导、计算和推广，可以总结出用有限元方法求解弹簧系统受力问题的思想主要为分解与合成。其基本步骤主要包括如下五步。

1）形成每个弹簧单元的刚度矩阵

$$\boldsymbol{K}^e = \begin{pmatrix} k & -k \\ -k & k \end{pmatrix}$$

2）由各个单元的刚度矩阵按节点号叠加成整个系统的刚度矩阵 $\boldsymbol{K}$。

3）引入约束条件，如位移、力等约束。

4）建立好刚度矩阵后，以节点位移为未知量来求解线性代数方程组。

$$\boldsymbol{F} = \boldsymbol{K\delta}$$

5）用每个单元的力 – 位移关系求得单元力。

6.2.4 实例分析

下面举一个实例来进行分析。

例 如图 6-7 所示的三串联弹簧系统，$k_1 = 1200\text{kN/m}$，$k_2 = 1800\text{kN/m}$，$k_3 = 1500\text{kN/m}$，节点 1 和节点 4 固定，在节点 2 和节点 3 处施加轴向力 10kN 和 20kN，求节点 2、节点 3 的位移和节点 1、节点 4 处的作用力。

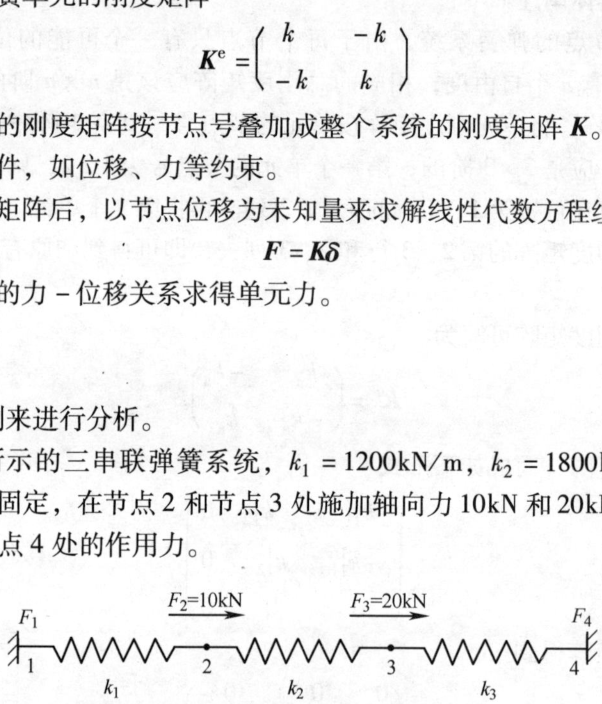

图 6-7 三串联弹簧系统

解： 边界条件：$u_1 = u_4 = 0$，u_2、u_3 为未知位移；$F_2 = 10\text{kN}$，$F_3 = 20\text{kN}$。由此可列出每个单元的刚度矩阵与受力方程。

对弹簧 1-2

$$\begin{bmatrix} F_1 \\ F_2 \end{bmatrix} = \begin{bmatrix} 1200 & -1200 \\ -1200 & 1200 \end{bmatrix} \begin{bmatrix} u_1 \\ u_2 \end{bmatrix} \tag{6-24}$$

对弹簧 2-3

$$\begin{bmatrix} F_2 \\ F_3 \end{bmatrix} = \begin{bmatrix} 1800 & -1800 \\ -1800 & 1800 \end{bmatrix} \begin{bmatrix} u_2 \\ u_3 \end{bmatrix} \tag{6-25}$$

对弹簧 3-4

$$\begin{bmatrix} F_3 \\ F_4 \end{bmatrix} = \begin{bmatrix} 1500 & -1500 \\ -1500 & 1500 \end{bmatrix} \begin{bmatrix} u_3 \\ u_4 \end{bmatrix} \tag{6-26}$$

将上述三个方程分别扩展为四阶矩阵，并进行叠加，然后得到弹簧系统总的结构矩阵方程

$$
\begin{pmatrix} F_1 = ? \\ F_2 = 10 \\ F_3 = 20 \\ F_4 = ? \end{pmatrix} = \begin{pmatrix} 1200 & -1200 & 0 & 0 \\ -1200 & 1200+1800 & -1800 & 0 \\ 0 & -1800 & 1800+1500 & -1500 \\ 0 & 0 & -1500 & 1500 \end{pmatrix} \begin{pmatrix} 0 \\ u_2 \\ u_3 \\ 0 \end{pmatrix} \tag{6-27}
$$

在式（6-27）中，划掉刚度矩阵中位移为 0 的行和列，则方程式变成如下形式

$$
\begin{bmatrix} 10 \\ 20 \end{bmatrix} = \begin{bmatrix} 3000 & -1800 \\ -1800 & 3300 \end{bmatrix} \begin{bmatrix} u_2 \\ u_3 \end{bmatrix} \tag{6-28}
$$

上述方程很容易求解，最后求解得：$u_2 = 0.0103603\text{m}$。$u_3 = 0.0117117\text{m}$，将 u_1、u_2、u_3 和 u_4 代入式（6-27），可解得节点 1 和节点 4 处的作用力

$$
F_1 = -12.432\text{kN}, \quad F_4 = -17.567\text{kN}
$$

简单加以校核

$$
F_1 + F_4 = -29.999\text{kN} \approx 30\text{kN}
$$

与初始值符合。

6.3   杆系结构的有限元法简介

前面通过弹簧系统使我们对有限元法有了一个初步认识，下面通过连续梁作为有限元法的入门向导。

有限元法的基本步骤如下：

离散化→单元分析→整体分析→解方程→计算结果。

下面按这个步骤用位移法计算一个简单的连续梁，然后进一步了解有限元位移的一些基本概念。

图 6-8 所示为一个连续梁，在铰接点处分别作用有力矩载荷为 M_1、M_2、M_3、求连续梁的内力。

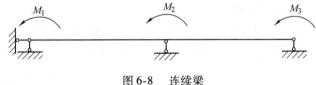

图 6-8   连续梁

6.3.1   离散化

杆系结构中，每一根杆都有自然的划分，所以，在进行杆系结构离散化划分单元时，之前将每个杆取为一个单元，称为杆单元，记为 e。据此，可将图 6-8 所示的梁划分为两个单元，分别称为单元 1、2，各个铰接点称为节点，统一编码为 1、2、3 为节点总码，将 M_1、M_2、M_3 称为节点力矩载荷，如图 6-9 所示。

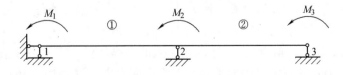

图 6-9   连续梁离散化

6.3.2 单元分析

单元分析就是对已划分的单元进行力学分析，没有必要对每一个单元都进行分析，而只需要对一个典型单元进行分析即可。为此，任取一个单元 e 进行分析，首先对该单元的两个端点重新编码为 i、j，称为局部码。在该单元的两个端点分布作用有 m_i^e 和 m_j^e 两个力矩，称为杆端力矩。在两个力矩的作用下杆发生变形，在节点 i、j 处分别产生了转角 θ_i^e 和 θ_j^e，称为节点转角。和弹簧系统的受力方程对应，这里可列出杆系力矩和节点转角的对应关系

$$\boldsymbol{m}^e = \boldsymbol{k}^e \boldsymbol{\theta}^e \tag{6-29}$$

式中，$\boldsymbol{m}^e = \begin{bmatrix} m_i \\ m_j \end{bmatrix}^e$ 为单元 e 的杆端力矩向量；$\boldsymbol{\theta}^e = \begin{bmatrix} \theta_i \\ \theta_j \end{bmatrix}^e$ 为单元 e 的节点转角向量；$\boldsymbol{k}^e = \begin{bmatrix} k_{ii} & k_{ij} \\ k_{ji} & k_{jj} \end{bmatrix}$ 为单元 e 的刚度矩阵，该单元矩阵是一个对称矩阵。

由此看出，单元分析的主要任务就是求出单元刚度矩阵 $\boldsymbol{k}^e$。

6.3.3 整体分析

整体分析的主要任务就是在单元分析的基础上得到整体刚度矩阵。如图 6-10 所示，各个节点力矩分布为 M_1、M_2 和 M_3，产生的节点转角分别为 θ_1、θ_2 和 θ_3。

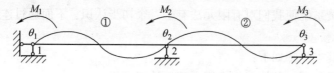

图 6-10 连续梁的节点转角

和前面弹簧系统的推导类似，在将杆件系统离散，得到单元刚度矩阵后，根据杆系节点数将单元刚度矩阵进行扩展，然后叠加杆系各个刚度矩阵，得到整体刚度矩阵，该方法称为刚度集成法。式（6-30）表达了节点转角向量与节点力矩向量的关系。

$$\begin{pmatrix} M_1 \\ M_2 \\ M_3 \end{pmatrix} = \begin{pmatrix} K_{11} & K_{12} & K_{13} \\ K_{21} & K_{22} & K_{23} \\ K_{31} & K_{32} & K_{33} \end{pmatrix} \begin{pmatrix} \theta_1 \\ \theta_2 \\ \theta_3 \end{pmatrix} \tag{6-30}$$

6.3.4 支撑条件的引入

为保证矩阵方程有确定解，一般要加上约束。在杆系整体刚度矩阵 $\boldsymbol{K}$ 建立后，也要引入支撑条件以便于进一步的分析（在有限元法中，往往称为边界条件）。结合连续梁继续讨论。如图 6-11 所示，节点 1、2 处受载荷 P_1 和 P_2，转角为未知量，节点 3 为固定端，节点力矩 M_3 为未知量，该处转角为 0。上述即为引入的支撑条件。有了上述条件，就可写出刚度矩阵，建立系统力矩和转角之间的关系，在固定端引入支撑条件（转角 =0），经过计算后得到相关的矩阵计算式，最后经过变形分析，求等效节点载荷，最后合成求出各杆的弯

矩，得到想要的解。具体推导过程这里不再详细分析讨论。

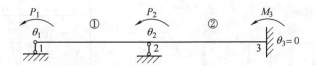

图 6-11 连续梁的支撑条件

这里概略介绍有限元法计算连续梁时应考虑的基本步骤如下：
1）整理原始数据，进行编码。
2）求在非节点载荷作用下的固定端力矩。
3）形成单元刚度矩阵。
4）形成整体刚度矩阵。
5）引入支撑条件。
6）解方程，求节点转角。
7）求各杆杆端弯矩。

6.4 弹性力学的基本知识

本课程的有限元法及相关软件要用到弹性力学的某些基本概念和基本方程。下面将对这些概念和方程作简单介绍，作为有限元法学习的预备知识。

6.4.1 材料力学与弹性力学的关系

下面将从研究内容、研究对象和研究方法三个方面分别加以阐述。

（1）研究内容 基本上没有什么区别。和材料力学一样，弹性力学也是研究弹性体在外力作用下的平衡和运动，以及由此产生的应力和变形。

（2）研究对象 有相同也有区别。材料力学基本上只研究杆、梁、柱、轴等杆状构件，即长度远大于宽度和厚度的构件。弹性力学虽然也研究杆状构件，但还研究材料力学无法研究的板与壳及其他实体结构，即两个尺寸远大于第三个尺寸，或三个尺寸相当的构件。

（3）研究方法 有较大的区别。虽然两者都从静力学、几何学与物理学三方面进行研究，但是在建立这三方面条件时，采用了不同的分析方法。材料力学是对构件的整个截面来建立这些条件的，因而要常常引用一些截面的变形状况或应力情况的假设。这样虽然大大简化了数学推演，但是得出的结果往往是近似的，而不是精确的。而弹性力学是对构件的无限小单元体来建立这些条件的，因而无需引用那些假设，分析的方法比较严密，得出的结论也比较精确。如求在铰支梁受到 y 方向的均布压力时其截面的应力分布，材料力学的计算结果如图 6-12 所示，而弹性力学计算的应力分布图如图 6-13 所示，后者更接近实际结果。在计算有中心孔的平板受拉时孔截面的应力分布时，图 6-14 和图 6-15 所示分别为采用材料力学知识和弹性力学方法计算得到的结果，也是后者更接近实际情况。所以，人们可以用弹性力学的解答来估计材料力学解答的精确程度，并确定它们的适用范围。

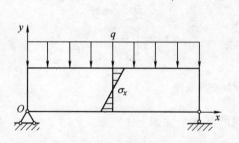
图 6-12　铰支梁的材料力学求解结果

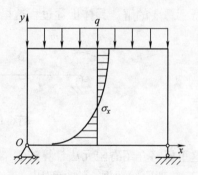
图 6-13　铰支梁的弹性力学求解结果

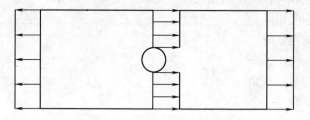

图 6-14　带孔板的材料力学求解结果

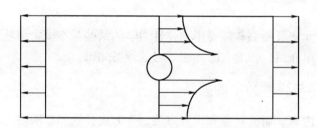

图 6-15　带孔板的弹性力学求解结果

　　总之，弹性力学与材料力学既有联系又有区别。它们都同属于固体力学领域，但弹性力学比材料力学研究的对象更普遍，分析的方法更严密，研究的结果更精确，因而应用的范围更广泛。但是，弹性力学也有其固有的弱点。由于研究对象的变形状态较复杂，处理的方法又较严谨，因而解算问题时，往往需要冗长的数学运算。但为了简化计算，便于数学处理，它仍然保留了材料力学中关于材料性质的假定。

6.4.2　弹性力学的假设

　　（1）物体是连续的　即物体整个体积内部被组成这种物体的介质填满，不留任何空隙。这样，物体内的一些物理量，如应力、应变、位移等才可以用坐标的连续函数来表示。

　　（2）物体是完全弹性的　即当使物体产生变形的外力被除去以后，物体能够完全恢复原形，而不留任何残余变形。这样，当温度不变时，物体在任一瞬时的形状完全决定于它在这一瞬时所受的外力，与它过去的受力情况无关。

　　（3）物体是均匀的　即整个物体是由同一种材料组成的。这样，整个物体的所有各部分才具有相同的物理性质，因而物体的弹性常数（弹性模量和泊松系数）才不随位置坐标而变。

（4）物体是各向同性的　即物体内每一点各个不同方向的物理性质和机械性质都是相同的。

（5）物体的变形是微小的　即当物体受力以后，整个物体所有各点的位移都远小于物体的原有尺寸，因而应变和转角都远小于1，这样，在考虑物体变形以后的平衡状态时，可以用变形前的尺寸来代替变形后的尺寸，而不致有显著的误差；并且，在考虑物体的变形时，应变和转角的平方项或乘积项都可以略去不计，这就使得弹性力学中的微分方程都成为线性方程。

6.4.3　应力的基本概念

作用于弹性体的外力（或称荷载）可能有两种，即表面力和体力。

表面力是分布于物体表面的力，如静水压力、一物体与另一物体之间的接触压力等。单位面积上的表面力通常分解为平行于坐标轴的三个成分，用记号 $\overline{X}$、$\overline{Y}$、$\overline{Z}$ 来表示。

体力是分布于物体体积内的外力，如重力、磁力、惯性力等。单位体积内的体力也可分解为三个成分，用记号 $\overline{x}$、$\overline{y}$、$\overline{z}$ 表示。

弹性体受外力（包括表面力和体力）以后，其内部将产生应力。应力是应重点掌握的概念，下面加以详细阐述。

弹性力学的基本理论是将弹性体分成无穷个微小单元体。这个单元体可以是六面体，也可是四面体，一般以六面体居多。这里假设从弹性体内取一个微小的平行六面体 $PABC$，如图 6-16 所示，将其称为体素。

在体素中，假设 $PA = \mathrm{d}x$，$PB = \mathrm{d}y$，$PC = \mathrm{d}z$。每一个面上的应力分解为一个正应力 σ 和两个切应力 τ，分别与三个坐标轴平行。

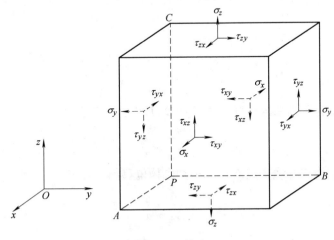

图 6-16　体素

（1）正应力 σ　为了表明这个正应力的作用面和作用方向，加上一个角码。例如，正应力 σ_x 是作用在垂直于 x 轴的面上同时也沿着 x 轴方向。

（2）切应力 τ　加上两个角码，前一个角码表明作用面垂直于哪一个坐标轴，后一个角码表明作用方向沿着哪一个坐标轴。例如，切应力τ_{xy}是作用在垂直于x轴的面上而沿着y轴方向作用的。

（3）应力的正负　如果某一个面上的外法线是沿着坐标轴的正方向，这个面上的应力就以沿坐标轴正方向为正，沿坐标轴负方向为负。相反，如果某一个面上的外法线是沿着坐标轴的负方向，这个面上的应力就以沿坐标轴的负方向为正，沿坐标轴正方向为负。

（4）切应力互等定律　作用在两个互相垂直的面上并且垂直于该两面交线的切应力是互等的（大小相等，正负号也相同）。因此切应力记号的两个角码可以对调。例如，在图6-16所示的体素中，由力矩平衡得出

$$2\,\tau_{yz}\mathrm{d}x\mathrm{d}z\,\frac{\mathrm{d}y}{2}-2\,\tau_{zy}\mathrm{d}x\mathrm{d}y\,\frac{\mathrm{d}z}{2}=0$$

简化得到

$$\tau_{xy}=\tau_{yx}$$

同样可得：$\tau_{xz}=\tau_{zx}$，$\tau_{zy}=\tau_{yz}$，此即切应力互等定律。

从图6-16所示的体素中可以明显看出，弹性力学三维问题有六个分量，即三个正应力σ_x、σ_y和σ_z，三个切应力τ_{xy}、τ_{yz}和τ_{zx}。可以证明：如果这六个量在P点是已知的，就可以求得经过该点的任何面上的正应力和切应力，因此，这六个量可以完全确定该点的应力状态，它们就称为在该点的应力分量。

一般说来，弹性体内各点的应力状态都不相同，因此，描述弹性体内应力状态的上述六个应力分量并不是常量，而是坐标x、y、z的函数。

六个应力分量的总体，可以用一个列矩阵来表示

$$\boldsymbol{\sigma}=\begin{pmatrix}\sigma_x\\\sigma_y\\\sigma_z\\\tau_{xy}\\\tau_{yz}\\\tau_{zx}\end{pmatrix}=(\sigma_x\quad\sigma_y\quad\sigma_z\quad\tau_{xy}\quad\tau_{yz}\quad\tau_{zx})^{\mathrm{T}} \tag{6-31}$$

6.4.4　虚功原理

图6-17a所示为一平衡的杠杆，这里对C点写力矩平衡方程

$$\frac{F_A}{F_B}=\frac{b}{a}$$

图6-17b所示为杠杆绕支点C转动时的刚体位移图，有

$$\frac{\Delta_B}{\Delta_A}=\frac{b}{a}$$

综合可得

$$\frac{F_A}{F_B}=\frac{b}{a}=\frac{\Delta_B}{\Delta_A}$$

即

$$F_A\Delta_A-F_B\Delta_B=0 \tag{6-32}$$

式（6-32）是以功的形式表述的。表明：图6-17a所示的平衡力系在图6-17b所示的位移图上做功时，功的总和必须等于零。这就称为虚功原理。

进一步分析。当杠杆处于平衡状态时，Δ_A 和 Δ_B 这两个位移是不存在的，但是如果某种原因，例如人为地振一下让它倾斜，一定满足前式的关系。将这个客观存在的关系抽象成一个普遍的原理，去指导分析和计算结构。

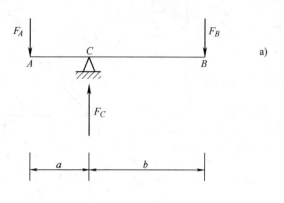

对于在力的作用下处于平衡状态的任何物体，不用考虑它是否真正发生了位移，而假想它发生了位移（由于是假想，故称为虚位移），那么，物体上所有的力在这个虚位移上的总功必定等于零。这就称为虚位移原理，也称虚功原理。

必须指出，虚功原理的应用范围是有条件的，它所涉及的力和位移两个方面并不是随意的。对于力来讲，它必须是在位移过程中处于平衡的力系；对于位移来讲，虽然是虚位移，但并不是可以任意发生的，它必须是和约束条件相符合的微小的刚体位移。

还要注意，当位移是在某个约束条件下发生时，则在该约束力方向的位移应为零，因而该约束力所做的虚功也应

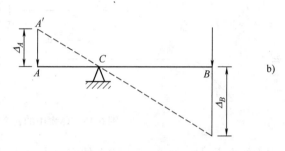

图 6-17　平衡杠杆的力系

为零。这时该约束力称为被动力。在位移过程中做功的力，称为主动力。因此，在平衡力系中应当分清楚哪些是主动力，哪些是被动力，而在写虚功方程时，只有主动力做虚功，而被动力是不做虚功的。虚功原理表述如下：

在力的作用下处于平衡状态的体系，当发生与约束条件相符合的任意微小的刚体位移时，体系上所有的主动力在位移上所做的总功（各力所做的功的代数和）恒等于零。

虚功原理用公式表示为

$$W = \sum F\Delta = 0 \tag{6-33}$$

这就是虚功方程，其中 F 和 Δ 代表相应的力和虚位移。

6.4.5　弹性力学的三个基本方程

前面提到，弹性力学三维问题有六个分量，即三个正应力和三个切应力，各个应力向量在图 6-18 所示的体素中均完整表述出来。下面简单推导弹性力学的三个基本方程。

（1）力学平衡方程　在前微面上在三个方向的应力为

$$\sigma_x + \frac{\partial \sigma_x}{\partial x}\mathrm{d}x, \quad \tau_{xy} + \frac{\partial \tau_{xy}}{\partial x}\mathrm{d}x, \quad \tau_{xz} + \frac{\partial \tau_{xz}}{\partial x}\mathrm{d}x$$

在右微面上沿 x、y、z 三个方向的应力为

$$\sigma_y + \frac{\partial \sigma_y}{\partial y}\mathrm{d}y, \quad \tau_{yx} + \frac{\partial \tau_{yx}}{\partial y}\mathrm{d}y, \quad \tau_{yz} + \frac{\partial \tau_{yz}}{\partial y}\mathrm{d}y$$

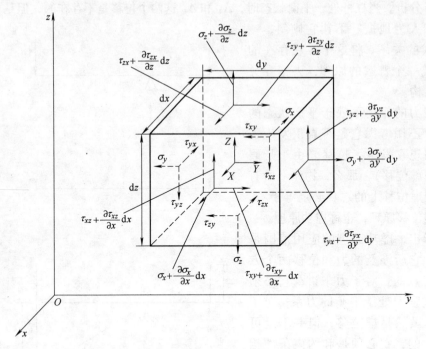

图 6-18 体素中的各个应力向量

在上微面上沿 x、y、z 三个方向的应力为

$$\sigma_z + \frac{\partial \sigma_z}{\partial z}\mathrm{d}z, \quad \tau_{zx} + \frac{\partial \tau_{zx}}{\partial z}\mathrm{d}z, \quad \tau_{zy} + \frac{\partial \tau_{zy}}{\partial z}\mathrm{d}z$$

这里，切应力互等定理仍然成立，即

$$\tau_{zx} = \tau_{xz}, \quad \tau_{yz} = \tau_{zy}, \quad \tau_{xy} = \tau_{yx}$$

考虑微元体的力平衡条件，在 x 方向有 $\sum F_x = 0$，则可得到

$$\left(\sigma_x + \frac{\partial \sigma_x}{\partial x}\mathrm{d}x\right)\mathrm{d}y\mathrm{d}z - \sigma_x \mathrm{d}y\mathrm{d}z + \left(\tau_{yx} + \frac{\partial \tau_{yx}}{\partial y}\mathrm{d}y\right)\mathrm{d}x\mathrm{d}z - \tau_{yx}\mathrm{d}x\mathrm{d}z +$$

$$\left(\tau_{zx} + \frac{\partial \tau_{xz}}{\partial z}\mathrm{d}z\right)\mathrm{d}x\mathrm{d}y - \tau_{zx}\mathrm{d}x\mathrm{d}y + X\mathrm{d}x\mathrm{d}y\mathrm{d}z = 0 \tag{6-34}$$

将上式化简后得到

$$\frac{\partial \sigma_x}{\partial x} + \frac{\partial \tau_{zx}}{\partial y} + \frac{\partial \tau_{zx}}{\partial z} + X = 0 \tag{6-35}$$

同理，考虑微元体 y 方向和 z 方向的力平衡条件，可得到如下方程

$$\frac{\partial \tau_{xy}}{\partial x} + \frac{\partial \sigma_y}{\partial y} + \frac{\partial \tau_{zy}}{\partial z} + Y = 0 \tag{6-36}$$

$$\frac{\partial \tau_{xz}}{\partial x} + \frac{\partial \tau_{yz}}{\partial y} + \frac{\partial \sigma_z}{\partial z} + Z = 0 \tag{6-37}$$

式（6-35）、式（6-36）和式（6-37）就构成了弹性力学的力学平衡方程。

（2）几何方程　几何方程是表述弹性体内一点的应变与位移之间关系的方程式。下面来推导弹性体的几何方程。

弹性体变形微元在 xy 平面上的投影如图 6-19 所示。微四边形单元初始形状为矩形 $PABC$，初始位置位于图示坐标中。受外载荷后，形状和位置均发生变化，如 $P'A'B'C'$ 所示。P、A、B 三点的位移均在图中详细标注出来，PA、PB 的角位移分别为 α 和 β。

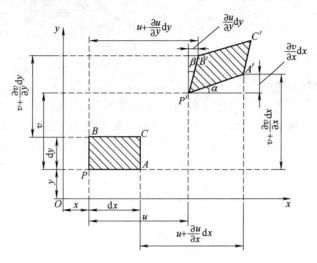

图 6-19 弹性体变形微元在 xy 平面上的投影

由于正应变就是微元体在某方向的长度变化量与原长度之比，由此可以得到两个正应变的公式

$$\varepsilon_x = \frac{\Delta \mathrm{d}x}{\mathrm{d}x}, \qquad \varepsilon_y = \frac{\Delta \mathrm{d}y}{\mathrm{d}y}$$

结合图 6-18，可以得到

$$\Delta \mathrm{d}x = \left[\left(u + \frac{\partial u}{\partial x}\mathrm{d}x \right) + \mathrm{d}x - u \right] - \mathrm{d}x, \quad \Delta \mathrm{d}y = \left[\left(v + \frac{\partial v}{\partial y}\mathrm{d}y \right) + \mathrm{d}y - v \right] - \mathrm{d}y$$

将上述两式代入到定义公式中得到

$$\varepsilon_x = \frac{\left[\left(u + \frac{\partial u}{\partial x}\mathrm{d}x \right) + \mathrm{d}x - u \right] - \mathrm{d}x}{\mathrm{d}x} = \frac{\partial u}{\partial x} \tag{6-38}$$

$$\varepsilon_y = \frac{\left[\left(v + \frac{\partial v}{\partial y}\mathrm{d}y \right) + \mathrm{d}y - v \right] - \mathrm{d}y}{\mathrm{d}y} = \frac{\partial v}{\partial y} \tag{6-39}$$

切应变定义为 x、y 两个方向微元夹角的改变量，则上述微元体的切应变为

$$\gamma_{xy} = \alpha + \beta \tag{6-40}$$

同样，结合图 6-18，可以得到微元体切应变的详细推导公式

$$\gamma_{xy} = \alpha + \beta \approx \tan\alpha + \tan\beta = \frac{\frac{\partial v}{\partial x}\mathrm{d}x}{\mathrm{d}x\left(1 + \frac{\partial u}{\partial x}\right)} + \frac{\frac{\partial u}{\partial y}\mathrm{d}y}{\mathrm{d}y\left(1 + \frac{\partial v}{\partial y}\right)} = \frac{\frac{\partial v}{\partial x}}{1 + \varepsilon_x} + \frac{\frac{\partial u}{\partial y}}{1 + \varepsilon_y} \tag{6-41}$$

$$\approx \frac{\partial u}{\partial y} + \frac{\partial v}{\partial x}$$

同理，将微元体向其他两个坐标平面投影可得到类似的关系式。这里不再详细推导。于是可以得到 x、y 和 z 方向的切应力和切应变，共六个。具体表达如下：

$$\varepsilon_x = \frac{\partial v}{\partial x}, \quad \gamma_{yx} = \frac{\partial v}{\partial x} + \frac{\partial u}{\partial y}$$

$$\varepsilon_y = \frac{\partial v}{\partial y}, \quad \gamma_{yz} = \frac{\partial w}{\partial y} + \frac{\partial v}{\partial z}$$

$$\varepsilon_z = \frac{\partial w}{\partial z}, \quad \gamma_{zx} = \frac{\partial u}{\partial x} + \frac{\partial w}{\partial z}$$

上述方程即为弹性力学的几何方程。

（3）物理方程　物理方程是描述应力与应变关系的方程。在材料力学中用胡克定律描述。而在弹性力学中，由于是三向应力状态，对各向同性的均匀体用广义胡克定律描述。鉴于材料力学中已有推导，这里就直接提出结论。物理方程中，E 为弹性模量；μ 为泊松比；G 为切变模量。

$$\varepsilon_x = \frac{1}{E}[\sigma_x - \mu(\sigma_y + \sigma_z)]$$

$$\varepsilon_y = \frac{1}{E}[\sigma_y - \mu(\sigma_x + \sigma_z)]$$

$$\varepsilon_z = \frac{1}{E}[\sigma_z - \mu(\sigma_y + \sigma_x)]$$

$$\gamma_{xy} = \frac{\tau_{xy}}{G} = \frac{2(1+\mu)}{E}\tau_{xy}$$

$$\gamma_{yz} = \frac{\tau_{yz}}{G} = \frac{2(1+\mu)}{E}\tau_{yz}$$

$$\gamma_{zx} = \frac{\tau_{zx}}{G} = \frac{2(1+\mu)}{E}\tau_{zx}$$

6.4.6　弹性力学的平面问题

工程中许多构件形状与受力状态可以使它们简化为二维情况处理，这就是弹性力学的平面问题。

弹性力学可分为空间问题和平面问题，严格地说，任何一个弹性体都是空间物体，一般的外力都是空间力系，因而任何实际问题都是空间问题，都必须考虑所有的位移分量、应变分量和应力分量。但是，如果所考虑的弹性体具有特殊的形状，并且承受的是特殊外力，就有可能把空间问题简化为近似的平面问题，只考虑部分的位移分量、应变分量和应力分量即可。这里主要讨论平面问题。

平面问题有两种情况，即平面应力问题和平面应变问题。

如图 6-20 所示，厚度为 t 的很薄的均匀木板，只在边缘上受到平行于板面且不沿厚度变化的面力，同时，体力也平行于板面且不沿厚度变化。这类问题就属于平面应力问题。平面应力问题主要研究等厚度薄板状弹性体，受力方向均沿面板方向。

在图 6-20 所示的薄板中，在不失稳条件下可以认为在厚度方向，即 z 方向的应力为 0，同时沿该方向的切应力为 0。这样，应力分量就只有三个。即

$$\sigma_x = \sigma_x(x, y), \quad \sigma_y = \sigma_y(x, y), \quad \tau_{xy} = \tau_{xy}(x, y)$$

　　平面应变问题处理面内受力但垂直于平面方向上不产生变形的二维受力问题。如图 6-21 所示为一水坝截面，该截面沿纵向（即 z 向）很长，且沿横截面不变，受有平行于横截面而且不沿长度变化的面力和体力。由于物体的纵向很长（在力学上可近似地作为无限长考虑），截面尺寸与外力又不沿长度变化；当以任一横截面为 xy 面，任一纵线为 z 轴时，则所有一切应力分量、应变分量和位移分量都不沿 z 方向变化，它们都只是 x 和 y 的函数。此外，在这一情况下，由于对称（任一横截面都可以看作对称面），所有各点都只会有 x 和 y 方向的位移而不会有 z 方向的位移。此时 $u = u\,(x,\ y)$，$v = v\,(x,\ y)$，$w = 0$。

　　因此，这种问题称为平面位移问题，但习惯上常称为平面应变问题。

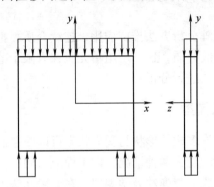

图 6-20　薄板的平面应力

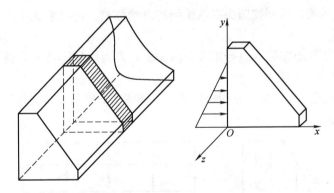

图 6-21　水坝截面的应变问题

　　根据前面通用的三大方程，同样可以建立平面应力和平面应变的三大物理方程，这里不再赘述。

第7章　有限元法理论基础

7.1　结构静力学问题的有限元法

有限元法把杆系结构的矩阵分析方法推广应用于连续介质：把连续介质离散化，用有限个单元的组合体代替原来的连续介质，这样一组单元只在有限个节点上相互连接，因而包含有限个自由度，可以用矩阵方法进行分析。

7.1.1　平面问题的有限元模型

在第6章中提到，工程中许多构件形状与受力状态可以使它们简化为二维情况处理，这就是弹性力学平面问题。平面问题有两种情况，即平面应力问题和平面应变问题。在弹性力学中，需将系统进行分解与合成。与弹性力学类似，在有限元法中，为便于计算，也是将系统进行离散分割与合成，主要分割注意事项如下：

1）对于杆和连续梁，模型按照原有系统结构自然分割，连接形式也和原系统一致。其计算与结构矩阵匹配。

2）对连续体，要用有限元法进行矩阵分析，就需人为地将连续的平板分割成有限个小块的单元，这就称为结构的离散。

最简单的分割单元为三角形单元和矩形单元，如图7-1所示。多数情况下，人们选择矩形单元进行单元分割。

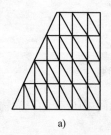
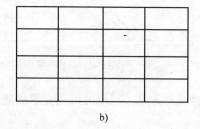

a)　　　　　　　　　　　　　　　b)

图7-1　分割单元

a) 三角形单元　b) 矩形单元

接下来就有这样一个问题，原来的连续体被人为分割后，在受到外载荷时，两相邻单元的边界不一定能一起变形。可能出现图7-2所示的情况，即单元间将可能产生裂缝，也就是说离散后的模型必然比原来的结构柔性要大，应该如何解决这个问题呢？在有限元法中，在选择合适的离散分割（后面称为网格划分）后，往往还需选择适当的单元位移插值函数来限制单元的变形，使连续体尽管被人为分割，但模型仍然能够部分（或全部）满足连续性的要求。也就是说，有限元不仅仅是使由原始结构分割而成的一些碎块，而是一些特殊类型的弹性单元，这些弹性单元被限制成特定的模式，以使得单元集合体的整体连续性得以保持。

一般来说连续体的有限元法求解至少有两点不同于刚架结构的有限元分析：第一，连续体的结构必须人为地分割成许多单元；第二，由位移插值函数限制各个单元乃至整个有限元模型变形的情况。

位移插值函数的形式与所分析结构的类型、单元形式和计算结果的精度要求等因素有关。为了随着单元尺寸的减小（单元数目增多），有限元计算结果能收敛于精确解，所选择的位移插值函数必须满足下列三个条件：

1）位移插值函数应能反映单元的刚体位移。

2）位移插值函数应能反映常量应变——常应变准则。

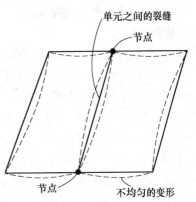

图 7-2　单元间产生裂缝

3）位移插值函数应能保证单元内及相邻单元间位移的连续性——变形协调性（相容性）准则。

需要指出的是：弹性体的有限元分析中单元分割和位移函数的选择固然至关重要，但对初学者来说，只需要知道其基本概念。因为在众多有限元软件中，一般情况下只需通过选择单元类型即可，而不必知道网格划分后位移函数的具体选择。

对连续体的有限元分割，需要注意如下几点：

1）对给定结构，分割多少单元合适？一般来说，单元分割数目越多，求解精度越高，但会消耗更多计算机资源。

2）单元的分割方式。同一结构中单元之间的大小无限制，可以自由地分布单元，但应在应力集中部位布置较多的单元。

3）单元分割尽量与外载荷匹配。集中力作用点最好布置成节点，而分布载荷则可按照等效原则转化为集中力作用在节点上。如图 7-3 所示，连续体受到一个均布的压力，而在进行单元分割后，均布载荷就变成了集中载荷作用在表面各个单元的节点上。

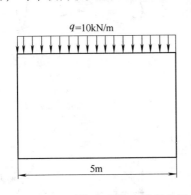

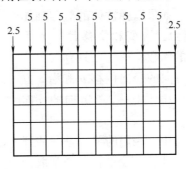

图 7-3　均布载荷作用在表面各个单元的节点上

对二维连续体，用有限单元法分析的基本步骤如下：

1）用虚拟的直线把原介质分割成有限个三角形单元，这些直线是单元的边界，几条直线的交点即为节点。

2）假定各单元在节点上互相铰接，节点位移是基本的未知量。

3）选择一个函数，用单元的三个节点的位移唯一地表示单元内部任一点的位移，该函数称为位移函数。

4）通过位移函数，用节点位移唯一地表示单元内任一点的应变；再利用广义胡克定律，用节点位移可唯一表示单元内任一点的应力。

5）利用能量原理找到单元内部应力状态等效的节点力；再利用单元应力与节点位移的关系，建立等效节点力与位移的关系。这是有限元法求解应力问题最重要的一步。

6）将每个单元所受载荷，按照静力等效原则移植到节点上。

7）在每个节点上建立用节点位移表示的静力平衡方程，得到一个线性方程组；解出这个方程组，求出节点位移，然后可以求得每个单元的应力。

总的来说，有限元法的基本思想就是：一分一合，化整为零，集零为整。

7.1.2 轴对称问题的有限元法

如弹性体的几何形状、约束条件及载荷都对称于某一轴，则所有的位移、应力、应变也对称于此轴。这种问题称为对称应力问题，也是在压力容器、机械设计与制造中常见的一类问题。用有限元方法分析轴对称问题时，应将结构离散为有限个圆环单元。圆环单元的截面常用三角形或矩形，也可是其他形式。这种环形单元之间由圆环形铰接，称为结圆。轴对称问题的单元虽然是圆环体，与平面问题的平板单元不同，但由于对称性，可以任取一个子午面进行分析。圆环形单元与子午面上相截生成网格，可以采用平面问题有限元分析相似的方法分析。不同之处是：单元为圆环体，单元之间由结圆铰接，节点力为结圆上的均布力，单元边界为回转面。

对于轴对称问题，采用圆柱坐标 (r, θ, z) 较为方便。如果以弹性体的对称轴作为 z 轴，所有应力、应变和位移都与 θ 无关，只是 r 和 z 的函数。任一点只有两个位移分量，即沿 r 方向的径向位移 u 和沿 z 方向的轴向位移 w。由于对称，θ 方向的环向位移等于零。

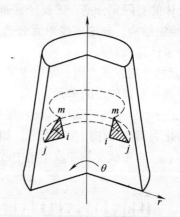

图 7-4 圆环和 rz 平面正交的截面

在轴对称问题中，采用的单元是一些圆环。这些圆环和 rz 平面正交的截面通常取为三角形，如图 7-4 所示的 ijm（也可以取为其他形状）。各单元之间用圆环形的铰链互相连接，每一个铰与 rz 平面的交点称为节点，如 i、j、m 等。各单元在 rz 平面上形成三角形网格（图 7-5），类似于在平面问题

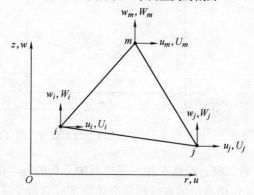

图 7-5 三角形网格

中各三角形单元在 xy 平面上所形成的网格。但是在轴对称问题中，每个单元的体积都是一个圆环的体积，这点与平面问题是不同的。

假定物体的形状、约束条件及荷载都是轴对称的，这时只需分析一个截面。可以取出环形单元的截面积 ijm，如图 7-5 所示，参照前面章节中的弹簧系统和杆系进行分析，推导其位移函数、单元应变、单元应力、单元刚度矩阵，最后求出节点载荷。这里不再展开。

7.1.3　空间问题有限元法

弹性力学的平面问题和轴对称问题是空间问题的特例，是在某种条件下的简易解法。在实际工程中，有些结构由于形体复杂，难以简化为平面问题或轴对称问题，必须按空间问题求解。在空间问题中，最简单的单元是具有四个角点的四面体，如图 7-6 所示。

下面首先以四面体单元为例简单介绍空间问题的有限元法求解步骤。它主要包括如下几个基本步骤：

1）写出位移模式。

2）建立单元应变。

3）推导单元应力。

4）建立单元刚度矩阵。

5）求出节点载荷。

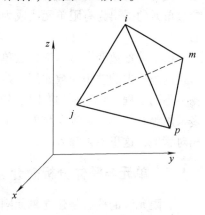

图 7-6　四面体

高次四面体单元及六面体主要有 10 节点四面体单元、20 节点四面体单元、8 节点六面体单元、20 节点六面体单元等，单元节点数增加较多，刚度矩阵比较复杂，计算更费时，但单元的计算分析步骤同前述类似。图 7-7 和图 7-8 所示分别为 10 节点四面体单元和 8 节点六面体单元。

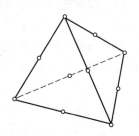

图 7-7　10 节点四面体

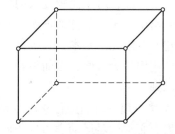

图 7-8　8 节点四面体

7.1.4　等参数有限元法简介

单元插值函数的方次随单元节点数目增加而增加，其代数精确度也随之提高，用它们构造有限元模型时，用较少的单元就能获得较高精度的解答。但前面给出的高精度单元的几何形状大多很规则，对复杂边界的适应性差，不能期望用较少的形状规则的单元来离散复杂几何形状的结构。那么，能否构造出本身形状任意、边界适应性强的高精度单元呢？构造这样的单元存在两个方面的困难：一是难以构造出满足连续性条件的单元插值函数；二是单元分析中出现的积分难以确定积分限。于是希望另辟蹊径，利用形状规则的高次单元通过某种演化来实现这一目标。

数学上，可以通过解析函数给出的变换关系，将一个坐标系下形状复杂的几何边界映射到另一个坐标系下，生成形状简单的几何边界，反过来也一样。那么，将满足收敛条件的形状规则的高精度单元作为基本单元，定义于局部坐标系（取自然坐标系），通过坐标变换映射到总体坐标系（取笛卡儿坐标系）中生成几何边界任意的单元，作为实际单元，只要变换使实际单元与基本单元之间的点一一对应，即满足坐标变换的相容性，实际单元同样满足收敛条件。这样构造的单元具有双重特性：作为实际单元，其几何特性、受力情况、力学性能都来自真实结构，充分反映了它的属性；作为基本单元，其形状规则，便于计算与分析。

有限单元法中最普遍采用的变换方法是等参数变换，即坐标变换和单元内的场函数采用相同数目的节点参数及相同的插值函数，等参数变换的单元称之为等参数单元。借助于等参数单元可以对一般的任意几何形状的工程问题和物理问题方便地进行有限元离散，因此，等参数单元的提出为有限单元法成为现代工程实际领域最有效的数值分析方法迈出了极为重要的一步。

由于等参数变换时，等参数单元的各种特性矩阵计算在规则域内进行，因此不管各积分形式的矩阵中的被积函数如何复杂，都可以方便地采用标准化的数值积分方法计算，从而使各类不同工程实际问题的有限元分析纳入了统一的通用化程序的轨道，现在的有限元分析大多采用等参数单元。等参数单元主要涉及雅克比（Jacobi）矩阵，参数变换和单元矩阵变换相对繁琐，这里不再深入。

7.1.5 单元与整体分析简介

有限元法的核心是建立单元刚度矩阵，有了单元刚度矩阵，加以适当组合，可以得到平衡方程组，剩下的就是一些代数运算了。在弹性力学平面问题计算中，是用直观方法建立单元刚度矩阵的，其优点是易于理解，并便于初学者建立清晰的力学概念。但这种直观方法也是有缺点的：一方面，对于比较复杂的单元，依靠它建立单元刚度矩阵是有困难的；另一方面，它也不能给出关于收敛性的证明。把能量原理应用于有限元法，就可以克服这些缺点。能量原理为建立有限元法基本公式提供了强有力的工具。在各种能量原理中，虚位移原理和最小势能原理应用最为方便，因而得到了广泛的采用。具体而言，能量原理包括虚位移原理和最小势能原理。

（1）虚位移原理 所谓虚位移可以是任何无限小的位移，它在结构内部必须是连续的，在结构的边界上必须满足运动学边界条件。例如，对于悬臂梁来说，在固定端处，虚位移及其斜率必须等于零。

（2）最小势能原理 就是在所有满足边界条件的协调（连续）位移中，那些满足平衡条件的位移使物体势能取驻值。对于线性弹性体，势能取最小值。

这里主要用能量原理求单元刚度矩阵、节点载荷和总体平衡方程。

7.2 结构动力学问题的有限元法

动力学问题在国民经济和科学技术的发展中有着广泛的应用领域。最经常遇到的是结构动力学问题，它有两类研究对象。一类是在运动状态下工作的机械或结构，例如高速旋转的电机、汽轮机、离心压缩机，往复运动的内燃机、冲压机床，以及高速运行的车辆、飞行器等，它们承受着本身惯性及与周围介质或结构相互作用的动力载荷。如何保证它们运行的平稳性及结构的安全性，是极为重要的研究课题。另一类是承受动力载荷作用的工程结构，例如建于地面的高层建筑和厂房，石化厂的反应塔和管道，核电站的安全壳和热交换器，近海工程的海洋石油平台等，它们可能承受强风、水流、地震以及波浪等各种动力载荷的作用。这些结构的破裂、倾覆和垮塌等破坏事故的发生，将给人民的生命财产造成巨大的损失。正确分析和设计这类结构，在理论和实际上也都是具有意义的课题。

动力学研究的另一重要领域是波在介质中的传播问题。它是研究短暂作用于介质边界或内部的载荷所引起的位移和速度的变化，如何在介质中向周围传播，以及在界面上如何反射、折射等的规律。它的研究在结构的抗震设计、人工地震勘探、无损检测等领域都有广泛的应用背景，因此也是近 20 多年一直受到工程和科技界密切关注的课题。

现在应用有限元法和高速电子计算机，已经可以比较正确地进行各种复杂结构的动力计算，下面主要阐明结构动力学的运动方程、质量方程、阻尼矩阵、自激振动与受迫振动等基本概念。

7.2.1　运动方程

结构离散化以后，在运动状态中各节点的动力平衡方程如下

$$\boldsymbol{F}_i + \boldsymbol{F}_d + \boldsymbol{P}(t) = \boldsymbol{F}_e \tag{7-1}$$

式中，$\boldsymbol{F}_i$、$\boldsymbol{F}_d$、$\boldsymbol{P}(t)$ 分别为惯性力、阻尼力和动力荷载，均为向量；$\boldsymbol{F}e$ 为弹性力。

弹性力向量可用节点位移 δ 和刚度矩阵 $\boldsymbol{K}$ 表示如下

$$\boldsymbol{F}_e = \boldsymbol{K}\delta$$

式中，刚度矩阵 $\boldsymbol{K}$ 的元素 K_{ij} 为节点 j 的单位位移在节点 i 引起的弹性力。

根据达朗贝尔原理，可利用质量矩阵 $\boldsymbol{M}$ 和节点加速度 $\dfrac{\partial^2 \delta}{\partial t^2}$ 表示惯性力，即

$$\boldsymbol{F}_i = -\boldsymbol{M}\frac{\partial^2 \delta}{\partial t^2}$$

式中，质量矩阵的元素 M_{ij} 为节点 j 的单位加速度在节点 i 引起的惯性力。

设结构具有粘滞阻尼，可用阻尼矩阵 $\boldsymbol{C}$ 和节点速度 $\dfrac{\partial \delta}{\partial t}$ 表示阻尼力，即

$$\boldsymbol{F}_d = -\boldsymbol{C}\frac{\partial \delta}{\partial t^2}$$

式中，阻尼矩阵的元素 C_{ij} 为节点 j 的单位速度在节点 i 引起的阻尼力。

将各力表达式代入式（7-1），得到运动方程

$$\boldsymbol{M}\frac{\partial^2 \delta}{\partial t^2} + \boldsymbol{C}\frac{\partial \delta}{\partial t} + \boldsymbol{K}\delta = \boldsymbol{P}(t) \tag{7-2}$$

记 $\dot{\delta} = \dfrac{\partial \delta}{\partial t}$、$\ddot{\delta} = \dfrac{\partial^2 \delta}{\partial t^2}$，则运动方程可写成

$$\boldsymbol{M}\ddot{\delta} + \boldsymbol{C}\dot{\delta} + \boldsymbol{K}\delta = \boldsymbol{P}(t) \tag{7-3}$$

7.2.2 质量方程

下面用 m 表示单元质量矩阵，M 表示整体质量矩阵。求出单元质量矩阵后，进行适当的组合即可得到整体质量矩阵。组合方法与由单元刚度矩阵求整体刚度矩阵时相似。在动力计算中可采用两种质量矩阵，即协调质量矩阵和集中质量矩阵。

7.2.3 阻尼矩阵简介

如前所述，结构的质量矩阵 M 和刚度矩阵 K 是由单元质量矩阵 m 和单元刚度矩 M^e 经过集合而建立起来的。相对来说，阻尼问题比较复杂，结构的阻尼矩阵 C 不是由单元阻尼矩阵经过集合而得到的，而是根据已有的实测资料，由振动过程中结构整体的能量消耗来决定阻尼矩阵的近似值。可以建立单自由度体系的阻尼矩阵和多自由度体系的阻尼矩阵。

结构动力学方程主要采用振型叠加法和直接积分法。前者用到振型正交条件，但不同的振型之间不能解耦时，应采用直接积分法求解。

7.2.4 结构自振频率与振型

在式（7-3）中，令 $P(t) = 0$，得到自由振动方程。在实际工程中，阻尼对结构自振频率和振型的影响不大，因此可进一步忽略阻尼力，得到无阻尼自由振动的运动方程

$$K\delta + M\ddot{\delta} = 0 \tag{7-4}$$

设结构做下述简谐运动

$$\delta = \varphi \cos\omega t$$

把上式代入式（7-4），可得到齐次方程

$$(K - \omega^2 M)\varphi = 0 \tag{7-5}$$

在自由振动时，结构中各节点的振幅$\{\varphi\}$不全为零，所以结构自振频率方程为

$$|K - \omega^2 M| = 0 \tag{7-6}$$

结构的刚度矩阵 K 和质量矩阵 M 都是 n 阶方阵，其中 n 是节点自由度的数目，所以上式是关于 ω^2 的 n 次代数方程，由此可求出结构的自振频率

$$\omega_1 \leqslant \omega_2 \leqslant \omega_3 \leqslant \cdots \leqslant \omega_n$$

对于每个自振频率，由式（7-5）可确定一组各节点的振幅值 $\varphi_i = (\phi_{i1} \quad \phi_{i2} \quad \cdots$ $\phi_{in})^T$，它们互相之间应保持固定的比值，但绝对值可任意变化，它们构成一个向量，称为特征向量，在工程上通常称为结构的振型。在每个振型中，各个节点的振幅是相对的，其绝对值可取任意数值。在实际工作中，常采用规准化振型和正则化振型之一来决定振型的具体数值。

7.2.5 振型叠加法求解结构的受迫振动

目前，常用的求解结构受迫振动的方法有两种，即振型叠加法和直接积分法。用振型叠加法可以求得受迫振动的一个二阶常微分方程，这样的方程有 n 个，它们是相互独立的。而每一个方程在形式上和单自由度体系的运动方程相同。

需要指出，在用有限元法进行结构动力分析时，自由度数目 n 可以达到几百甚至几千，

但由于高阶振型对结构动力反应的影响一般都很小，通常只要计算一部分低阶振型就够了。例如，对于地震荷载，一般只要计算前面 5~20 个振型。对于爆炸和冲击荷载，就需要取更多的振型，有时需取出多达 $2n/3$ 个振型进行计算，而对于振动激发的动力反应，有时只有一部分中间的振型起作用。

应用于动力问题的直接积分方法很多，有线性加速度方法、Wilson 方法、Newmark 方法等，在此不赘述。

7.3 结构非线性有限元法简介

固体力学问题，从本质上讲是非线性的，线性假设仅是实际问题中的一种简化。在分析线性弹性体系时，假设节点位移无限小，材料的应力与应变关系满足胡克定律，加载时边界条件的性质保持不变，如果不满足这些条件之一的，就称为非线性问题。

通常把非线性问题分成两大类：几何非线性和材料非线性，但 ANSYS 也能处理施工或加工过程中结构变化的非线性。如果体系的非线性是由于材料的应力与应变关系的非线性引起的，则称为材料非线性，如铝材和许多高分子材料。如果结构的位移使体系的受力状态发生了显著变化，以至不能采用线性体系的分析方法时则称为几何非线性。几何非线性又可分为以下情况：①大位移小应变问题，如高层建筑、大跨度钢架结构的结构分析大多属于此类问题；②大位移大应变问题，如金属的压力加工问题；③结构的变位引起外载荷大小、方向或边界支承条件的变化等问题。ANSYS 用单元死活来处理施工非线性。

用有限单元法分析非线性问题时仍由分析线性问题的以下三个基本步骤组成，但需要反复迭代：

（1）单元分析 和线性问题相比较，非线性问题的基本不同之处在于，单元刚度矩阵的形成有所差别。当仅为材料非线性问题时，应使用材料的非线性本构关系；当仅为几何非线性问题时，在计算应变 - 位移矩阵 B 时，应考虑位移的高阶导数项的效应。同时，对于所有积分，应计及单元体的变化。对于同时兼有几何非线性和材料非线性的两种非线性问题时，则应考虑这两种非线性的耦合效应。

（2）整体组集 单元刚度矩阵集成为整体刚度矩阵，整体刚度方程的建立及约束处理，大体上与线性体系问题相同，只是通常将整体刚度方程写成增量形式。

（3）非线性方程组的求解 非线性问题求解方法大体上可分为增量法、迭代法和混合法，它与线性方程组的求解有很大差别。

下面主要讨论材料塑性力学问题和几何大位移小应变问题。

7.3.1 塑性力学问题

在固体力学问题中，当应变比较小时，应力应变关系是线弹性的；当应变比较大时，应力应变关系往往不再是线弹性的，这类问题属于塑性力学范畴。有限元法在这方面的应用是很成功的。

1. 单向受力的应力 - 应变关系

根据金属材料的拉伸试验，受力超过屈服极限以后，材料又恢复了抵抗变形的能力，必须增加载荷，才能继续产生变形，这种现象称为材料的强化（或硬化）。载荷达到最高点时的应力，称为强度极限。

为便于研究，在试验资料的基础上，常抽象为一些简化的模型，如图7-9所示为几种材料的简化模型。其中，1 为理想弹塑性模型；2 为理想刚塑性模型；3 为线性强化弹塑性模型；4 为线性强化刚塑性模型。

2. 应力张量的分解与应力不变量

在外力作用下，物体内与应力所对应的应变通常分为体积变形和形状变形两部分，这两种变形的变化规律是不同的，对金属而言，在各向均匀压力（或称静水压力）作用下，体积变形是弹性的，不产生塑性变形。为了研究塑性变形必须把各向均匀的压力分离出来，对应的张量做出分解后，可得到应力球张量和应力偏张量。对金属来说，进入塑性状态后，其体积变形由球张量引起，而与形状改变有关的塑性变形则是由应力偏张量引起的。

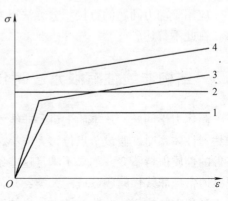

图 7-9 几种材料的简化模型

应力球张量和应力偏张量均有三个不变量。

3. 屈服准则

理想弹塑性模型在单向受力时，当应力小于屈服极限 σ_s 时，材料处于弹性状态。当应力达到 σ_s 时，材料即进入塑性状态。因此，$\sigma = \sigma_s$ 就是单向受力时的屈服条件。

在复杂应力状态下，物体内某一点开始产生塑性变形时，应力也必须满足一定的条件，它就是复杂应力状态下的屈服条件。一般来说，它应是六个应力分量的函数，可表示如下

$$F\left(\sigma_x, \sigma_y, \sigma_z, \tau_{xy}, \tau_{yz}, \tau_{zx}\right) = C \tag{7-7}$$

式中，C 为与材料有关的常数；F 为屈服函数。

把某点的六个应力分量代入式（7-7）。如果 $F < C$，表明该点处于弹性状态；如果 $F = C$，则表明该点处于塑性状态。

考虑的材料是各向同性的，坐标方向的改变对屈服条件没有影响，因此可用主应力表示为

$$F\left(\sigma_1, \sigma_2, \sigma_3\right) = C \tag{7-8}$$

也可用应力张量不变量 I_1、I_2、I_3，或应力偏量不变量 J_2、J_3 来表示。

屈服条件通常称为屈服准则。

（1）特雷斯卡（Tresca）屈服准则 1864 年由 Tresca 提出：当最大切应力 τ_{max} 达到某一定值 K 时，材料就发生屈服。此条件可表示为

$$\left[(\sigma_1 - \sigma_2)^2 - 4k^2\right]\left[(\sigma_2 - \sigma_3)^2 - 4k^2\right]\left[(\sigma_3 - \sigma_1)^2 - 4k^2\right] = 0 \tag{7-9}$$

式中，常数 k 是由单向拉伸试验确定的，所以 $k = \sigma_s/2$。如果常数是由纯剪切试验确定的，则 $k = \tau_s$，其中 τ_s 为纯剪切时的屈服极限。按照 Tresca 屈服条件，材料的剪切屈服极限与拉伸屈服极限之间存在如下关系

$$\tau_s = \sigma_s/2 \tag{7-10}$$

Tresca 屈服条件是主应力的线性函数，应用比较方便，它与金属材料的试验资料也基本吻合。但它忽略了中间主应力的影响，且屈服线上有角点，给数学处理带来了一定困难，这

是其不足之处。

图 7-10 所示为 Tresca 和 Mises 两种屈服面的形状。

（2）米泽斯（Mises）屈服准则　由 Mises 于 1913 年提出的屈服条件，在偏量平面上的屈服线是 Tresca 六边形的外接圆。主应力空间中过原点并与坐标轴成等角的直线为静水应力轴。过原点并与静水应力轴垂直的平面为 π 平面。与 π 平面平行的平面为偏量平面。如图 7-10 所示，屈服面 Mises 在偏量平面上是一个六边形的外接圆，在坐标轴平面上是椭圆。其表达式为

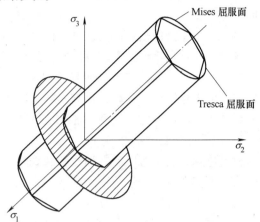

$$J_2 = \frac{1}{3}\sigma_s^2 = k^2 \qquad (7\text{-}11)$$

图 7-10　Tresca 和 Mises 两种屈服面的形状

它表明，只要应力偏量的第二不变量达到某一定值时，材料就屈服。σ_s 是单向拉伸时的屈服极限。

在纯剪切的情况下

$$J_2 = \tau_{xy} = \tau_s^2 = k^2 \qquad (7\text{-}12)$$

由此可见，按照 Mises 屈服条件，材料的剪切屈服极限 τ_s 与拉伸屈服极限 σ_s 之间的关系为

$$\tau_s = \sigma_s / \sqrt{3} \qquad (7\text{-}13)$$

Mises 屈服准则弥补了 Tresca 屈服准则的不足，更接近实验结果。Mises 屈服准则对金属材料比较吻合。

（3）德鲁克 – 普拉格（Drucker-Prager）屈服准则　对基层、垫层和土地基等弹塑性体积较大的变形材料，莫尔 – 库仑（Mohr-Coulomb）的强度理论为最早提出的屈服准则。土基、路面等的形变中采用德鲁克 – 普拉格准则是比较简明的。这里不作阐述。

此外，还有许多其他屈服准则，在此不赘述。

4．强化条件

图 7-11 所示为单向受力时材料的强化塑性规律变化示意图。在单向受力时，当材料中应力超过初始屈服点 A 而进入塑性状态后卸载，此后再加载，应力 – 应变关系将仍按弹性规律变化，直至卸载前所达到的最高应力点 B，然后材料再次进入塑性状态。应力点 B 是材料在经历了塑性变形后的新屈服点，称为强化点。它是材料在再次加载时，应力 – 应变关系按弹性还是按塑性规律变化的区分点。

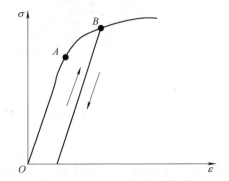

同样，当材料在复杂应力状态下进入塑性后卸载，然后再加载，屈服函数也会随着以前发生过的塑性变形的历史而有所改变。当应力分量满足某一关系时，材料将重新进入塑性状态而产生新的塑性变形，这种现象称为强化。材料在初始屈服以后再

图 7-11　单向受力时材料的强化塑性规律

进入塑性状态时，应力分量间所必须满足的函数关系，称为强化条件或加载条件，有时也称为后继屈服条件，以区别于初始屈服条件。强化条件在应力空间中的图形称为强化面或加载面。

强化模型主要包括各向同性强化模型、随动强化模型和混合强化模型等。

在以上几种强化模型中，各向同性强化模型使用最为广泛。这一方面是由于它便于进行数学处理；另一方面，如果在加载过程中应力方向（或各应力分量的比值）变化不大，采用各向同性强化模型的计算结果与实际情况也比较符合。随动强化模型可以考虑材料的包兴格（Bauschinger）效应，在循环加载或可能出现反向屈服的问题中，需要采用这种模型。

5. 加载与卸载准则

材料达到屈服状态以后，加载和卸载时的应力应变规律不同。单向受力时，只有一个应力分量，由这个应力分量的增加或减小，就可判断是加载还是卸载。对于复杂应力状态，6个应力分量中，各分量可增可减，为了判断是加载还是减载，需要一个准则。

（1）理想塑性材料的加载和卸载　理想塑性材料不发生强化，加载条件和屈服条件相同，应力点不可能位于屈服面外。当应力点保持在屈服面上时，称为加载，因为这时塑性变形可以增长。

设屈服条件为 $F(\sigma_{ij}) = 0$。当应力达到屈服状态时，$F(\sigma_{ij}) = 0$，对于应力增量 $\mathrm{d}\sigma_{ij}$，如果 $\mathrm{d}F = F(\sigma_{ij} + \mathrm{d}\sigma_{ij}) - F(\sigma_{ij}) = 0$，表示新的应力点仍保持在屈服面上，属于加载。反之，如果 $\mathrm{d}F = F(\sigma_{ij} + \mathrm{d}\sigma_{ij}) - F(\sigma_{ij}) < 0$，表示应力点从屈服面上退回到屈服面内，属于卸载。

（2）强化材料的加载和卸载　强化材料的加载面可以扩大，因此只有当 $\mathrm{d}\sigma$ 指向面外时才是加载。当 $\mathrm{d}\sigma$ 沿着加载面变化时，加载面并不改变，只表示一点的应力状态从一个塑性状态过渡到另一个塑性状态，但不引起新的扭性变形，这种变化过程称为中性变载。$\mathrm{d}\sigma$ 指向加载面内时为卸载。

7.3.2 大位移问题

在大多数的大位移问题中，尽管位移很大，结构的应变仍然不大，属于大位移小应变问题，材料的应力－应变关系仍是线性的，只是应变－位移关系是非线性的，即所谓几何非线性。如果不但位移－应变关系是非线性的，而且应力－应变关系也是非线性的，那么即是双重非线性（材料非线性和几何非线性）问题。具体刚度矩阵可参考有关书籍。

第8章　ANSYS 分析基础

有限元分析的最终目的是还原一个实际工程系统的熟悉行为特征，即分析必须针对一个物理原型准确的数学模型。广义上讲，模型包括所有节点、单元、材料属性、实常数、边界条件，以及其他用来表现这个物理系统的特征。在 ANSYS 术语中模型生成一般狭义地指用节点和单元表示的空间体域及与实际系统连接的生成过程。本章主要以 ANSYS10.0 为模板讨论有限元软件的基本操作、几何造型、材料属性、实常数和网格划分等内容。通过本章的学习和相关的练习，依照一步步的指导将能够用 ANSYS 分析的基本步骤解决简单的分析问题。

8.1　初步接触 ANSYS

这里先以一些实例分析来让初步认识 ANSYS。

8.1.1　平面刚架静力分析

问题描述：图 8-1 所示为一平面刚架，已知节点 5 沿 x、y 方向固定，节点 2 沿着 y 方向固定，在节点 4 处受一个沿着 y 方向的 -1000N 的力，在节点 3 处受一个沿 y 方向的 -3000N 的力，试分析各个节点的位移。已知刚架的相关参数如下：

横截面积 $A = 0.0072\text{m}^2$，横截面高度 $H = 0.42\text{m}$，惯性矩 $I = 0.0002108\text{m}^4$，弹性模量 $E = 2.06 \times 10^{11}\text{Pa}$，泊松比 $\mu = 0.3$。

这是一个典型杆系问题，可以通过第 1 章的知识建立数学模型并求解。这里将应用 AN-SYS 进行求解分析。

安装好 ANSYS 软件后，单击开始菜单中的程序 > ANSYS10.0 > ANSYS，出现 ANSYS 的图形操作界面（GUI），如图 8-2 所示。下面介绍具体求解过程。

1. 改变工程名

1）选择 Utility Menu > File > Change Jobname。默认工程名为 file。

2）更改为想要的工程名 exam01。

3）单击"OK"按钮。

2. 改变工作路径

1）选择 Utility Menu > File > Change Directory。

2）将工作路径指定到某个特定的文件夹。注意，这个文件夹要以英文字母命名，否则 ANSYS 不识别，就不会作路径更改。更改好路径，后面建立和生成的文件均可在此文件夹找到。这里将工作路径更改到 D:\\ansysdata。

3）单击"OK"按钮。

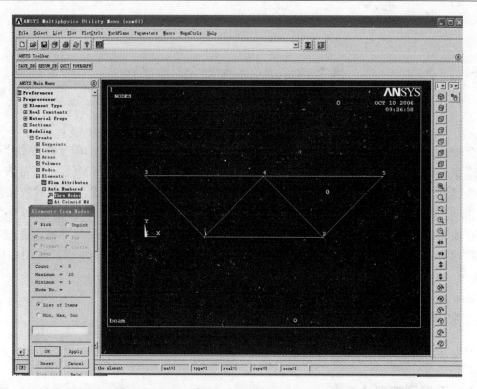

图 8-1　平面刚架

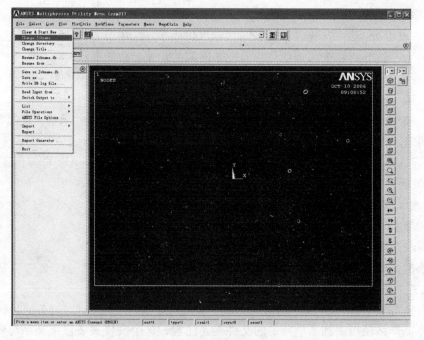

图 8-2　ANSYS 的图形操作界面

3. 改变文件标题

1）选择 Utility Menu > File > Change Title。

2）更改为想要的工程名 beam。

3）单击"OK"按钮。

图 8-3 所示为 File 下面的菜单栏选项。图 8-4 和图 8-5 所示分别为改变工程名和标题栏的对话框。

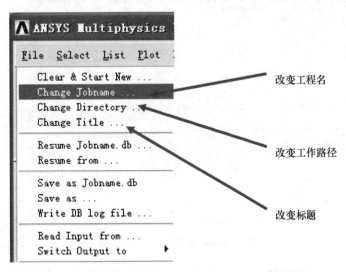

图 8-3　File 下面的菜单栏选项

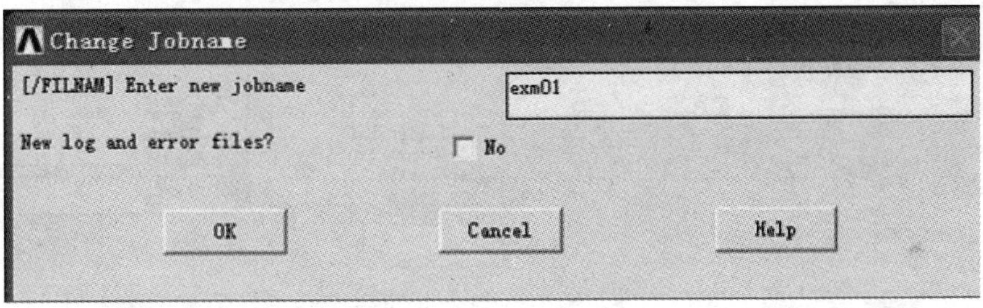

图 8-4　改变工程名的对话框

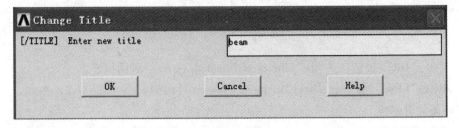

图 8-5　改变标题栏的对话框

4. 选择分析计算模块

选择 GUI 操作模块，单击 Preference，弹出图 8-6 所示"Preferences for GUI Filtering"对话框，选择"Structural"复选框和"h-method"单选按钮。

5. 定义单元类型

1）选择 Main Menu > Preprocessor > Element Type > Add/Edit/Delete，弹出"Element Types"对话框。

2）单击"Add"按钮，弹出"Library of Element Types"对话框。

3）从"Library of Element Types"选项中依次选择"Beam""2D elastic 3"选项，如图8-7所示。

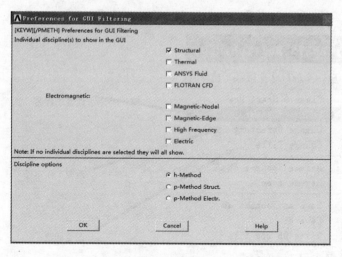

图 8-6　"Preference for GUI Filtering"对话框

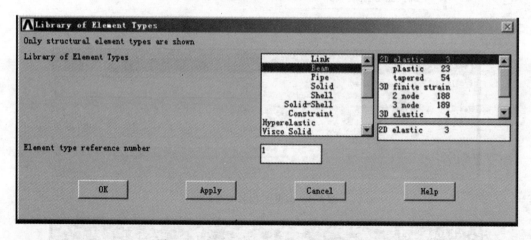

图 8-7　"Library of Element Types"对话框

4）单击"OK"按钮，关闭"Library of Element Types"对话框。

5）单击"Close"按钮，关闭"Element Types"对话框。

6. 定义材料性能

1）选择 Main Menu > Preprocessor > Real constants > Add/Edit/Delete，弹出"Real Constants"对话框。单击"Add"按钮，出现材料常数设置对话框，如图8-8所示。按照图示输入几个主要参数。现说明主要几个参数设置物理含义，已经输入参数的对话框从上到下物理含义分别为实常数编号、梁单元的截面积、惯性矩、梁单元截面高度。

2）设置刚架的材料属性。选择 Main Menu > Preprocessor > Material Props > Material Models，弹出"Define Material Model Behavior"对话框。选择 Structural > Linear > Elastic > Isotropic，弹出"Linear Isotropic Material Properties for Material Number 1"对话框，如图8-9所示。参照图示输入材料弹性模量 $EX = 2.06 \times 10^{11} Pa$，泊松比 $PRXY = 0.3$。

3）单击"OK"按钮，关闭对话框。

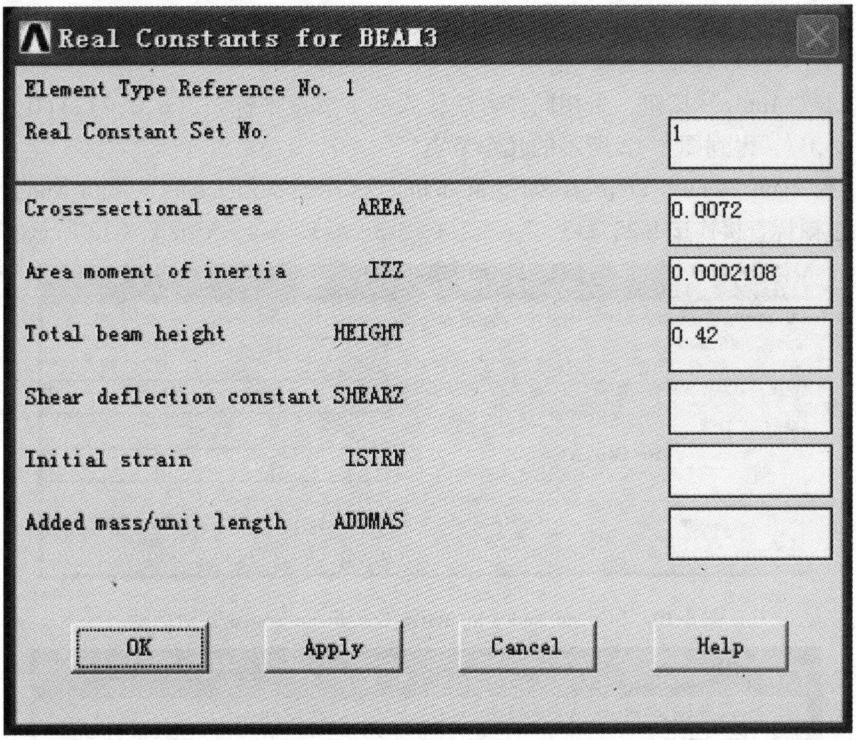

Real Constants for BEAM3

Element Type Reference No. 1

Real Constant Set No.　　　　　　　　　　　　　1

Cross-sectional area　　　　AREA　　　　0.0072

Area moment of inertia　　　IZZ　　　　0.0002108

Total beam height　　　　　HEIGHT　　　0.42

Shear deflection constant SHEARZ

Initial strain　　　　　　ISTRN

Added mass/unit length　　ADDMAS

OK　　　　Apply　　　　Cancel　　　　Help

图 8-8　材料常数设置对话框

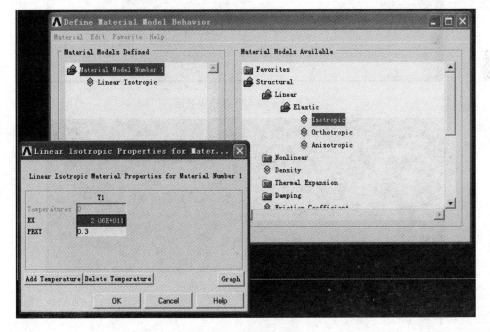

图 8-9　材料特性对话框

7. 创建几何模型

1）选择 Main Menu > Preprocessor > Modeling > Create > Nodes > In Active CS，弹出"Create Nodes in Active Coordinate System"对话框，如图 8-10 所示。

2）在"NODE number"文本框中输入 1，在"X，Y，Z location in active CS"文本框中输入坐标（2，0，0）。如图 8-11 所示。

3）单击"Apply"按钮，采用同样方法输入如下节点坐标：2(6,0,0);3(0,2,0);4(4, 2,0);5(8,2,0)，得到图 8-12 所示的几个节点。

4）选择 Main Menu > Preprocessor > Modeling > Create > Elements > Auto Numbered > Thro Nodes，通过鼠标直接连接 1-2、1-3、1-4、2-4、2-5、4-5、3-4，形成图 8-13 所示的刚架单元。

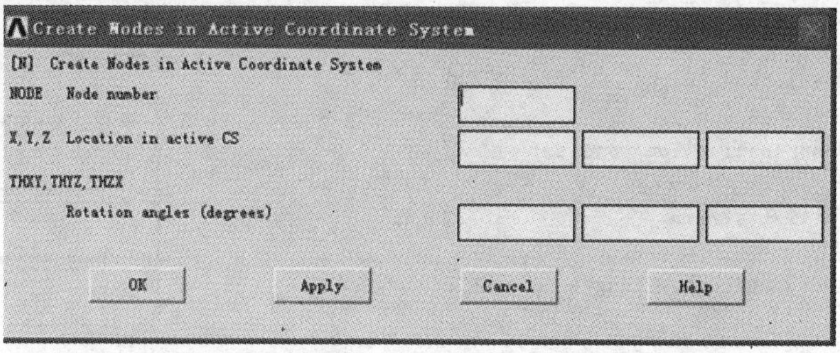

图 8-10 "Create Nodes in Active Coordinate System"对话框

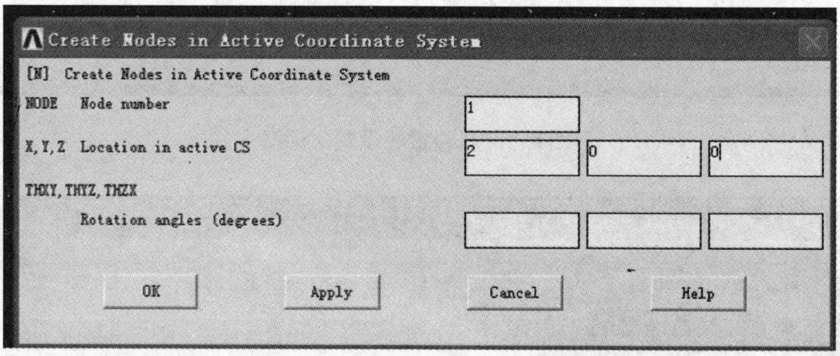

图 8-11 输入节点号和坐标

图 8-12 显示节点

8. 施加载荷（约束条件）

1）选择 Main Menu > Solution > Analysis Type > New Analysis，弹出"New Analysis"对话框。

2）用鼠标将分析类型选择为"Static"，单击"OK"按钮。

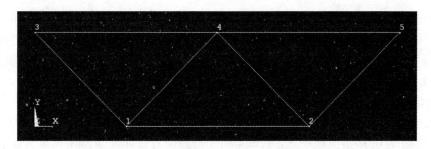

图 8-13 将节点连接成刚架单元

3）选择 Utility Menu > Solution > Define Loads > Apply > Structural > Displacement > On Nodes，出现图 8-14 所示选择约束点对话框，通过鼠标直接在图形操作界面选择节点 5，弹出"Apply U"，ROT on Nodes"对话框，在"Lab2 DOFs to be constrained"选择框中选择"All DOF"选项，并在"VALUE Displacement value"文本框中输入"0"，如图 8-15 所示。本操作为对节点 5 施加约束。

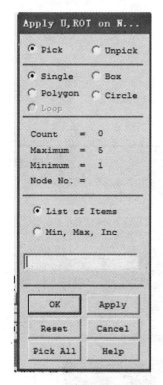

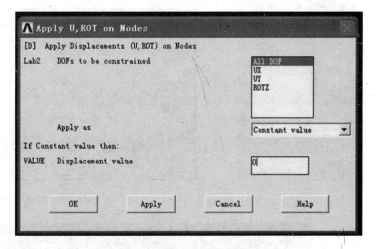

图 8-14 选择约束点   图 8-15 设置约束方向和位移大小

4）单击"Apply"按钮。

5）继续通过鼠标直接在图形操作界面选择节点 2，弹出"Apply U, ROT on Nodes"对话框，在"Lab2 DOFs to be constrained"选择框中选择"UY"选项，并在"VALUE Displacement value"文本框中输入"0"。本操作为对节点 2 施加约束。

6）单击"OK"按钮，关闭对话框。

7）选择 Utility Menu > Solution > Define Loads > Apply > Structural > Force/Moment > On

Nodes，弹出图 8-16 所示选择受力点对话框，通过鼠标直接在图形操作界面选择节点 4，弹出"Apply F/M on Nodes"对话框，在"Lab Direction of Force/mom"下拉列表框中选择"FY"选项，并在"VALUE Force/moment value"文本框中输入"-1000"，如图 8-17 所示。该操作为对节点 4 施加向下的集中载荷。

8）单击"Apply"按钮。

9）选择 Utility Menu > Solution > Define Loads > Apply > Structural > Force/Moment > On Nodes，弹出图 8-16 所示选择受力点对话框，通过鼠标直接在图形操作界面选择节点 3，弹出"Apply F/M on Nodes"对话框，在"Lab Direction of Force/mom"下拉列表框中选择"FY"选项，并在"VALUE Force/moment value"文本框中输入"-3000"，如图 8-17 所示。该操作为对节点 3 施加向下的集中载荷。

10）单击"OK"按钮，关闭对话框。

施加载荷和约束后的刚架如图 8-18 所示。

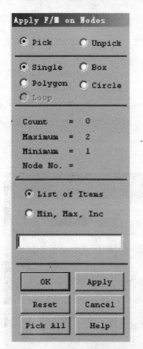

图 8-16　选择受力点

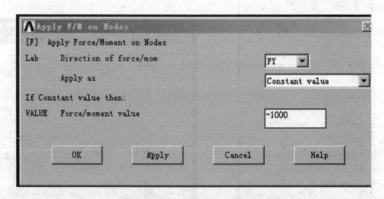

图 8-17　设置受力方向和大小

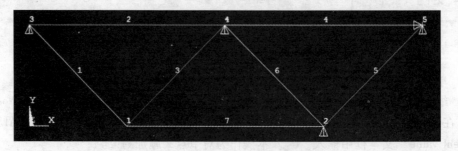

图 8-18　施加载荷和约束后的刚架

9. 求解

1）选择 Utility Menu > Solution > Solve > Current LS，弹出图 8-19 所示求解对话框，单击"OK"按钮，计算机将自动进行计算。

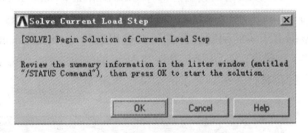

图 8-19　求解对话框

2）计算完毕后，系统将弹出图 8-20 所示求解完毕对话框。单击"Close"按钮，关闭对话框。

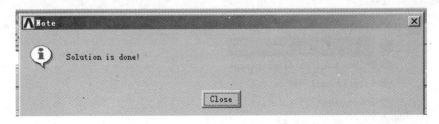

图 8-20　求解完毕对话框

10. 显示结果

1）选择 Utility Menu > General Postproc > Plot Results > Deformed Shape，弹出图8-21所示变形量显示设置对话框，选择"Def shape only"单选按钮，单击"Apply"按钮，在 GUI 上就显现出刚架受载后的变形情况，如图 8-22 所示。在图 8-21 中选择"Def + undeformed"单选按钮，在 GUI 上就显现出刚架受载后的变形情况和变形前的形状对比，如图 8-23 所示。

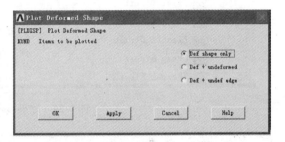

图 8-21　变形量显示设置对话框

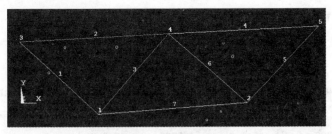

图 8-22　刚架受载后的变形情况

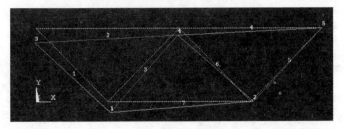

图 8-23　刚架受载前后变形对比

2）读取结果数据。选择 Utility Menu > General Postproc > List Results > Nodal Solution，弹出 "List Nodal Solution" 对话框。在 "DOF Solution" 选项中，展开图 8-24 所示的选项，可根据需求解的问题选择选项，这里选择 "Displacement vector sum（将显示所有点的位移结果）" 选项，系统弹出图 8-25 所示的结果文件。该文件显示了各个节点沿 x、y、z 和合成方向的位移值。得到要求的结果，求解完毕。

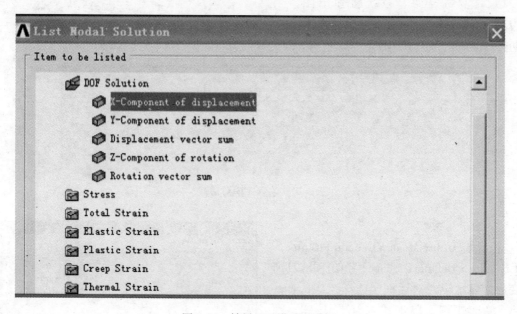

图 8-24 结果显示设置对话框

```
File

 PRINT U    NODAL SOLUTION PER NODE

 ***** POST1 NODAL DEGREE OF FREEDOM LISTING *****

 LOAD STEP=    1  SUBSTEP=     1
  TIME=    1.0000    LOAD CASE=   0

 THE FOLLOWING DEGREE OF FREEDOM RESULTS ARE IN THE GLOBAL COORDINATE SYSTEM

   NODE     UX          UY          UZ          USUM
     1    307.61      -1511.0      0.0000      1542.0
     2    350.30       0.0000      0.0000      350.30
     3   -215.34      -2000.0      0.0000      2011.6
     4   -238.88      -1000.0      0.0000      1028.1
     5    0.0000       0.0000      0.0000      0.0000

 MAXIMUM ABSOLUTE VALUES
 NODE      2           3           0           3
 VALUE    350.30      -2000.0      0.0000      2011.6
```

图 8-25 结果文件

8.1.2 工字悬臂梁应力分析

下面接下来分析另外一个实例。注意在此分析中采用的 ANSYS 分析步骤，部分详细的说明，以及几次将内存中的数据存到文件中的操作。

问题描述：使用 ANSYS 分析一个工字悬壁梁，如图 8-26 所示。求解在力 P 作用下点 A 处的变形。已知条件如下：

受力 $P = 4000\text{lbf}(1\text{lbf} = 4.448\text{N})$，工字悬壁梁长度 $L = 72\text{in}$（$1\text{in} = 0.0254\text{m}$），惯性矩 $I = 833\text{in}^4$，弹性模量 $E = 29 \times 10^6 \text{ psi}$（$1\text{psi} = 6894.76\text{Pa}$），横截面积 $A = 28.2\text{in}^2$，高度 $H = 12.71 \text{ in}$。

这里依照如下循序渐进的求解指导，介绍工字悬壁梁的静力分析过程。

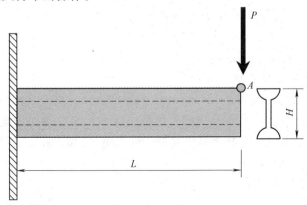

图 8-26 工字悬壁梁

1）启动 ANSYS。以交互模式进入 ANSYS，工作文件名为 beam。

2）创建基本模型。

① 选择 Utility Menu > Preprocessor > Modeling > Create > Keypoints > In Active CS（使用带有两个关键点的线模拟梁，梁的高度及横截面积将在单元的实常数中设置）。

② 输入关键点编号 1。

③ 输入 x、y、z 坐标（0，0，0）。

④ 单击 "Apply" 按钮。

⑤ 输入关键点编号 2。

⑥ 输入 x、y、z 坐标（72，0，0）。

⑦ 单击 "OK" 按钮。

⑧ 选择 Main Menu > Preprocessor > Modeling > Create > Lines > Lines > Straight Line。

⑨ 选取两个关键点。

⑩ 在拾取菜单中单击 "OK" 按钮。

这样就建立了工字悬壁梁模型，如图 8-27 所示。

图 8-27 工字悬壁梁模型

3）存储 ANSYS 数据库。选择 Toolbar > SAVE_DB。
注意弹出的拾取菜单，以及输入窗口中的操作提示。

ANSYS 数据库是当用户在建模求解时 ANSYS 保存在内存中的数据。由于在 ANSYS 初始对话框中定义的工作文件名为 beam，因此存储数据库到名为 beam. db 的文件中。经常存储数据库文件名是必要的。这样在进行了误操作后，可以恢复上次存储的数据库文件。存储及恢复操作，可以点取工具条，也可以选择菜单：Utility Menu > File。

4）设定分析模块。

① 选择 Main Menu > Preferences。

② 选择 Structural。

③ 单击"OK"按钮。

注意：使用"Preferences"对话框选择分析模块，以便于对菜单进行过滤。如果不进行选择，所有的分析模块的菜单都将显示出来。例如这里选择了结构模块，那么所有热、电磁、流体的菜单将都被过滤掉，使菜单更简洁明了。创建好几何模型以后，就要准备单元类型、实常数、材料属性，然后划分网格。

5）设定单元类型相应选项。

① 选择 Main Menu > Preprocessor > Element Type > Add/Edit/Delete。

② 单击"Add"按钮。

③ 在左边单元库列表框中选择"Beam"选项。

④ 在右边单元列表框中选择"2D elastic（BEAM3）"选项。

注意：对于任何分析，必须在单元类型库中选择一个或几个适合用户分析的单元类型。单元类型决定了辅加的自由度（位移、转角、温度等）。许多单元还要设置一些单元的选项，诸如单元特性和假设，单元结果的打印输出选项等。对于本问题，只需选择"BEAM3"选项并默认单元选项即可。

⑤单击"OK"按钮，接受单元类型并关闭对话框。

⑥单击"Close"按钮，关闭单元类型对话框。

6）定义实常数。

① 选择 Main Menu > Preprocessor > Real Constants。

② 单击"Add"按钮。

有些单元的几何特性，不能仅用其节点的位置充分表示出来，还需要提供一些实常数来补充几何信息。典型的实常数有壳单元的厚度、梁单元的横截面积等。某些单元类型所需要的实常数，以实常数组的形式输入。

③ 单击"OK"按钮，定义 BEAM3 的实常数。

④ 选择"Help"选项，可以得到有关单元 BEAM3 的帮助。

⑤ 查阅单元描述。

⑥ 选择 File > Exit，退出帮助系统。

⑦ 在"AREA"文本框中输入"28.2（横截面积）"。

⑧ 在"IZZ"文本框中输入"833（惯性矩）"。

⑨ 在"HEIGHT"文本框中输入"12.71（梁的高度）"。

⑩ 单击"OK"按钮，定义实常数并关闭对话框。

⑪ 单击"Close"按钮，关闭实常数对话框。

7）定义材料属性。

①　选择 Main Menu > Preprocessor > Material Props > Material Model Structural > Linear > Elastic > Isotropic。

②　单击 "OK" 按钮，定义材料 1。

③　在 "EX" 文本框中输入 "29e6（弹性模量）"，在 "PRXY" 文本框中输入 "0.28（泊松比）"。

④　单击 "OK" 按钮，定义材料属性并关闭对话框。

材料属性是与几何模型无关的本构属性，例如弹性模量、密度等。虽然材料属性并不与单元类型联系在一起，但由于计算单元矩阵时需要材料属性，ANSYS 为了用户使用方便，还是对每种单元类型列出了相应的材料类型。根据不同的应用，材料属性可以是线性或非线性的。与单元类型及实常数类似，一个分析中可以定义多种材料，每种材料设定一个材料编号。对于本问题，只需定义一种材料，这种材料只需定义一个材料属性——弹性模量。

8）保存 ANSYS 数据库文件 beamgeom.db。

①　选择 Utility Menu > File > Save as。

②　输入文件名 beamgeom.db。

③　单击 "OK" 按钮，保存文件并退出对话框。

在划分网格以前，用 beamgeom.db 表示几何模型的文件名保存数据库文件。一旦需要返回重新划分网格时就很方便了，因为 ANSYS 软件和其他 CAD 软件不同，没有操作返回功能，要去除一些误操作或者是剔除错误的结果，就需要恢复数据库文件。通过不同步骤阶段的数据保存，就可以方便用户很快恢复到出现错误前的步骤。

9）对几何模型划分网格。

①　选择 Main Menu > Preprocessor > Meshing > MeshTool。

②　选择 Mesh。

③　拾取 line。

④　在拾取对话框中单击 "OK" 按钮。

⑤　（可选）在 "MeshTool" 对话框中单击 "Close" 按钮。

10）保存 ANSYS 数据库到文件 beammesh.db。

①　选择 Utility Menu > File > Save as。

②　输入文件名：beammesh.db。

③　单击 "OK" 按钮，保存文件并退出对话框。

这次用 beammesh.db 表示已经划分网格后的文件名存储数据库。

11）施加载荷及约束。

①　选择 Main Menu > Solution > Define Loads > Apply > Structural > Displacement > On Nodes。

②　拾取最左边的节点。

③　在拾取对话框中单击 "OK" 按钮。

④　选择 "All DOF" 选项。

⑤　单击 "OK" 按钮（如果不输入任何值，位移约束默认为 0）。

图 8-28 所示为将左边节点全部约束的情况。

⑥　选择 Main Menu > Solution > Define Loads > Apply > Structural > Force/Moment > On

Nodes。

⑦ 拾取最右边的节点。

⑧ 在选取对话框中单击"OK"按钮。

⑨ 选择"FY"选项。

⑩ 在"VALUE"文本框中输入"-4000"。

⑪ 单击"OK"按钮。

图 8-28 左边节点全部约束

12）保存数据库文件到 beamload. db。

① 选择 Utility Menu > File > Save as。

② 输入文件名 beamload. db。

③ 单击"OK"按钮，保存文件并关闭对话框。

13）进行求解。

① 选择 Main Menu > Solution > Solve > Current LS。

② 查看状态窗口中的信息，然后选择 File > Close。

信息窗口如图 8-29 所示，它显示了一些建模类型、载荷步、计算输出设置等信息。计算时，以方便用户确认检查，一般情况下，可以直接关闭它。

③ 单击"OK"按钮开始计算。

④ 当出现"Solution is done!"信息提示窗口后，单击"OK"按钮关闭此窗口。

选择求解后，求解器将对一端固支，另一端施加向下力的悬壁梁问题进行求解。由于这个问题规模很小，使用任何求解器都能很快得到结果，这里使用默认的波前求解器进行求解。

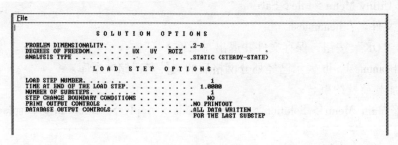

图 8-29 信息窗口

14）进入通用后处理读取分析结果。

选择 Main Menu > General Postproc > Read Results > First Set。

后处理用于通过图形或列表方式显示分析结果。通用后处理（POST1）用于观察指定载荷步的整个模型的结果。本问题只有一个载荷步。

15）图形显示变形。

① 选择 Main Menu > General Postproc > Plot Results > Deformed Shape。

② 在对话框中选择 "Def + undeformed" 选项。

③ 单击 "OK" 按钮。

如图 8-30 所示，梁变形前后的图形都将显示出来，以便进行对比。

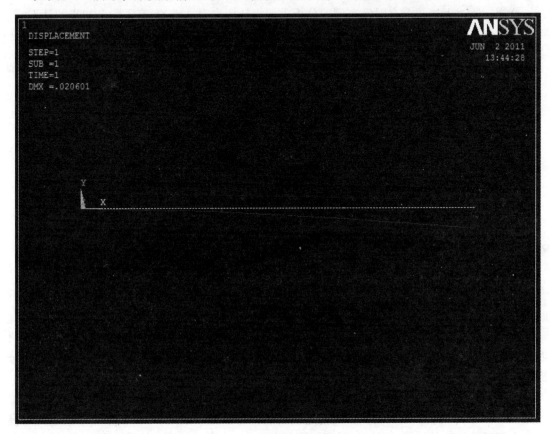

图 8-30　梁变形前后的图形对比

注意：由于力 *P* 对结构引起 *A* 点的变形，变形值在图形的左边标记为 "DMX"，可以将此结果与手算的结果进行对比：

根据弹性梁理论，*A* 点的变形值

$$yA = \frac{PL^3}{3EI} = 0.0206\text{in}$$

由此可见，两个结果是一致的。

16）（可选）列出反作用力。

① 选择 Main Menu > General Postproc > List Results > Reaction Solu。

② 单击 "OK" 按钮，列出所有项目，并关闭对话框。

③ 看完结果后，选择 File > Close，关闭窗口。

反力结果显示如图 8-31 所示。

17）退出 ANSYS。

① 单击工具条 Quit。

② 选择"Quit-No Save!"选项。

③ 单击"OK"按钮。

注意保存退出的时候，有如下选项：Save Geom + Loads，Save Geo + Ld + Solu，Save Everything（即保存所有项目），或 Quit-No Save! 用户根据需要慎重选择保存方式。

这样，通过上述两个有限元实例的分析求解，让用户对 ANSYS 有了一个初步的认识。

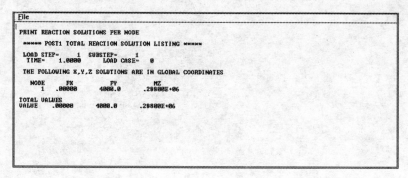

图 8-31　反力结果显示

8.2　ANSYS 分析的基本步骤

通过前面简单的实例分析让用户初步地了解了 ANSYS 软件的基本操作和求解过程。下面将分别加以具体阐述。

有限元分析（FEA）是对物理现象（几何及载荷工况）的模拟，是对真实情况的数值近似。通过划分单元，求解有限个数值来近似模拟真实环境的无限个未知量。ANSYS 在分析过程中，主要包括以下三个步骤。

1. 创建有限元模型

ANSYS 本身提供了强大的实体几何建模功能，可以像一般的 CAD 软件一样创建几何模型，也可以导入由其他 CAD 软件系统创建的模型。生成模型的典型步骤如下：

1）确定分析目标及模型的基本形式，选择合适的单元类型并考虑如何建立适当的网格密度。

2）进入前处理（或在命令窗口中输入 PREP7）。

3）建立工作平面。一般采用默认的工作平面。

4）激活适当的坐标系。

5）用自底向上或自顶向下的方法生成实体，或导入其他 CAD 软件已经建好的实体模型。

6）用布尔运算或编号控制或连接各个独立的实体模型域。

7）设置单元属性，包括单元类型、实常数、材料属性和坐标系等。

8）设置网格划分控制以建立需要的网格密度。若需用自动网格划分功能，可激活自适应网格划分工具条。

9）通过划分实体模型的网格生成节点和单元。

10）在生成节点和单元后定义面与面的接触单元、自由度耦合及约束方程等。

11）保存模型数据为 jobname. db 或 jobname. dbb。

12）退出前处理。

2. 施加载荷进行求解

载荷分类有多种，如从作用面大小可分为点载荷、面载荷、体载荷等，从外载荷类型还可分为各种机械力、位移、速度、加速度、温度场、电磁场等。这里的施加载荷还包括对实体模型的约束，即施加边界条件。

在外载荷施加完毕后，可选择求解类型，求解方程或其他一些相关设置。最后由计算机完成求解过程。

3. 结果后处理

在求解完毕后，将得到分析结果。用户可以查看分析结果，检验结果，并分析结果是否正确。

分析的三个主要步骤可在 ANSYS 图形操作界面（GUI）的主菜单中得到明确体现。下面逐步加以认识。

ANSYS GUI 中的功能排列按照一种动宾结构，以动词开始（如 Create），随后是一个名词（如 Circle）。菜单的排列，按照由前到后、由简单到复杂的顺序，与典型分析的顺序相同，如图 8-32 所示。最左边为 ANSYS 主菜单选项，从上到下主要包括分析模块选择、前处理器、求解器、结果后处理和时间历程后处理等多个选项。每个含有"＋"号的选项中可以再单击展开，如图 8-32 中间和右边选项。

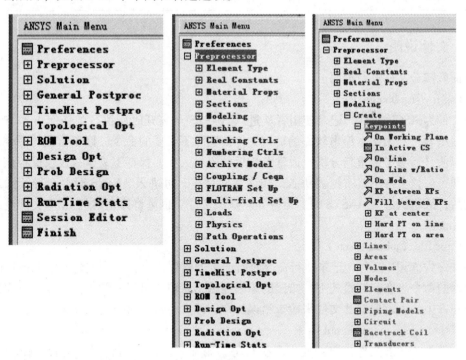

图 8-32　ANSYS 图形操作界面（GUI）的主菜单

8.3　文件管理

ANSYS 在分析过程中需要读写文件。文件的格式为 jobname. ext。其中 jobname 是设定的工作文件名；ext 是由 ANSYS 定义的扩展名，用于区分文件的用途和类型。启动时，ANSYS默认的工作文件名是 file。运行 ANSYS 时生成的部分文件见表 8-1。

表 8-1 运行 ANSYS 时生成的部分文件

	文件名称	形式
Log file	Jobname. log	ASCII
Error file	Jobname. err	ASCII
Output	Jobname. out	ASCII
Database file	Jobname. db	Binary
Results file	Jobname，rxx	Binary
（structural）	Jobname. rst	—
（thermal）	Jobname. rth	—
（Magnetic）	Jobname. rmg	—
Load step file	Jobname. sn	ASCII
Graphics file	Jobname. grph	Binary
Element matrics	Jobname. emat	Binary

8.3.1 文件说明

下面就部分文件进行说明。

1. Log file（jobname. log）

该文件为 ASCII 文件，记录使用者从进入 ANSYS 至离开时所执行的任何正确与错误的命令，使用者可利用文本编辑软件编辑该文件，删除不必要的命令，修正错误的命令，保留该文件以便日后参考或重新分析。通常分析后的资料太大，保存不易，故仅仅保存该命令文本文件即可。该文件不具有覆盖功能，如该文件存在，再进入 ANSYS 时，会继续添加在该文件之后，故每次进入 ANSYS 时，最好先删除该文件。也可将修正后的 LOG 文件更改扩展名以避免混淆。

2. Error file（jobname. err）

该文件为 ASCII 文件，记录执行命令时所产生的错误信息，其中包含有限元模块的不正确或错误的命令。在交互模式下，错误的原因在输出窗口中可以看到，但在非交互模式下程序的不正常中止，就要靠此文件来检查错误所在，该文件也不具有覆盖功能。

3. Output file（Jobaame. out）

该文件为 ASCⅡ文件，记录使用者执行每一条命令后的执行情况，不管该命令正确与否。在交互模式下，输出窗口所显示的内容就是该文件。在非交互模式下，ANSYS 执行完毕后便会有该文件产生。

4. Database file（Jobname. db）

该文件为 Binary 文件，记录有限元系统的资料，包括节点、元素、负载、解答及任何其他有关数据。该文件必须用 SAVE 的命令才能将最新的资料保存，或是离开 ANSYS 程序时自动保存。如果该文件已存在，则会用原有的文件用 Jobname. dbb 名称保存。

5. Results file（Jobname. rxx）

该文件为 Binary 文件，保存有限元模块分析完成后的解答，当结构正确无误分析完成后，使会生成该文件，不同领域分析的扩展名不一样，如结构力学分析（. rst）、热分析（. rth）、电磁分析（. rmg）。

8.3.2　ANSYS 数据库中存储的数据

ANSYS 的数据库，是指在前处理、求解及后处理过程中，ANSYS 保存在内存中的数据。数据库既存储输入的数据，也存储结果数据。

输入数据是指必须输入的信息，如模型尺寸、材料属性、载荷等。

结果数据是指 ANSYS 计算的数值，如位移、应力、应变、温度等。

存储操作将 ANSYS 数据库从内存中写入一个文件。数据库文件（以 db 为扩展名）是数据库当前状态的一个备份。Save as jobname 为立即保存数据库到 jobname. db 文件中，其中 jobname 为工作文件名。Save as 为弹出一个对话框，允许将数据库存储到另外名字的文件上。注意：ANSYS 中，"Save as"只将数据库复制到另外一个文件名上，并不改变当前的工作文件名。

Resume Jobname. db 为恢复操作，将数据库文件中的数据读入内存中，在这个过程中，将首先清除目前内存中的数据，将之替换成数据库文件中的数据。ANSYS 提供数据库文件备份。具体操作为选择"Files > Resume from"，然后选择 jobname. dbb，恢复到上一次存储的数据库。注意：操作过程中要保存文件，否则该命令失效。Resume from 为恢复某一步的数据操作。

有关存储与恢复操作的提示：

1）建议在分析过程中，隔一段操作就存储一次数据库文件，并分别命名为不同的文件名。

2）在进行不清除后果的（例如划分网格）或会造成重大影响的（例如删除操作）操作以前，最好先存储一下数据库文件。

3）如果在进行一个操作以前刚刚存储完数据库，可以选择工具条中的 RESUME_DB，进行"undo"。

4）为了最大程度地减小由于误操作引起的文件覆盖等，建议培养以下习惯：

① 针对每个分析项目，设置单独的子目录。

② 每求解一个新问题使用不同的工作文件名，在 AYSYS 启动对话框中设置工作文件名。

5）注意：

① ANSYS 的 Output 文件在交互操作中并不自动被写出，在交互操作中，用户必须选择 Utility Menu > File > Switch Output to > File，把 output 写到一个文件中。

② 分析完成后，用户必须保存如下文件：log 文件（. log）、数据库文件（. db）、结果文件（. rst，. rth 等）、载荷步文件（. s01，. s02，…）、输出文件（. out）、物理环境文件（. ph1，. ph2，…）。

③ 注意 log 文件只添加，不会覆盖。

8.4 有限元模型的创建

8.4.1 实体建模的概念

1. 区分实体模型与有限元模型

如今几乎所有的有限元分析模型都用实体模型建模，类似于 CAD，ANSYS 以数学的方式表达结构的几何形状，用于在里面填充节点和单元，还可以在几何模型边界上方便地施加载荷。但是，几何实体模型并不参与有限元分析。所有施加在几何实体边界上的载荷或约束必须最终传递到有限元模型上（节点或单元上）进行求解。图 8-33 所示为将实体模型转换为有限元模型的示例。

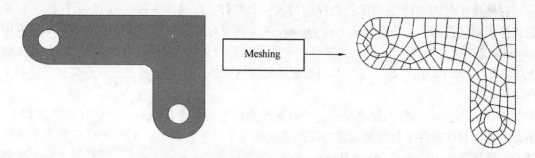

图 8-33 将实体模型转换为有限元模型的示例

由几何模型创建有限元模型的过程称为网格划分（meshing）。

2. 四种创建模型的方法

在 ANSYS 中，实体模型和有限元模型的创建总共有四种途径，见表 8-2。

表 8-2 创建模型途径

操 作	CAD 软件包	ANSYS
A		1. 创建实体模型 2. 划分网格形成有限元模型
B	1. 建立实体模型 2. 根据需要定义实体特征 3. 导出实体模型	1. 导入实体模型 2. 根据需要修改实体模型 3. 划分网格形成有限元模型
C		根据需要直接建立节点和单元
D	1. 建立实体模型 2. 定义实体特征 3. 划分网格生成有限元模型 4. 导出有限元模型	导入有限元模型

从表 8-2 中可以看出，用户可以直接在 ANSYS 中建立实体模型或有限元模型，也可以从其他 CAD 软件包中导入实体模型或有限元模型。

3. 四类实体模型图元以及它们之间的层次关系

任何实体模型，都包括四类基本图元：点、线、面和体。

图 8-34 所示清晰地说明了四类图元之间的相互关系，即点最基本，由点构成线，由线构成面，由面到体。具体说明如下：

1）体（3D 模型）由面围成，代表三维实体。

2）面（表面）由线围成，代表实体表面、平面形状或壳（可以是三维曲面）。

3）线（可以是空间曲线）以关键点为端点，代表物体的边。

4）关键点（位于 3D 空间）代表物体的角点。

从最低阶到最高阶，模型图元的层次关系为：关键点（Keypoints）、线（Lines）、面（Areas）、体（Volumes）。

需要注意的是，如果低阶的图元连在高阶图元上，则低阶图元不能删除。

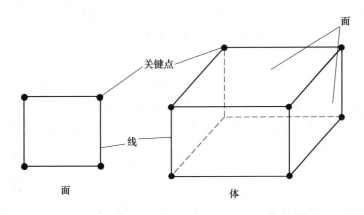

图 8-34 四类图元之间的相互关系

8.4.2 坐标系

1. 坐标系的类型

ANSYS 程序提供了多种坐标系供用户选取。

1）总体和局部坐标系。用来定位几何形状参数（节点、关键点等）的空间位置。

2）显示坐标系。用于几何形状参数的列表和显示。

3）节点坐标系。定义每个节点的自由度方向和节点结果数据的方法。

4）单元坐标系。确定材料特性主轴和单元结果数据的方向。

5）结果坐标系。用来列表、显示或在通用后处理操作中将节点或单元结果转换到一个特定的坐标系中。

2. 总体和局部坐标系

总体和局部坐标系用来定位几何体。默认情况下，当定义一个节点或关键点时，其坐标系为总体笛卡儿坐标系，可是对有些模型，定义为总体笛卡儿坐标系之外的坐标系可能更方便。ANSYS 程序允许用任意预定义的三种（总体）坐标系的任意一种来输入几何数据，或在任何用户定义的（局部）坐标系中进行此项工作。

（1）总体坐标系 总体坐标系统被认为是一个绝对的参考系。ANSYS 程序提供了前面定义的三种总体坐标系：笛卡儿坐标系（Cartesian）、柱坐标系（Cylindrical）和球坐标系（Spherical）。所有这三种坐标系都是右手坐标系，且由定义可知有共同的原点。它们由其坐标系号来识别：0 是笛卡儿坐标系，1 是柱坐标系，2 是球坐标系，如图 8-35 所示。

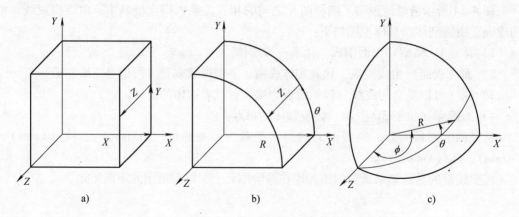

图 8-35 ANSYS 的三种坐标系

a）笛卡儿坐标系（X、Y、Z）   b）柱坐标系（R、θ、Z）   c）球坐标系（R、θ、ϕ）

（2）局部坐标系 在许多情况下，必须要建立自己的坐标系。其原点与总体坐标系的原点偏移一定的距离，或其方位不同于先前定义的总体坐标系，如图 8-36 所示为用于局部、节点或工作平面坐标系旋转的欧拉旋转角。用户可定义局部坐标系，按以下方式创建：

1）按总体笛卡儿坐标定义局部坐标系。

命令：LOCAL

GUI：Utility Menu > WorkPlane > Local Coordinate Systems > Create Local CS > At Specified Loc

2）通过已有节点定义局部坐标系。

命令：CS

GUI：Utility Menu > WorkPlane > Local Coordinate Systems > Create Local CS > By 3 Nodes

3）通过已有关键点定义局部坐标系。

命令：CSKP

GUI：Utility Menu > WorkPlane > L ocal Coordinate Systems > Create Local CS > By 3 Keypoints

4）以当前定义的工作平面的原点为中心定义局部坐标系。

命令：CSWPLA

GUI：Utility Menu > WorkPlane > Local Coordinate Systems > Create Local

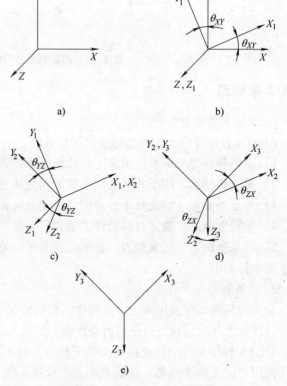

图 8-36 用于局部、节点或工作平面坐标系旋转的欧拉旋转角

a）原坐标系 b）绕 Z 轴旋转 c）绕 X 轴旋转 d）绕 Y 轴旋转 e）新坐标系

CS > At WP Origin

5）通过激活的坐标系由 CLOCAL 命令定义局部坐标系。

当用户定义了一个局部坐标系后，它就会被激活。当创建了局部坐标系后，分配给它一个坐标系号（必须是 11 或更大），可以在 ANSYS 程序中的任何阶段建立（或删除）局部坐标系。

若要删除一个局部坐标，利用下列方法：

命令：CSDELE

GUI：Utility Menu > WorkPlane > Local Coordinate Systems > Delete Local CS

要查看所有的总体和局部坐标系使用下列方法：

命令：CSLIST

GUI：Utility Menu > List > Other > Local Coord Sys

与三个预定义的总体坐标系类似，局部坐标系可以是笛卡儿坐标系、柱坐标系或球坐标系。

局部坐标系可以是圆的，也可以是椭圆的，此外，还可以建立环形坐标系，如图 8-37 所示。

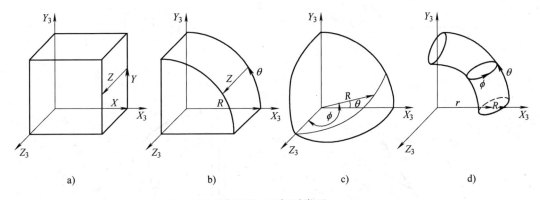

图 8-37　坐标系类型

a）笛卡儿坐标系　b）柱坐标系　c）球坐标系　d）环形坐标系

用户可定义任意多个坐标系，但某一时刻只能有一个坐标系被激活。激活坐标系的方法如下：首先自动激活总体笛卡儿坐标系。每当用户定义一个新的局部坐标系，这个新的坐标系就会自动被激活。

如果要激活一个总体坐标系或以前定义的坐标系，可用下列方法：

命令：CSYS

GUI：Utility Menu > Change Active CS to > Global Cartesian

　　　Utility Menu > Change Active CS to > Global Cylindrical

　　　Utility Menu > Change Active CS to > Global Spherical

　　　Utility Menu > Change Active CS to > Specified Coord Sys

　　　Utility Menu > Change Active CS to > Working Plane

在 ANSYS 程序运行的任何阶段都可以激活某个坐标系。若没有明确地改变激活的坐标系，当前激活的坐标系将一直保持有效。

在定义节点或关键点时，不管哪个坐标系是激活的，程序都将坐标标为 X、Y 和 Z，如果激活的不是笛卡儿坐标系，用户应将 X、Y、Z 理解为柱坐标系中的 R、θ、Z 或球坐标系及环形坐标系中的 R、θ、ϕ。

给一个单一的坐标就表示一个曲面。例如，在笛卡儿坐标中 $X=3$ 表示在 $X=3$ 处的平面（或曲面）。这种曲面常与各种命令一起使用（如选择命令 xSEL，移动命令 MOVE、KMOVE 等）。由常量生成的一些曲面如图 8-38 和图 8-39 所示。这些曲面均可在总体或局部坐标系中按所需的方向定位。对椭圆坐标系，曲面 $R=C$ 中 R 只能是沿 X 轴取值。

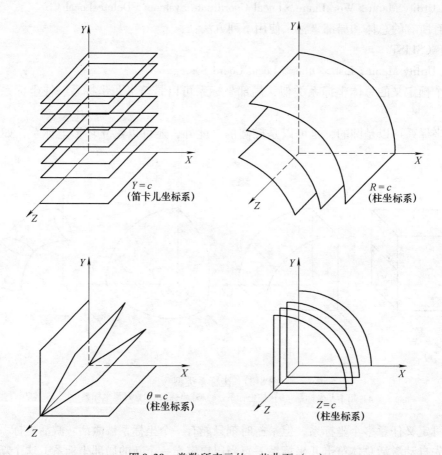

图 8-38　常数所表示的一些曲面（一）

曲面可看成是无限延伸的。如图 8-40 所示，圆柱面在 $\theta = \pm 180°$ 处奇异。所以生成节点（FILL）命令或生成关键点（KFILL）命令不能超过 $180°$ 线。这样，从 A 点到 C 点经过 B 点，从 A 点到 D 点要经过 E 点，从 C 点到 D 点要经过 B、A 和 C 点。

对柱坐标系可将奇异点移至 $\theta = 0°$（或 $360°$），则从 C 点到 D 点就可以不通过 B、A 和 E 点了。移动奇异点使用下列方法：

命令：CSCIR

GUI：Utility Menu > WorkPlane > Local Coordinate Systems > Move Singularity

同样，环形坐标系在 $\phi = \pm 180°$ 处发生奇异，可用上述方法将其转移。球坐标系在 $\phi = \pm 90°$ 处发生奇异，因此，不使用这些位置。

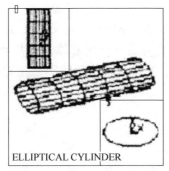

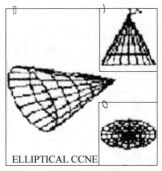

Elliptical Cylinder (R =10.0, PAR1= 0.5)

Elliptical Cone (ϕ = 60°, PAR1=0.5)

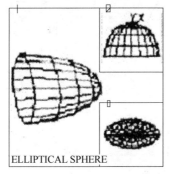

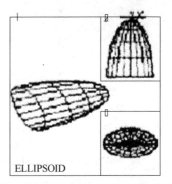

Elliptical sphere (R =10.0, PAR1 = 0.5)

Ellipsoid (R=10.0, PAR1 = 0.5, PAR2 = 2.0)

图 8-39 常数所表示的一些曲面（二）

注意：奇异点不影响实体模型中的线。两个关键点之间的曲线将取其夹角最小的路径而不管奇异点的位置如何（为此，曲线不会超过 180°）。在图 8-40 中，从 B 点到 D 点或从 D 点到 B 点的圆弧都经过 C 点。

3. 显示坐标系

在默认情况下，即使是在其他坐标系中定义的节点和关键点，其列表都显示它们的总体笛卡儿坐标。可用下列方法改变显示坐标系：

命令：DSYS

GUI：Utility Menu > Change Display CS to > Global Cartesian

Utility Menu > Change Display CS to > Global Cylindrical

Utility Menu > Change Display CS to > Global Spherical

Utility Menu > Change Display CS to > Specified Coord Sys

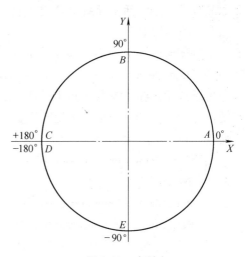

图 8-40 奇异点

改变显示坐标系也会影响图像显示。除非用户有特殊的需要，一般在用诸如 NPLOT、EPLOT 命令显示图像前，应将显示坐标系重置为 C、S、0（总体笛卡儿坐标系）。DSYS 命令对 LPLOT、APLOT 和 VPLOT 命令无影响。

4. 节点坐标系

总体和局部坐标系用于几何体的定位，而节点坐标系则用于定义节点自由度的方向。每个节点都有自己的节点坐标系，在默认情况下，它总是平行于总体笛卡儿坐标系（与定义节点的激活坐标系无关）。如图 8-41 所示，可用下列方法将任意节点坐标系旋转到所需方向：

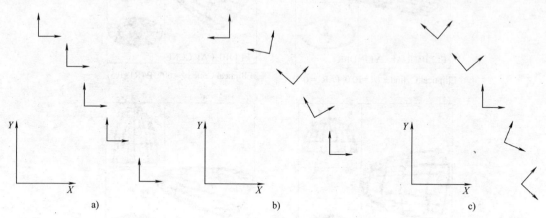

图 8-41　节点坐标系
a）默认情况　b）绕局部柱坐标系旋转　c）绕总体柱坐标系旋转

1）将节点坐标系旋转到激活坐标系的方向。即节点坐标系的 X 轴转成平行于激活坐标系的 X 轴或 R 轴，节点坐标系的 Y 轴旋转到平行于激活坐标系的 Y 轴或 θ 轴。节点坐标系的 Z 轴转成平行于激活坐标系的 Z 或 ϕ 轴。

命令：NROTAT

GUI：Main Menu > Preprocessor > Create > Nodes > -Rotate Node CS-To Active CS

Main Menu > Preprocess > Move/Modify > -Rotate Node CS-To Active CS

2）按给定的旋转角旋转节点坐标系（由于通常不易得到旋转角，因此 NROTAT 命令可能更有用）。在生成节点时可以定义旋转角度，或对已有节点指定旋转角度（NMODIF 命令）。

命令：N

GUI：Main Menu > Preprocessor > Create > Nodes > In Active CS

命令：NMODIF

GUI：Main Menu > Preprocessor > Create > Nodes > -Rotate Node CS-By Angles

Main Menu > Preprocessor > Move/Modify > -Rotate Node CS-By Angles

可利用下列方法列出节点坐标系相对总体笛卡儿坐标系旋转的角度。

命令：NANG

GUI：Main Menu > Preprocessor > Create > Nodes > -Rotate Node CS-By Vectors

Main Menu > Preprocessor > Move/Modify > -Rotate Node CS-By Vectors

命令：NLIST

GUI：Utility Menu > List > Nodes

Utility Menu > List > Picked Entities > Nodes

输入数据在节点坐标系中译码包含的分量如下：约束自由度、力、主自由度、从自由度、约束方程。

下列是在节点坐标系下输出文件和 POST26 中显示的数据结果：①自由度解；②节点载荷；③反作用载荷。在 POST1 中，结果数据是换算到结果坐标系（RSYS）下记录的，而不是在节点坐标系下。

5. 单元坐标系

每个单元都有它自己的坐标系，单元坐标系用于规定正交材料特性的方向和面力结果（如应力和应变）的输出方向。所有的单元坐标系都是正交右手坐标系。大多数单元坐标系的默认方向遵循以下规则：

1）线单元的 X 轴通常从该单元的 I 节点指向 J 节点。

2）壳单元的 X 轴通常也取 I 节点到 J 节点的方向。Z 轴过 I 点且与壳面垂直，其正方向由单元的 I、J 和 K 节点按右手定则确定，Y 轴垂直于 X 轴和 Z 轴。

3）对二维和三维实体单元的单元坐标系总是平行于总体笛卡儿坐标系。

然而，并非所有的单元坐标系都符合上述规则，对于特定单元坐标系的默认方向参见 ANSYS 单元手册部分的详细说明。

许多单元类型都有关键字选项，这些选项用于修改单元坐标系的默认方向。对面单元和体单元而言，可用下列命令将单元坐标系的方向调整到已定义的局部坐标系上。

命令：ESYS

GUI：Main Menu > Preprocessor > -Attributes-Define > Default Attribs

　　　Main Menu > Preprocessor > Create > Elements > Elem Attributes

　　　Main Menu > Preprocessor > Operate > Extrude/Sweep > Default Attributes

如果既用 KEYOPT 命令又用了 ESYS 命令，则 KEYOPT 命令的定义有效。对某些单元而言，通过输入角度可相对先前的方向进一步旋转（例如，SHELL63 单元中的实常数 THETA）。

6. 结果坐标系

在求解的过程中，计算的结果数据有位移（UX、UY、ROTX 等），梯度（TGX、TGY 等），应力（SX、SY、SZ 等），应变（EPPLX、EPPLXY 等）等。这些数据存储在数据库和结果文件中，要么是节点坐标系（初始或节点数据），要么是单元坐标系（导出或单元数据）。但是，结果数据通常是旋转到激活的结果坐标系（默认为总体坐标系）中显示、列表和单元表数据存储（ETABLE 命令）。

用户可将活动的结果坐标系转到另一个坐标系（如总体柱坐标系或一个局部坐标系），或转到在求解时所用的坐标系下（例如，节点和单元坐标系）。如果用用户列表、显示或操作这些结果数据，则它们将首先被旋转到结果坐标系下，然后用户的命令才会被执行。利用下列方法即可改变结果坐标系：

命令：RSYS

GUI：Main Menu > General Postproc > Options for Output

　　　Utility Menu > List > Results > Options

8.4.3　工作平面

工作平面（WP）是一个可移动的参考平面，类似于"绘图板"。工作平面是一个无限大的平面，有原点、2D 坐标系、捕捉增量和显示栅格。在同一时刻只能定义一个工作平面

（即定义一个新的工作平面时就会删除已有工作平面），工作平面与坐标系无关，是独立的。例如，工作平面与激活的坐标系可以有不同的原点和旋转方向。

进入 ANSYS 后，系统有一个默认的工作平面，即总体笛卡儿坐标系（也称为直角坐标系）的 XY 平面，工作平面的 WX、WY 轴分别取为总体笛卡儿坐标系的 X 轴与 Y 轴。ANSYS 的工作平面如图 8-42 所示。

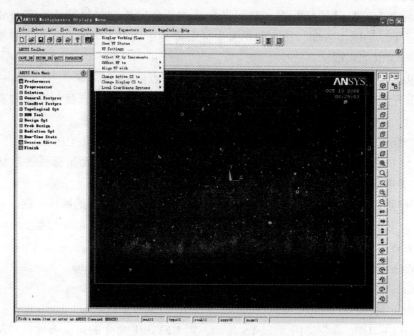

图 8-42　ANSYS 的工作平面

1. 使用工作平面

用户可以通过下列五种方法之一定义一个新的工作平面。

1) 由 3 点定义一个工作平面，命令如下：

命令：WPLANE

GUI：Utility Menu > WorkPlane > Align WP with > XYZ Locations

2) 由 3 个节点定义一个工作平面，命令如下：

命令：NWPLAN

GUI：Utility Menu > WorkPlane > Align WP with > Nodes

3) 由 3 个关键点定义一个工作平面，命令如下：

命令：KWPLAN

GUI：Utility Menu > WorkPlane > Align WP with > Keypoints

4) 由经过一指定线上的点的垂直于视向量的平面定义一个工作平面，命令如下：

命令：LWPLAN

GUI：Utility Menu > WorkPlane > Align WP with > Plane Normal to Line

5) 通过现有坐标系的 $X-Y$（或 $R-\theta$）平面来定义工作平面，命令如下：

命令：WPCSYS

GUI：Utility Menu > WorkPlane > Align WP with > Active Coord Sys

> Utility Menu > WorkPlane > Align WP with > Global Cartesian
>
> Utility Menu > WorkPlane > Align WP with > Specified Coord Sys

显示工作平面及其状态的命令为：

命令：WPSTYL

GUI：Utility Menu > Working Plane > Display Working Plane

获得工作平面状态（即位置、方向和增量）的命令为：

命令：STAT

GUI：Utility Menu > List > Status > Working Plane

2. 移动工作平面

工作平面原点的默认位置与总体坐标原点重合，但可以平移工作平面，便于创建 2D 几何模型、工作平面及激活的坐标系统。工作平面是 2D 的绘图板，用于定位在建模过程中的几何项目。用户可以利用下列四种方法之一来移动工作平面到一个新的原点。

1）移动工作平面原点到关键点位置，命令如下：

命令：KWPAVE

GUI：Utility Menu > WorkPlane > Offset WP to > Keypoints

2）移动工作平面原点到节点位置，命令如下：

命令：NWPAVE

GUI：Utility Menu > WorkPlane > Offset WP to > Nodes

3）移动工作平面原点到指定点位置，命令如下：

命令：WPAVE

GUI：Utility Menu > WorkPlane > Offset WP to > Global Origin

　　　Utility Menu > WorkPlane > Offset WP to > Origin of Active CS

　　　Utility Menu > WorkPlane > Offset WP to > XYZ Locations

4）平移工作平面一定的增量，命令如下：

命令：WPOFFS

GUI：Utility Menu > WorkPlane > Offset WP by Increments

3. 旋转工作平面

在平面内同时旋转工作平面的 X 和 Y 坐标轴或旋转整个工作平面到新的位置（如果不清楚旋转角度，可以重新定义一个新的工作平面更简单）。旋转工作平面的命令如下：

命令：WPROTA

GUI：Utility Menu > WorkPlane > Offset WP by Increments

4. 增强工作平面

在徒手创建几何图元时，捕捉功能用离散的、可控的增量代替光滑移动，更精确地选取坐标或关键点等。捕捉功能具有如下特点：捕捉可以打开或关闭，捕捉增量可调，捕捉增量可设置与工作平面间距相等（相当于在坐标纸上绘图）。

用 WPSTYL 命令或 GUI 方法可增强工作平面的功能，使其具有捕捉增量、显示栅格、恢复容差和坐标类型功能。然后就可迫使用户坐标系随工作平面移动，命令如下：

命令：CSYS

GUI：Utility Menu > WorkPlane > Change Active CS to > Global Cartesian

Utility Menu > WorkPlane > Change Active CS to > Global Cylindrical

Utility Menu > WorkPlane > Change Active CS to > Global Spherical

Utility Menu > WorkPlane > Change Active CS to > Specified Coordinate Sys

Utility Menu > WorkPlane > Change Active CS to > Working Plane

Utility Menu > WorkPlane > Offset WP to > Global Origin

5. 还原一个已定义的工作平面

尽管实际上不能存储一个工作平面，用户可以在工作平面的原点创建一个局部坐标系，然后利用这个局部坐标系还原一个已定义的工作平面。

在工作平面的原点创建局部坐标系用下列方法：

命令：CSWPLA

GUI：Utility Menu > WorkPlane > Local Coordinate Systems > Create Local CS > At WP Origin

利用局部坐标系还原一个已定义的工作平面利用下列方法：

命令：WPCSYS

GUI：Utility Menu > WorkPlane > Align WP with > Active Coord Sys

　　　Utility Menu > WorkPlane > Align WP with > Global Cartesian

　　　Utility Menu > WorkPlane > Align WP with > Specified Coord Sys

6. 捕捉增量

如果没有捕捉功能，在工作平面上将光标定位到已定义的点上将是一件非常困难的事。为了能精确地拾取，可用 WPSTYL 命令或 GUI 建立捕捉增强功能。一旦建立了捕捉增量，拾取点将定位在工作平面上最近的捕捉点。数学上表示如下，当光标在区域

$$N * SNAP - SNAP/Z \leqslant X < N * SNAP + SNAP/2$$

对任意正整数 N，拾取点的 X 坐标为

$$XP = N * SNAP$$

在工作平面坐标系中的 X、Y 坐标均可建立捕捉增量，捕捉增量也可以看成是个方框，拾取到方框里的点将定位于方框的中心，如图 8-43 所示。

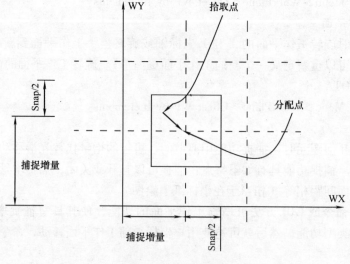

图 8-43　捕捉增量

7. 显示栅格

可在屏幕上建立栅格以帮助用户观察工作平面上的位置和方向。栅格的间距、状况和边界可由 WPSTYL 命令来设定（栅格与要捕捉点无任何关系）。发出不带参量的 WPSTYL 命令控制栅格在屏幕上打开和关闭。

8. 恢复容差

需拾取的图元可能不在工作平面上，而是在工作平面附近，这时，通过 WPSTYL 命令或 GUI 路径指定恢复容差，在此容差内的图元将认为是在工作平面上的。这种容差就如同在恢复拾取时，给了工作中的一个厚度。

9. 坐标系类型

有两种可选的工作平面：笛卡儿坐标系工作平面和极坐标系工作平面。讨论到这一点主要针对笛卡儿坐标系工作平面，但当几何体容易在极坐标 (r, θ) 系中表述时可能用到极坐标系工作平面。图 8-44 所示为用 WPSTYL 命令激活了极坐标系工作平面的栅格。在极坐标系工作平面中拾取操作与在笛卡儿坐标系工作平面中的是一致的。对捕捉参数进行定位的栅格点的标定是通过指定待捕捉点之间的径向距离（SNAP ON WPSTYL）和角度（SNAPANG）来实现的。

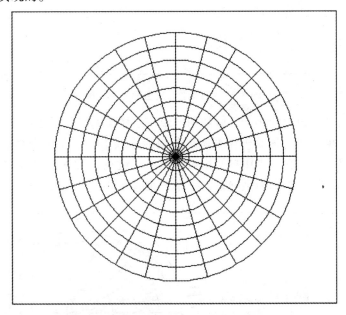

图 8-44　极坐标系工作平面栅格

10. 工作平面的轨迹

如果用户用与坐标系会合在一起的工作平面定义几何体，可能发现工作平面是完全与坐标系分离的。例如，当改变或移动工作平面时，坐标系并不做出反映新工作平面类型或位置的变化。这可能使用户结合使用拾取（靠工作平面）和键盘输入定义关键点（用激活的坐标系）变得无效。例如，用户将工作平面从默认位置移开，然后想要在新的工作平面的原点用键盘输入定义一个关键点（即 K，1205，0，0），会发现关键点落在坐标系的原点而不是工作平面的原点，如图 8-45 所示。

如果用户想强迫激活的坐标系在建模时随工作平面一起移动，可以在用 CSYS 命令或

GUI 路径时利用一个选项来自动完成。命令 CSYS、WP 或 CSYS4 将迫使激活的坐标系与工作平面有相同类型（如笛卡儿）和相同的位置。那么，尽管用户离开了激活的坐标系 WP 或 4，在移动工作平面时，坐标系将随其一起移动。如果改变所用工作平面的类型，坐标系也将相应更新。例如，当用户将工作平面从笛卡儿坐标系转为极坐标系时，激活的坐标系也将从笛卡儿坐标系转为极坐标系。

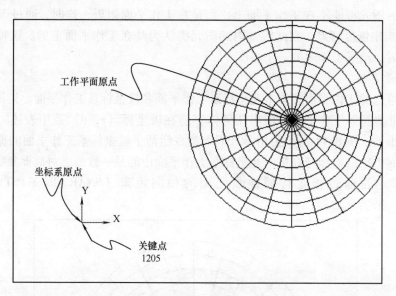

图 8-45　工作平面与坐标系不匹配

如果重新来看上面讨论的例子，假如用户想在已移动工作平面之后将一个关键点放置在工作平面的原点，但这次在移动工作平面之前激活跟踪工作平面（CSYS，WP），然后像前面一样移动工作平面，现在，当用户使用键盘定义关键点（即 K, 1205, 0, 0），这个关键点被放在工作平面的原点，因为坐标系与工作平面的方位一致，如图 8-46 所示。

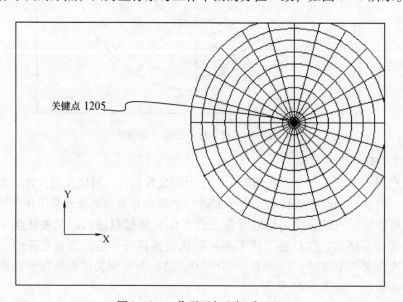

图 8-46　工作平面与坐标系匹配

8.4.4　2D 体素

体素是指预先定义好的、具有共同形状的面或体。体素的层次从下到上依次是点、线、面、体。

创建体素过程：Main Menu > Preprocessor > -Modeling-Create > …

如创建一个矩形，等于自动创建了九个图元：四个关键点、四条线和一个面。创建的面将位于工作平面内，定义取决于工作平面的坐标系。而且 ANSYS 将自动对每个图元编号。

8.4.5　图元的绘制、编号及删除

当多个图元同时在图形窗口中显示时，可以通过打开某种图元类型编号来区分它们，这些图元以不同的标号和颜色显示。

操作方式：Utility Menu > PlotCtrls > Numbering。弹出图 8-47 所示的图元对话框。下面详细说明：

KP——开启/关闭关键点编号；

LINE——开启/关闭线的编号；

AREA——开启/关闭面的编号；

VOLU——开启/关闭体的编号；

NODE——开启/关闭体的编号。

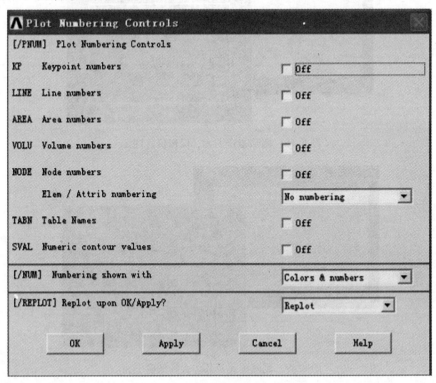

图 8-47　图元编号显示对话框

图元编号可以自行设定，也可由软件默认设定。开启图元的编号显示后，可通过不同颜

色显示不同图元，达到区别图元的目的。同时，图元编号显示在图元的"热点"上。

对于面或体，热点为图形中心；对于线，有三个热点，即线的两个端点和线段的中点。热点非常重要，因为在图形窗口拾取图元时，只有选择图形的热点，才能确保拾取到所需要的图元。这对于复杂实体有多个图形重叠的情况非常重要。

运行 ANSYS 时，图元字体一般为默认的编号字体，比较小，可按下述方法修改字体、字号：

1）选择 Utility Menu > PlotCtrls > Font Controls > Entity Font > …

2）选择需要的字体、字号等。

3）单击"OK"按钮。

4）选择 Utility Menu > Plot > Replot。

当删除图元时，ANSYS 提供两种选择：

1）可以只删除指定的图元，保留这个图元所包含的低阶图元，只删除面，保留面上的线及关键点，如图 8-48 所示。

2）也可以连这个图元包含的低阶图元一块删去，删除面以及面所包含的低阶图元（线、关键点），如图 8-49 所示。

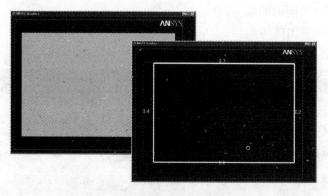

图 8-48　删除指定图元，保留低阶图元

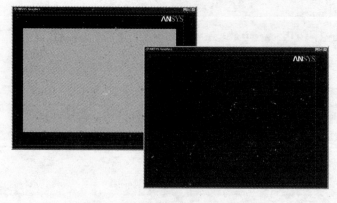

图 8-49　删除图元及其包含的低阶图元

8.4.6　布尔操作

布尔操作是指几何图元进行组合计算。ANSYS 的布尔操作包括 add、subtract、intersect、

divide、glue 以及 overlap，它们不仅适用于简单的体素中的图元，也适用于从 CAD 系统传入的复杂几何模型。

　　布尔操作有助于建立比较复杂的有限元模型。如图 8-50 所示，这个看起来复杂的模型，实际上是一个方块与一个空心球进行求交（intersect）布尔操作的结果。

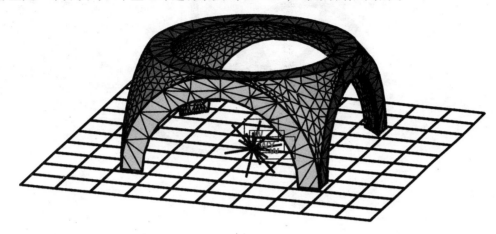

图 8-50　布尔操作模型

　　下面简单介绍布尔操作的使用。

　　选择 Main Menu > Preprocessor >-Modeling-Operate > Booleans，展开图 8-51 所示布尔操作的选择。根据提示在图形窗口拾取取图形，然后在对话框中单击"OK"或"AP-PLY"按钮。

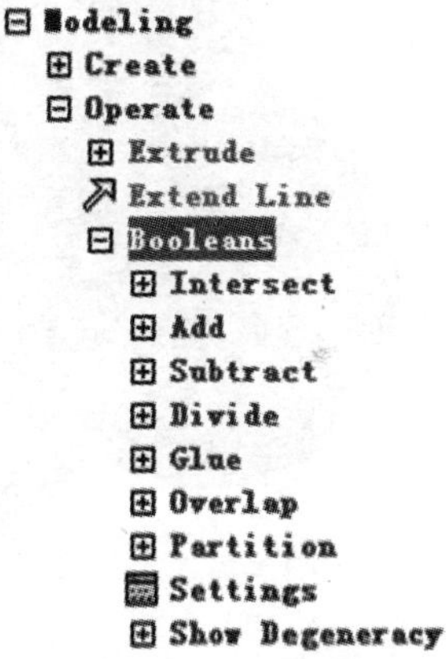

　　布尔操作主要包括如下几个对话窗口：

　　1. 交运算（intersect）

　　由每个初始图元的共同部分形成一个新图元。即新图元为多个图元的重复区域。线集的两两相交一般为一个关键点，面集的两两相交为线，体与体的相交一般为面。图 8-52 所示为交运算结果。

　　2. 加运算（add）

　　加运算也称为并、连接、和，是包含各个图元所有部分

```
☐ Modeling
  ⊞ Create
  ☐ Operate
    ⊞ Extrude
    ⤴ Extend Line
    ☐ Booleans
      ⊞ Intersect
      ⊞ Add
      ⊞ Subtract
      ⊞ Divide
      ⊞ Glue
      ⊞ Overlap
      ⊞ Partition
      ▨ Settings
      ⊞ Show Degeneracy
```

图 8-51　布尔操作的选择

的新图元。新图元为一个整体，没有接缝。加运算也主要包括线、面、体的加运算。图 8-53 所示为加运算结果。

　　3. 减运算（subtract）

　　减运算为从某个图元减去另一个图元。它包括以下几个操作：从线中减去线，从面中减去面，从体中减去体，从线中减去面，从面中减去体和从面中减去线。Divide 还可用于用工作平面的减运算。图 8-54 所示为减运算结果。

　　4. 搭接运算（overlap）

　　搭接运算用于连接两个或者多个图元，以生成三个或者更多个新图元的集合。该操作除了在搭接域周围生成了多个边界外，与加运算非常类似。它生成的是多个相对简单的区域，更容易进行网格划分。图 8-55 所示为经过搭接运算前后的结果比较。

图 8-52 交运算结果

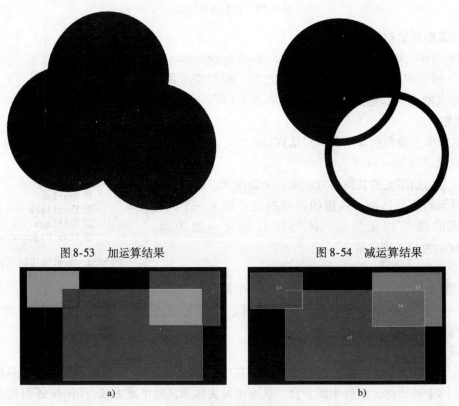

图 8-53 加运算结果   图 8-54 减运算结果

图 8-55 搭接运算
a）搭接运算前   b）搭接运算后

5. 分割运算（partition）

用于连接两个或者多个图元，以生成三个或者更多个新图元的集合。如果搭接区域与原始图元有相同的维数，那么分割结果与搭接结果相同。与搭接结果不同的是，没有参与搭接的输入图元将不被删除。分割运算可用于网格划分中,便于特殊区域的网格细化。

6. 粘接运算(glue)

与搭接命令类似,粘接运算时只是图元间仅仅在公共边界处相关,且公共边界的维数低于原始图元一维。这些图元间相互独立,只在边界上连接。

7. 布尔操作注意事项

1)在默认情况下,布尔操作完成后,输入的图元被删除。

2)被删除的图元编号变成"自由"的(这些自由的编号将附给新创建的图元,从最小的自由编号开始)。

3)要想找出哪些图元在布尔操作后仍然彼此相互干扰,用 Pick/Select lines(by Num/Pick),选取 Looping 来确定连接在一起作为一个图元一部分的全部线。

8.4.7 单元属性

单元属性是指在划分网格以前必须指定的所分析对象的特征。这些特征包括:材料属性、单元类型和实常数等。

ANSYS 所有的分析都需要输入材料属性。例如,在结构分析时至少要输入材料的弹性模量 EXX,热分析时至少要输入材料的导热系数等 KXX。

1. 定义材料属性

选择 Main Menu > Preprocessor > Material Properties > Material Models > Structural > Linear > Elastic > Isotropic。

1)单击"OK"按钮定义第一种材料。

2)在相应的文本框中输入材料属性值(如果需要可使用滚动条)。

3)单击"OK"按钮,完成材料属性的定义。

图 8-56 所示为材料属性设置对话框。

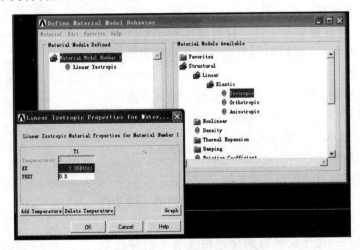

图 8-56 材料属性设置对话框

设置材料属性时,ANSYS 分析中的单位制的设置要注意以下几点:

①除了磁场分析以外,用户不需要告诉 ANSYS 使用的是什么单位制,只需要自己决定使用何种单位制,然后确保所有输入值的单位制保持统一(ANSYS 并不转换单位制)。AN-

SYS 读入输入的数值，并不检验单位制是否正确。注意：/UNITS 命令只是一种简单的记录，告诉他人现在使用的单位制。

② 单位制将影响输入的实体模型尺寸、材料属性、实常数以及载荷等。

2. 设定单元类型

选择 Main Menu > Preprocessor > Element Type > Add/Edit/Delete。

使用 help 文件可以帮助选择单元类型。如果需要某种单元的详细描述，点取单元图形即可。当选定了单元类型后，记住名称和代号，选择 Choose File > Exit 退出。

3. 设定实常数

选择 Main Menu > Preprocessor > Real Constants。

实常数是针对某一单元的几何特征，例如梁单元的横截面积、壳单元的厚度或平面薄板的厚度等。分析用中到的单元的实常数，可以查阅单元在线帮助。注意并不是所有单元都需要实常数。

8.4.8　网格划分

选择 Main Menu > Preprocessor > Meshing > MeshTool。

划分网格主要有以下四个步骤：

1）定义单元属性（单元类型、实常数、材料属性）。

2）设定网格尺寸控制（控制网格密度）。

3）网格划分以前保存数据库。

4）执行网格划分。

图 8-57 所示为 "MeshTool（网格划分）" 对话框。

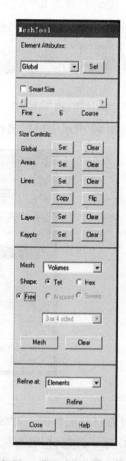

如果没有对网格进行任何控制，ANSYS 将使用默认设置。自由网格划分，即四边形网格划分（2D 模型），其中可能包含少量三角形网格。单元尺寸由 ANSYS 确定（通常是比较合理的）。一般设置单元属性、材料属性和实常数编号对应，如单元类型为 1，则材料编号设置为 1，实常数编号也相应设置为 1。

ANSYS 网格划分中有许多不同的单元尺寸控制方式：

① 智能网格划分（"Smart Sizing"）。

② 总体（"Global"）单元尺寸。

③ 指定线上的单元分割数及间距控制。

④ 给定关键点附近的单元尺寸控制。

⑤ 层网格划分——在壁面附近划分较密的网格，适于模拟 CFD 边界层及电磁分析中的 skin effects。

⑥ 网格细化——在指定区域细化网格（并不清除已经划好的）。

上述每种控制方法都有自己特定的用途。尽管它们可以混合使用，但有些会有冲突。通常一次使用一种或两种控制方法。

图 8-57　"Mesh Tool" 对话框

最高效的控制方法是智能网格划分。它考虑几何图形的曲率以及线与线的接近程度，可将滚动条设置在 1（最密的网格）～10（最粗的网格）之间，一般建议设定在 4～8 之间。

8.4.9　模型修正

清除网格，意味删除节点和单元。要清除网格，必须知道节点和单元与图元的层次关系，如图 8-58 所示，层次从低到高依次为点、线、面、体、节点、单元。建立模型可以从低到高，而删除单元和图元则需从高到低。

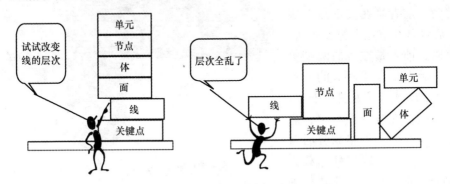

图 8-58　节点和单元与图元的层次关系

要清除网格，选择 Main Menu > Preprocessor > MeshTool。出现拾取框后，在图形窗口中拾取要清除的图元，并单击"OK"或"Apply"按钮执行清除网格的任务。

要修正一个已经划分了网格的模型，则可采用以下几种方法实现：

1）清除要修正的模型的节点和单元。

2）删除实体模型图元（由高阶到低阶）。

3）创建新的实体模型代替旧模型。

4）对新的实体模型划分网格。

8.5　加载、求解、结果后处理

8.5.1　载荷分类

ANSYS 中的载荷（约束）可分为自由度（DOF）、集中载荷、面载荷、体积载荷和惯性载荷等几类，具体说明如下：

（1）自由度 DOF　定义节点的自由度（DOF）值（结构分析中的位移，热分析中的温度，电磁分析中的磁势等）。

（2）集中载荷　点载荷（结构分析中的力，热分析中的热导率，电磁分析中的 magnetic current segments）。

（3）面载荷　作用在表面的分布载荷（结构分析中的压力，热分析中的热对流，电磁分析中的 magnetic Maxwell surfaces 等）。

（4）体积载荷　作用在体积或场域内（热分析中的体积膨胀、内生成热，电磁分析中的 magnetic current density 等）。

（5）惯性载荷　结构质量或惯性引起的载荷（重力、角速度等）。

8.5.2　加载

可以在两个阶段（或模型）加载，即在实体模型上施加载荷和在有限元模型（节点和单元）上加载。图8-59和图8-60所示分别显示了在实体模型上加载和在有限元模型上加载的区别。如施加集中力载荷，前者是在关键点上施加载荷，后者是在节点上施加载荷；施加约束时，前者是在线的两端关键点施加，后者是在线对应的节点上施加；施加面载荷（如图示压力）时，前者是施加在线（面）上，后者是施加在线（面）网格划分后对应的节点上。无论采取何种加载方式，ANSYS求解前都将载荷转化到有限元模型。因此，加载到实体的载荷将自动转化到其所属的节点或单元上。

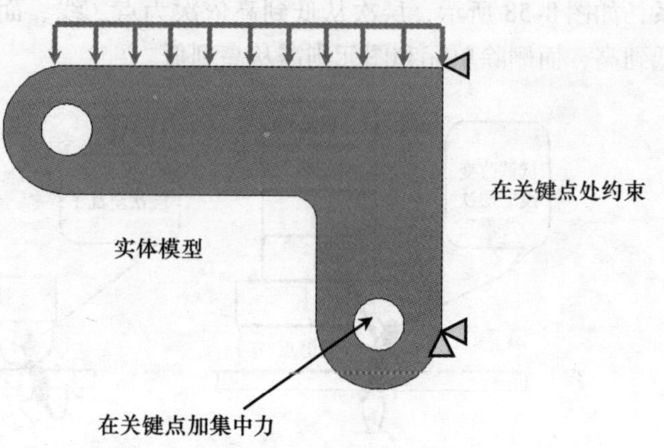

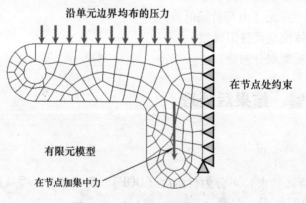

图8-59　在实体模型上加载

直接在实体模型上加载有如下优点：几何模型加载独立于有限元网格，重新划分网格或局部网格修改不影响载荷；加载的操作更加容易，尤其是在图形中直接拾取时。这对初学者来说，容易掌握，不过对稍微复杂的加载，还是在有限元模型上便于施加。

图8-60　在有限元模型上加载

实体模型加载操作步骤如下：

选择 Main Menu > Solution > Define Loads > Apply，弹出图8-61所示的加载对话框。注意到这是很长的菜单，对于结构分析，部分菜单呈暗淡灰色，表示不属于结构分析的范畴。ANSYS可由模型中的单元类型识别分析类型。要去除暗淡灰色的菜单选项，可通过在"Preferences"选项中选择适当的分析类型过滤菜单中的选项。

1. 施加面载荷

这里以平面模型（单元）施加压力为例，选择 Main Menu > Solution > Define Loads > Apply > Pressure > On Lines，则弹出图 8-62 所示的在线上施加面载荷对话框，在 SFL 选项中选择"Constant Value"选项，在"VALUE Load PRES value"文本框中输入"500"。则在模型中生成了图 8-63 所示的常压力。如在"VALUE Load PRES value"文本框中输入"500"，在"Value"文本框中输入"1000"，在模型中建立了图 8-64 所示的坡度压力，坡度压力载荷沿起始关键点（I）线性变化到第二个关键点（J）。如将两个数值对调，则建立了图 8-65 所示的压力模型。

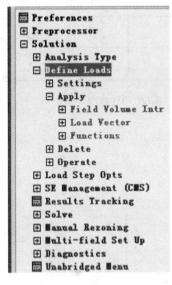

图 8-61　加载对话框

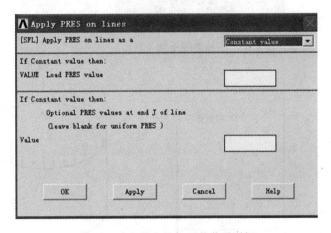

图 8-62　在线上施加面载荷对话框

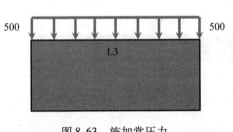

图 8-63　施加常压力

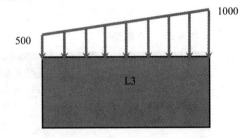

图 8-64　施加坡度压力（一）

2. 施加轴对称载荷

轴对称载荷可加载到具有对称轴的 3D 结构上。由于轴对称，3D 轴对称结构可用一个 2D 轴对称模型描述。图 8-66 所示的 3D 模型可以简化为图 8-67 所示的 2D 模型进行加载。

加载轴对称载荷时，要注意：如图 8-68a 所示，1500lbf/in 的载荷数值（包括输出的反力）是基于 360°转角的三维结构。在转换为 2D 模型（图 8-68b）后，轴对称模型中的载荷 47124lbf 是 3D 结构均布面力载荷的总量。也就是说在模型转换时也要注意载荷值的转换。

3. 加载约束载荷

在关键点上施加约束操作如下：

选择 Main Menu > Solution > Define Loads > Apply > - Structural > Displacement > On Key-points + ，弹出图 8-69 所示的在关键点上施加约束对话框。

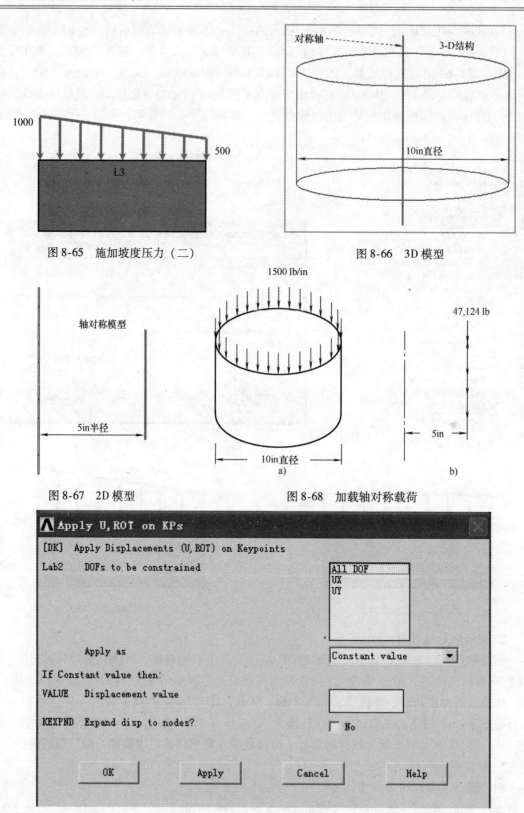

图 8-65　施加坡度压力（二）　　　　　　图 8-66　3D 模型

图 8-67　2D 模型　　　　　　图 8-68　加载轴对称载荷

图 8-69　在关键点上施加约束对话框

在 "Lab2 DOFs to be constrained" 选项组中有 "ALL DOF" "UX" "UY" 三种选项，分别对应约束所有位移、约束 *X* 方向位移、约束 *Y* 方向位移。"VALUE" 为关键点在该处位移约束值，默认为 0。"KEXPAND" 复选框可设置是否使相同的载荷加在位于两关键点连线的所有节点上。

在线和面上加载位移约束：选择 Main Menu > Solution > Define Loads > Apply > Structural > Displacement > On Areas。具体操作和点约束相似，这里不赘述。

4. 删除载荷

在修改载荷时，可能需要删除一些不必要或者错误的加载，操作如下：

选择 Main Menu > Solution > Define Loads > Delete。

常用的有两种选项：① All Load Data 选项，可同时删除模型中的任一类载荷；② individual entities by picking 选项，只删除模型选定的载荷。

当删除实体模型时，ANSYS 将自动删除其上所有的载荷。两关键点的扩展位移约束载荷例外，此时要通过手工删除。

8.5.3 求解

1）求解结果保存在数据库中并输出到结果文件中（Jobname. RST，Jobname. RTH，Jobname. RMG，或 Jobname. RFL）。在求解初始化前，应进行分析数据检查，包括以下内容：

① 统一的单位。

② 单元类型和选项。

③ 材料性质参数，考虑结构力学分析时应输入材料密度，考虑热应力分析时应输入材料的热膨胀系数。

④ 实常数（单元特性）。

⑤ 单元实常数和材料类型的设置。

⑥ 实体模型的质量特性（Preprocessor > Operate > Calc Geom Items）。

⑦ 模型中不应存在的缝隙。

⑧ 壳单元的法向。

⑨ 节点坐标系。

⑩ 集中、体积载荷。

⑪ 面力方向。

⑫ 温度场的分布和范围。

⑬ 热膨胀分析的参考温度（与 ALPX 材料特性是否协调）。

2）求解过程：

① 求解前保存数据库。

② 将 Output 窗口提到最前面观看求解信息。

③ 选择 Main Menu > Solution > Solve > Current LS。

求解详细流程如图 8-70 所示。

3）ANSYS 求解过程中的一系列信息都显示在 Output 窗口中，主要信息包括：

① 模型的质量特性。

② 单元矩阵系数。当单元矩阵系数最大/最小值的比率 >1.0×10^8 时将预示模型中的材

料性质、实常数或几何模型可能存在问题。当比值过高时，求解可能中途退出。

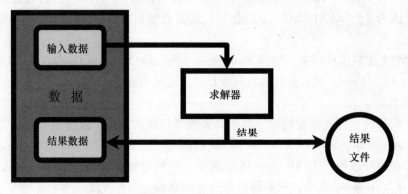

图 8-70　求解详细流程

③ 模型尺寸和求解统计信息。

④ 汇总文件和大小。

4）单击"SLOUTION"按钮求解后，有时候发生错误，求解终止，没有获得结果。其原因往往是求解输入的模型不完整或存在错误，典型原因有：

① 约束不够（通常出现的问题）。

② 当模型中有非线性单元［如缝隙（gaps）、滑块（sliders）、铰（hinges）、索（cables）等］，整体或部分结构出现崩溃或"松脱"。

③ 材料性质参数有负值，如密度或瞬态热分析时的比热值。

④ 未约束铰接结构，如两个水平运动的梁单元在竖直方向没有约束。

⑤ 屈曲。当应力刚化效应为负（压）时，在载荷作用下整个结构刚度弱化。如果刚度减小到零或更小时，求解存在奇异性，因为整个结构已发生屈曲。

8.5.4　结果后处理

求解完毕后，要得到需要的结果，还需通过结果后处理器来得到。ANSYS 有两个后处理器，即通用后处理器和时间历程后处理器，说明如下：

通用后处理器（即"POST1"）只能观看整个模型在某一时刻的结果（如结果的照相"snapshot"）；时间历程后处理器（即"POST26"）可观看模型在不同时间的结果，但此后处理器只能用于处理瞬态和/或动力分析结果。

不同的求解问题，有不同的结果后处理。这里以静力分析为例，讨论通用后处理器。静力分析结果后处理的内容主要包括：绘变形图、变形动画、支反力列表、应力等值线图、网格密度检查。下面分别加以介绍。

1. 绘出结构在静力作用下的变形结果

选择 Main Menu > General Postprocessor > Plot Results > Deformed Shape，弹出图 8-71 所示的设置变形结构显示对话框。在"KUND"选项中有三个选项，分别为只观察变形、观察变形前后、观察变形与未变形时的轮廓。图 8-72 所示为选择第三种显示模式时，模型变形前后轮廓对照图。

2. 变形动画

以动画方式模拟结构在静力作用下的变形过程。

选择 Utility Menu > PlotCtrls > Animate > Deformed Shape，弹出图 8-73 所示的变形动画设置对话框，可以根据需要选择具体变形过程。

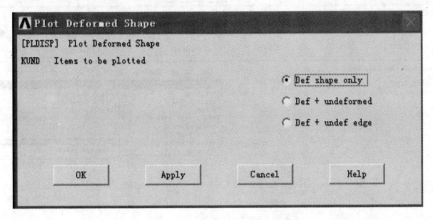

图 8-71　设置变形结果显示对话框

3. 支反力列表

在任一方向，支反力总和必等于在此方向的载荷总和。节点反力列表的操作如下：

选择 Main Menu > General Postprocessor > List Results，弹出图 8-74 所示结果列表选项，可根据需要进一步细化选择。

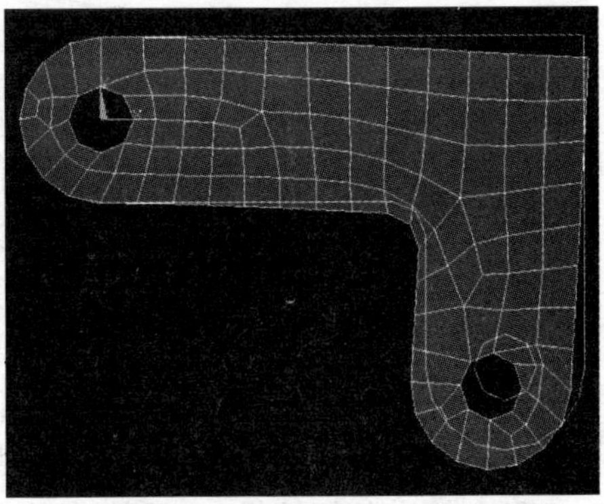

4. 应力等值线

应力等值线方法可清晰描述一种结果在整个模型中的变化，可以快速确定模型中的"危险区域"。

显示应力等值线操作：选择 Main Menu > General Postprocessor > Plot Results > Contour Plot > Nodal Solution。

图 8-72　模型变形前后轮廓对照图

5. 检查网格密度

由于网格密度影响分析结果的精度，因此有必要验证网格的精度是否足够。网格精度检查有以下三种方法：

（1）观察　主要是通过肉眼观察，画出非平均应力等值线，例如，画出单元应力而不是节点应力。显示每个单元的应力，寻找单元应力变化大的区域，这些区域应进行网格加密。

（2）误差估计　ANSYS 对平均应力和非平均应力采用几种不同的误差计算方法，误差估计只在进入后处理前、PowerGraphics 被关闭的情况下进行。如果进入后处理后关闭 PowerGraphics，则 ANSYS 将重新计算误差因子。

关闭 PowerGraphics，应力等值线图可显示应力分布和最大最小值范围，这可表明误差的大小。

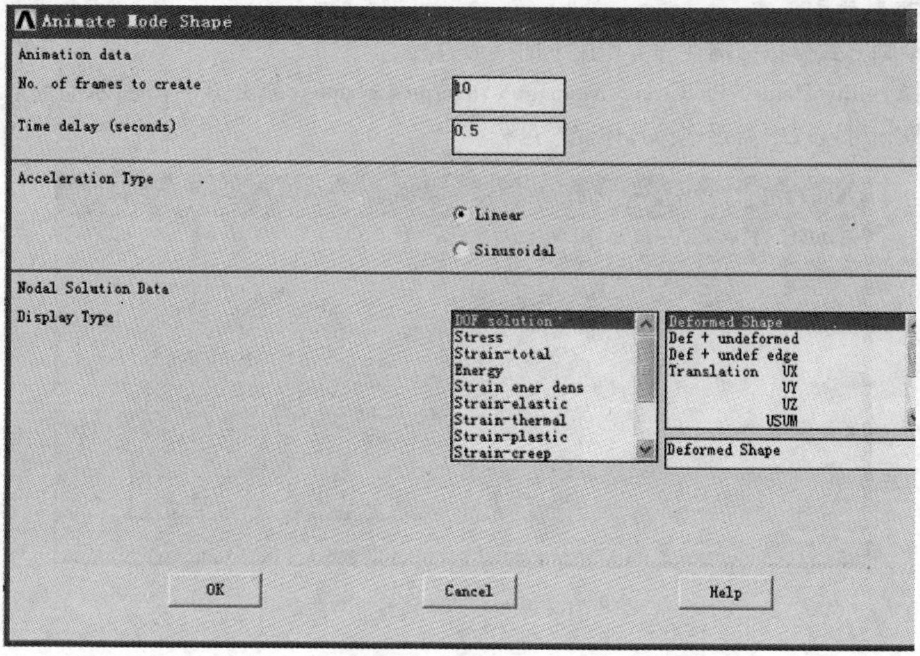

图 8-73　变形动画设置对话框

（3）将网格加密一倍，重新求解并比较两者的结果　注意：有些情况下这种做法不适用。通过画出结构能误差的等值线图，可显示误差较大的区域。这些区域需要网格加密。画出所有单元的应力偏差图，可给出每个单元的应力误差值。

FEA 的计算结果包括通过计算直接得到的初始量和导出量。任一节点处的 DOF 结果（UX、UY、TEMP 等）是初始量。它们只是在每个节点计算出来的初始值。其他量，如应力应变，是由 DOF 结果通过单元计算导出而得到的。因此，在给定节点处，可能存在不同的应力值。这是由于与此节点相连的不同单元计算而产生的。"节点结果（nodal solution）"画出的是在节点处导出量的平均值，而"单元结果（element solution）"画出的是非平均量。在多数情况下，画出平均应力图，但有时要注意以下几点不连续的地方：

图 8-74　结果列表选项

① 在弹性模量不同的材料交界处，应力分量会不连续（PowerGraphics 自动考虑到这一点并对此界面不进行平均处理）。

② 在不同厚度壳单元的交界处，大多数应力会不连续（PowerGraphics 自动考虑到这一点并对此界面不进行平均处理）。

③ 在壳单元构成的尖角或连接处，某些应力分量不连续。

8.6　结构静力分析过程与步骤

ANSYS 的静力分析过程一般包括建立模型、施加载荷并求解和检查结果三个步骤。

8.6.1　建立模型

在建立模型之前要定义工作文件名，指定分析标题。然后进入/PREP/处理器，即进入 Main Menu > Preprocessor 菜单建立有限元分析模型，主要包括定义单元类型、单元实常数、材料属性和几何模型等。建立模型后，对几何模型划分网格生成有限元分析模型。

要做好有限元的静力分析，必须注意以下几点：

1）单元类型必须指定为线性或非线性结构单元类型。

2）材料属性可为线性或非线性、各向同性或正交各向异性、常量或与温度相关的量等。

3）必须定义弹性模量和泊松比。

4）对于诸如重力等惯性载荷，必须定义能计算出质量的参数，如密度等。

5）对热载荷，必须要定义热膨胀系数。

6）对应力、应变感兴趣的区域，网格划分比仅对位移感兴趣的区域要密。

7）如果分析中包含非线性因素，网格应划分到能捕捉非线性因素影响的程度。

8.6.2　施加载荷并求解

1. 定义分析类型及分析选项

分析类型和分析选项在第一个载荷步后（即执行第一个 Solve 命令之后）不能改变。ANSYS 提供的用于静态分析的选项见表8-3。

1）New Analysis（新的分析，ANTYPE）：一般情况下使用。

2）Analysis Type：Static（分析类型：静态，ANTYPE）：选择静态分析。

3）Large Deformation Effects（大变形或大应变选项，NLGEOM）：并不是所有的非线性分析都产生大变形。

表 8-3　用于静态分析的选项

选　项	命　令	GUI 路径
New Analysis	ANTPYE	Main menu > solution > Analysis > New Analysis 或 Restart
Analysis Type：Static	ANTYPE	Main menu > solution > Analysis > New Analysis > Static
Large Deformation Effects	NLGEOM	Main menu > solution > Analysis Type > Sol'n `Controls
Stress Stiffening Effects	SSTIF	Main menu > solution > Analysis Type > Sol'n Controls
Newton-Raphson Option	NPORT	Main menu > solution > Analysis Type > Sol'n Controls
Equation Solver	EQSLV	Main menu > solution > Analysis Type > Sol'n Controls

4）Stress Stiffening Effects（应力刚化效应，SSTIF）：如果存在应力刚化效应，应选择 ON。

5）Newton – Raphson Option（牛顿 – 拉普森选项，NROPT）：仅在非线性分析中使用，

用于指定在求解期间修改一次正切矩阵的间隔时间。取值如下：

① 程序选择（NROPT，ANTO）：基于模型中存在的非线性类型选择使用这些选项之一。需要时，牛顿-拉普森方法将自动激活自适应下降。

② 全部（NROPT，FULL）：使用完全牛顿-拉普森处理方法，即每进行一次平衡迭代修改刚度矩阵一次。如果自适应下降关闭，则每次平衡迭代都使用正切刚度矩阵；如果自适应下降打开（默认值），只要迭代保持稳定，即只要残余项减小且没有负主对角线出现，则仅使用正切刚度矩阵。如果在一次迭代中探测到发散倾向，则抛弃发散的迭代且重新开始求解，应用正切和正割刚度矩阵的加权组合。迭代回到收敛模式时，将重新开始使用正切刚度矩阵，对复杂的非线性问题自适应下降通常可提高获得收敛的能力。

③ 修正（NROPT，MODI）：使用修正的牛顿-拉普森方法，正切刚度矩阵在每个子步中均被修正，而在一个子步的平衡迭代期间矩阵不改变。这个选项不适用于大变形分析，并且自适应下降不可用。

④ 初始刚度（NROPT，INIT）：在每次平衡迭代中使用初始刚度矩阵，这个选项比完全选项似乎不易发散，但经常要求更多次的迭代得到收敛。它不适用于大变形分析，自适应下降是不可用的。

6）Equation Solver（方程求解器，EQSLV）：对于非线性分析使用前面的求解器（默认）。

2. 在模型上施加载荷

用户能够将载荷施加在几何模型（如关键点、线、面或体）或有限元模型（如节点或单元）上，若施加在几何模型上，则 ANSYS 在求解分析时也将载荷转换到有限元模型上。结构静力分析的载荷类型主要包括位移（UX、UY、UZ、ROTX、ROTY 和 ROTZ）、力或力矩（FX、FY、FZ、MX、MY 和 MZ）、压力（PRES）、温度（TEMP）、流通量（FLUE）、重力（Gravity）和旋转角速度（Spinning Angular Velocity）等，GUI 路径为：Main Menu > Solution > Define Loads > Apply。在分析过程中可以执行施加、删除、运算和列表载荷等操作。

指定载荷步选项主要包括普通和非线性选项，其中普通选项包括对载荷步终止时间（Time）、对热应变计算的参考温度（Reference Temperature）和用于轴对称单元的模态数（Mode Number）等；非线性选项包括对下面选项的设置：时间子步数、时间步长、渐变加载还是阶跃加载、是否采用自动时间步跟踪、平衡迭代的最大数、收敛精度、矫正预测、线搜索、蠕变准则、求解终止选项、数据和结果文件的输入输出，以及结果外插法等。

3. 输出控制选项

（1）打印输出　在输出文件中包括进一步所需要的结果数据。

命令：OUTPR

GUI：Main Menu > Solution > Unabridged Menu > Load Step Opts > Output Ctrls > Solu Printout

（2）结果文件输出　控制结果文件中的数据。

命令：OUTRES

GUI：Main Menu > Solution > Unabridged Menu > Load Step Opts > Ouput ctrls > Solu Printout

（3）结果外推　如果在单元中存在非线性（塑性、蠕变或膨胀），默认复制一个单元的积分点应力和弹性应变结果到节点而替代外推它们，积分点非线性变化总是被复制到节点。

命令：ERESX

GUI：Main Menu > Solution > Unabridged Menu > Load Step opts > Output Ctrls > Integration

4. 求解计算

1）保存基本数据到文件。

命令：SAVE

GUI：Utility Menu > File > Save As

2）开始求解计算。

命令：SOLVE

GUI：Main Menu > Solution > Solve > Current LS

8.6.3　检查结果

静力分析的结果将写入结构分析结果文件 Jobname. rst 中，这些数据包括基本数据，即节点位移（UX、UY、UZ、ROTX、ROTY 和 ROTZ），以及导出数据，如节点和单元应力、节点和单元应变、单元力和节点反作用力等。

在结构分析完成后，可进入通用后处理器（General Postprocessor，POST1）和时间历程后处理器（TimeHistory Processor，POST26）中浏览分析结果。POST1 检查整个模型指定子步上的结果，POST26 用于跟踪指定结果与施加载荷历程的关系。要注意在 POST1 或 POST26 中浏览结果时，数据库必须包含求解前使用的模型，并且 Jobname. rst 文件必须用到。

1. 用 POST1 检查结果

1）检查输出文件是否在所有的子步分析中都收敛。

2）进入 POST1。如果用于求解的模型现在不在数据中，则执行 RESUME 命令。

命令：POST1

GUI：Main Menu > General Postproc

3）读取需要的载荷步和子步结果，可以依据载荷步和子步号或时间来识别，但是不能依据时间识别出弧长结果。

命令：SET

GUI：Main Menu > General Postproc > Read Resets > By Load Step

4）使用下列任意选项显示结果。

① 显示已变形的形状：

命令：PLDISP

GUI：Main Menu > General Postproc > Plot Results > Deformed Shapes

② 显示等值线：

命令：PLNSOL 或 PLESOL

GUI：Main Menu > General Postproc > Plot Results > Contour Plot > Nodal Solu 或 Element Solution

使用选项显示应力、应变或任何其他可用项目的等值线。如果邻接单元具有不同材料行为（可能由于塑性或多线性弹性的材料性质、不同的材料类型，或邻近的单元的死活属性不同而产生），则应注意避免结果中的节点应力平均错误。

③ 列表：

命令：PRNSOU（节点结果）、PRESOL（单元结果）、PRRSOU 反作用力结果）、PRET-AB PRITER（子步总计数据），以及在数据列表前排序的 NSORT 和 ESORT

GUI：Utility Menu > List Results > Nodal Solution

Utility Menu > List Results > Element Solution

Utilicy Menu > List Results > Reactlon Solution

④ 其他性能：多个其他后处理函数（在路径上映射结果和记录参量列表等），在 POST1 中可用。对于非线性分析，载荷工况组合通常无效。

2. 用 POST26 检查结果

典型的 POST26 后处理的步骤如下：

1）根据输出文件检查是否在所有要求的载荷步内分析都收敛，不应将自身的设计决策建立在非收敛结果的基础上。

2）如果用户的解是收敛的，进入 POST26。如果用户模型不在数据库中，则执行 RESUME命令。

命令：POST26

GUI：Main Menu > TimeHist Postpro

3）定义在后处理期间使用的变量。有两种方法，第一种方法为：

命令：NSOL、ESOL 和 RFORCL

GUI：Main Menu > TimeHist Postpro > Define Variables

第二种方法为：当执行 Main Menu > TmaeHist Postpro 时，出现图 8-75 所示的时间历程后处理对话框，可以通过对话框直观地定义变量、编辑变量或显示变量。

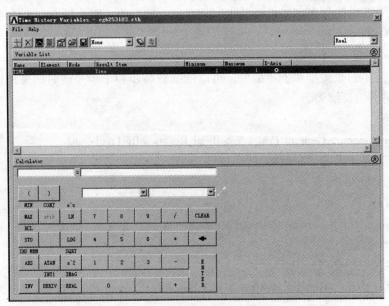

图 8-75　时间历程后处理对话框

4）图形或列表显示变量。

命令：PLVAR（图形显示变量）、PRVAR 和 EXTREM（列表显示变量）

GUI：Main Menu > TimeHist Postproc > Graph Variables

Main Menu > TimHist Postproc > List Variables

Main Menu > TimeHist Postproc > List Extremes

8.7 标准光盘处于高速运行时的应力实例分析

问题描述：标准光盘，置于 52 倍速的光驱中处于最大读取速度（约为 10000r/min），计算其应力分布。

标准光盘参数：外径为 120mm，内孔径为 15mm，厚度为 1.2mm，弹性模量为 $1.6 \times 10^4 MPa$，密度为 $2.2 \times 10^3 kg/m^3$。

8.7.1 建立模型

1）设定分析工程名、工作路径和标题。

2）定义单元类型。根据本问题的几何结构、分析类型和精度要求等，选择用四节点四边形板单元 PLANE42。

单元类型设置如图 8-76 所示。

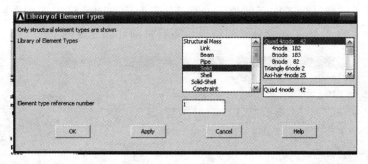

图 8-76 单元类型设置

单元选择设置如图 8-77 所示。

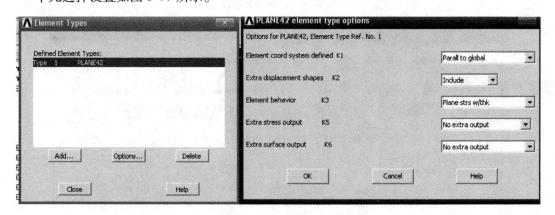

图 8-77 单元选择设置

3）定义实常数。这里选用带有厚度的平面应力行为方式的 PLANE42 单元，需要设置其厚度实常数。选择 Main Menu > Preprocessor > Real Constants > Add/Edit/Delete，弹出"Real Constants" 对话框。单击 "Add" 按钮，弹出材料常数设置对话框，如图 8-78 所示。

设置平板厚度为 1.2，如图 8-79 所示。

4) 定义材料属性。静力分析中，必须定义材料的弹性模量和密度。选择 Main Menu > Preprocessor > Material Props > Add/Edit/Delete，弹出 "Define Material Model Behavior" 对话框。选择 Structural > Linear > Elastic > Isotropic，弹出 "Linear Isotropic Material Properties for Material Number 1" 对话框，如图 8-80 所示。参照图示输入材料弹性模量 $EX = 1.6 \times 10^4 MPa$，泊松比 PRXY = 0.3，设置材料密度为 $2.2 \times 10^{-9} t/m^3$。分别单击 "OK" 按钮关闭对话框。

5) 建立盘面模型。

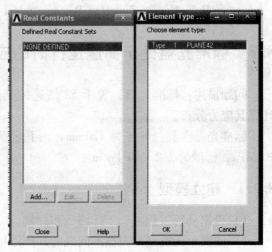

图 8-78 定义实常数

使用 PLANE 系列单元时，要求模型必须位于 XY 平面内。默认的工作面即位于全局 XY 平面内，因此可以直接在默认的工作平面内创建圆环面，为了圆环面划分有限网格，还需要将圆环面分成两半。

图 8-79 设置平板厚度

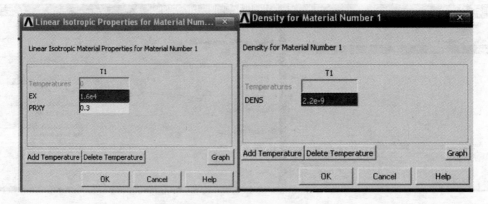

图 8-80 定义材料属性

创建圆环面：选择 Main Menu > Preprocessor > Create > Areas > Circle > Annulus，弹出 "Annular Areas in Active Coordinate System" 对话框。照图 8-81 所示进行参数设置。选择

Main Menu > Preprocessor > modeling > Create > Lines > Straight Line。弹出 "Create Straight Line" 对话框，在 GUI 中选择 (-60，0) 和 (60，0) 生成一条直线，单击 "Apply" 按钮。继续选择 (0，-60) 和 (0，60) 生成另一条直线，单击 "OK" 按钮关闭对话框。选择 Main Menu > Preprocessor > modeling > Operate > Booleans > Divide > Area by line，先选择圆环面，再选择两条直线，就生成了图 8-82 所示的圆环面模型，此圆环面生成了四个部分（采用 Divide 布尔操作是便于后面的网格划分）。

图 8-81 创建圆环面对话框

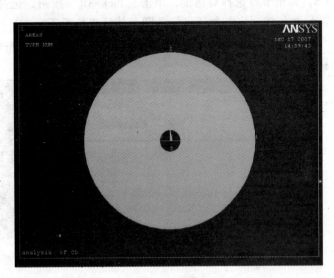

图 8-82 圆环面模型

8.7.2 盘面的网格划分

选用 PLANE42 单元对盘面划分映射网格，选择 Main menu > preprocessor > meshing > Mesh Tool，弹出 "Mesh Tool" 对话框，在选定直线上单元划分设置，单元划分数为 10，网格划分参数设置如图 8-83 所示。

单击选择 MAPPLED 网格划分工具，单击 "mesh" 开始划分，网格划分结果如图 8-84 所示。

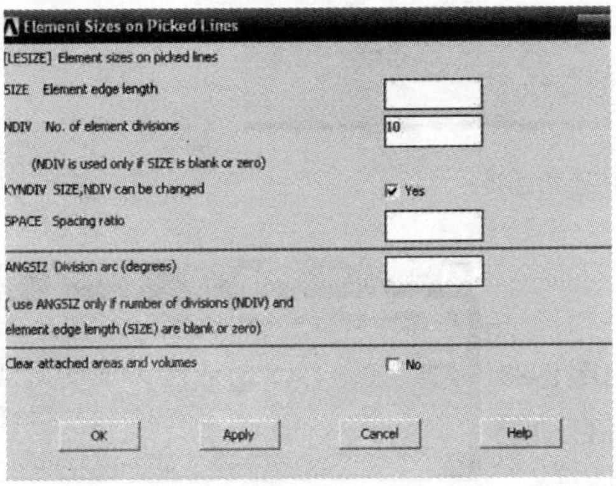

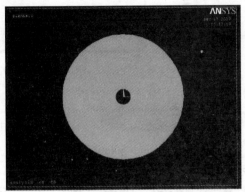

图 8-83 网格划分参数设置

图 8-84 网格划分结果

8.7.3 定义边界条件

位移边界条件为将内孔边缘节点的周向位移固定，为施加周向位移，需要将节点坐标系旋转到柱坐标系下，再进行操作。具体转换过程如下：

1）从实用菜单中选择 Workplane > Change Active CS to > Global Cylindrical 命令，将激活坐标系切换到总体柱坐标系下。

2）从主菜单中选择 Preprocessor > Modeling > Move > Modify > Rotate Nodes CS > To Active CS，弹出节点选择对话框，单击 "Pick All" 按钮，选择所有节点，所有节点的节点坐标系都将被旋转到当前激活坐标系即总体柱坐标系下。

选择圆盘内端所有节点。施加周向位移约束如图 8-85 所示。图 8-86 所示为施加周向位移约束后的情形。

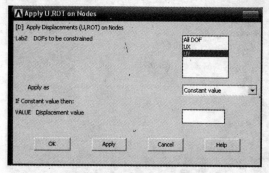

图 8-85　施加周向位移约束

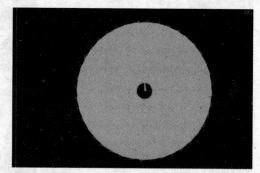

图 8-86　施加周向位移约束后的情形

参照图 8-87 施加转速角速度，角加速度经过换算，其值为 1047.2rad/s。

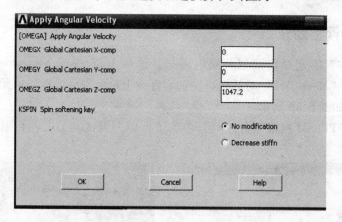

图 8-87　施加转速角速度

8.7.4 求解

选择 Utility Menu > Solution > Current LS，弹出图 8-88 所示的求解对话框，单击 "OK" 按钮，计算机将自动进行计算。计算完毕后，单击 "Close" 按钮关闭对话框。

图 8-88　求解对话框

8.7.5　查看结果

1. 旋转结果坐标系

该模型为旋转件，在柱坐标系下查看结果会比较方便，因此在查看变形和应力分布之前，要把结果坐标系转换到柱坐标系。

输出结果设置如图 8-89 所示。

2. 查看变形

变形为径向变形，在高速时，径向变形过大，可能会导致边缘部位与其他部件发生摩擦。

径向变形如图 8-90 所示。

3. 查看应力

单击"Contour Nodal Solution Data"按钮，选择"X-Ccmponent of Stress"选项，则查看到的径向应力如图 8-91 所示，应力分布云图如图 8-92 所示。

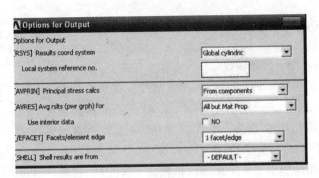

图 8-89　输出结果设置

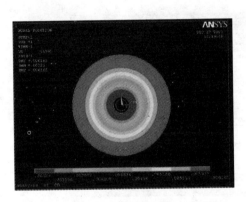

图 8-90　径向变形

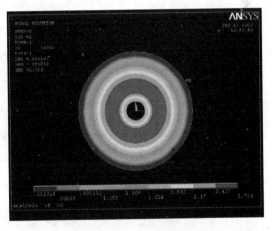

图 8-91　径向应力

4. 结论

通过以上分析可见：在高速光盘驱动中，光盘的径向应力和变形都是很小的，但要注意的是，本模型是假设的理想光盘模型，即绝对均匀，而且中心孔固定得绝对水平。而实际中，特别是对于一些低质量的光盘或者光盘驱动器，这些条件都无法达到，比如光盘材料不均匀，有偏心等，都会造成应力水平的大幅度增加，特别是可能导致轴向应力和位移。

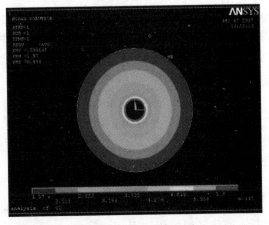

图 8-92　应力分布云图

8.8 薄壁圆筒受力分析

1. 问题描述

图 8-93 所示为一薄壁圆筒，在其中心受集中力 F 的作用，求 A、B 两点的位移。圆筒几何参数为：长度 $L = 0.2\text{m}$，半径 $R = 0.05\text{m}$，壁厚 $t = 0.025\text{m}$；圆筒材料参数为：弹性模量 $E = 120\text{GPa}$，泊松比 $\mu = 0.3$；载荷 $F = 2000\text{N}$。

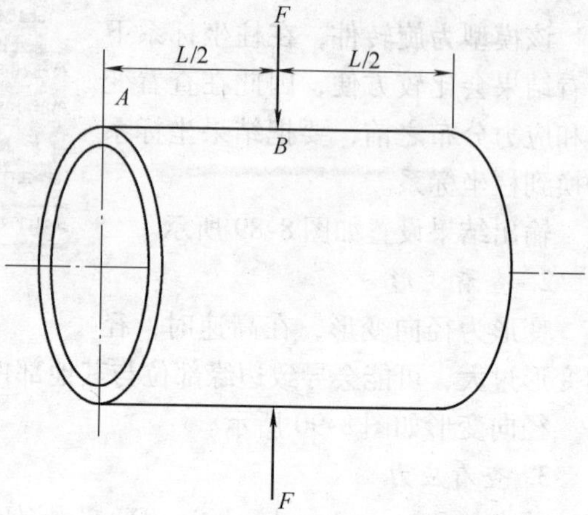

2. 问题分析

该问题属于薄壁件的结构分析问题，根据对称性，选择圆筒的 1/8 建立几何模型，相应的载荷为原来的 1/4，如图 8-94 所示，选择 SHELL150 壳单元进行分析求解。

图 8-93　薄壁圆筒受力简图

3. 求解步骤

（1）定义单元类型　依次选择 "p-Elements" "3D Shell 150" 选项。

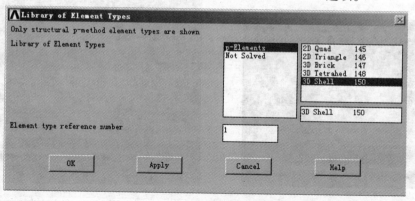

图 8-94　设置单元类型

（2）定义材料性能参数　设置弹性模量为 120GPa，泊松比为 0.3，如图 8-95 所示。单击 "OK" 按钮，关闭对话框。

（3）创建几何模型、划分网格

1）创建几何模型，如图 8-96 所示。

2）划分网格，单击 "MeshTool" 工具，设置直边的线单元划分数为 10，1/8 圆单元划分数为 8，得到划分网格如图 8-97 所示。

（4）加载求解

1）加载。将坐标由直角坐标转换为柱面坐标，具体转换过程如下：

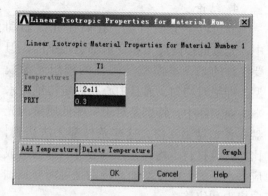

图 8-95　定义材料性能参数对话框

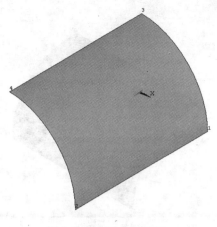

图 8-96　创建几何模型　　　　　　　　　　　图 8-97　划分网格

① 从实用菜单中选择 Workplane > Change Active CS to > Global Cylindrical 命令，将激活坐标系切换到总体柱坐标系下。

② 从主菜单中选择 Preprocessor > Modeling > Move > Modify > Rotate Nodes CS > To Active CS，弹出节点选择对话框，单击 "Pick All" 按钮，选择所有节点，所有节点的节点坐标系都将被旋转到当前激活坐标系即总体柱坐标系下。

将坐标由直角坐标转换为柱面坐标后，选择主菜单 Utility Menu > Solution > Apply > Structural > Force/Moment > On Nodes，弹出对话框，通过鼠标直接在图形操作界面选择节点 3，弹出 "Apply F/M on Nodes" 对话框，在 "Lab Direction of Force/mom" 选项组中选择 "FY" 选项，并在 "VALUE Force/moment value" 文本框中输入 "-2000"。

2）求解。选择 Utility Menu > Solution > Current LS，单击 "OK" 按钮，计算机将自动进行计算。计算完毕后，单击 "Close" 按钮关闭对话框。

（5）查看求解结果　根据所求，可以进行结果后处理。图 8-98 所示为变形前后的几何形状对比。图 8-99 所示为 X 轴（即径向）受力分布，其最大变形量为 5.32×10^{-4}m。图 8-100 所示为 Y 轴（周向）受力分布，最大值为 7.52×10^{-5}m。

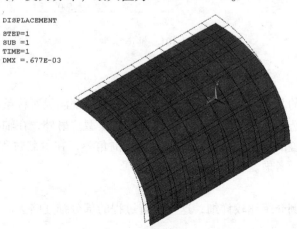

图 8-98　变形前后的几何形状对比

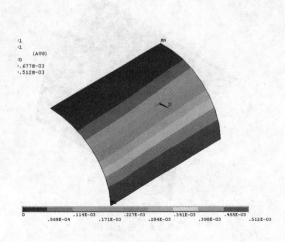
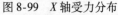

图 8-99 X 轴受力分布

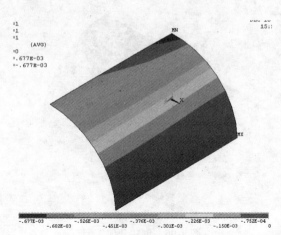

图 8-100 Y 轴受力分布

8.9 轴类零件受拉分析

1. 问题描述

图 8-101 所示为一轴类零件示意图。现在其两端面施加大小为 $p = 50$MPa 的面载荷,求零件内部各点应力、应变场分布。零件材料弹性模量为 220GPa,泊松比为 0.3。

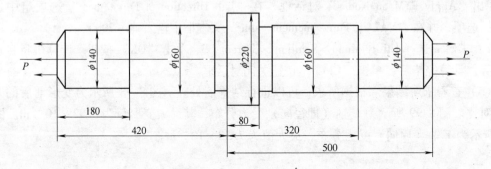

图 8-101 轴类零件

2. 问题分析

由于该轴类零件的几何形状、载荷条件以及边界条件都满足对称条件,因此可以按照轴对称问题进行求解,选取零件总截面的 1/2 建立几何模型。另外,在轴类零件中,为了加工方便或美观要求而设置的凹槽、凸台、过渡圆角及倒角等,在承载过程中对轴的影响很小,在建模过程中一般不予考虑。

3. 求解步骤

由于前面很多实例介绍比较详细,这里求解过程的部分描述略去。

(1)定义单元类型

1)选择 "Structural Solid" 和 "Quad 8node 82" 单元。

2）单元属性设置如图 8-102 所示。

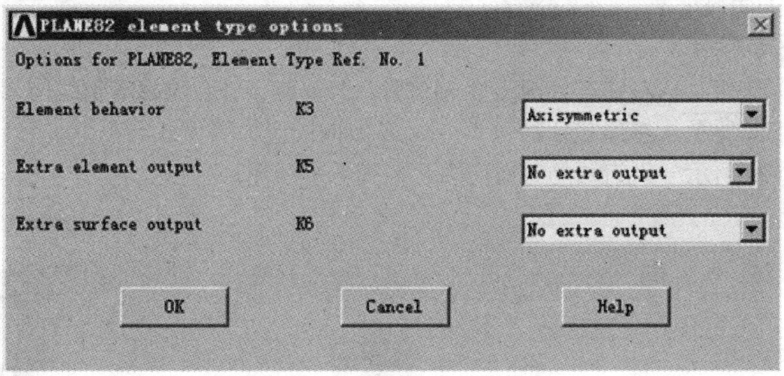

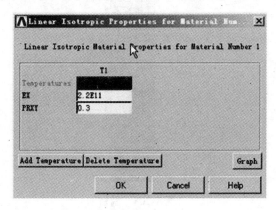

图 8-102　单元属性设置

（2）定义材料性能参数　设置两个基本参数：弹性模量和泊松比，如图 8-103 所示。

图 8-103　定义材料性能参数

（3）创建几何模型、划分网格

1）创建几何模型。按照图 8-101 所示尺寸，剖开一半，建立图 8-104 所示的平面模型。

2）划分网格，调出 MeshTool 工具，划分出图 8-105 所示的网格。

（4）加载求解

1）加载。选择 Utility Menu > Solution > Apply > Structural > Displacement > On Nodes，弹出对话框，通过鼠标直接在图形操作界面选择中心轴的节点和轴端节点，弹出"Apply U，ROT on Nodes"对话框，在"Lab2 DOFs to be Constrainted"选项组中选择"ALL DOF"选项，并在"VALUE Displacement value"文本框中输入"0"，如图 8-106 所示。单击"OK"按钮，关闭对话框。

选择 Utility Menu > Solution > Apply > Structural > Pressor > On Nodes，弹出对话框后，通过鼠标直接在图形操作界面选择轴的另一个端面上所有节点，弹出"Apply F/M on Nodes"对话框，在"Lab Direction of Force/mom"选项组中选择"FY"选项，并在"VALUE Force/moment value"文本框中输入"–50"，单击"OK"按钮，关闭对话框。

2）求解。选择 Utility Menu > Solution > Solve > Current LS，弹出对话框，单击"OK"按

钮，计算机将自动进行计算。计算完毕后，系统将弹出图 8-20 所示求解完毕对话框。单击"Close"按钮关闭对话框。

（5）查看求解结果

1）图 8-107 所示从左到右分别为 X 轴位移、Y 轴位移、合位移等值线图。

2）图 8-108 所示从左到右分别为 X、Y、Z 方向的应力等值线云图。

3）图 8-109 所示分别为轴的等效应力、应变等值线图。

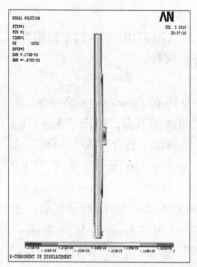

图 8-104　轴的平面模型

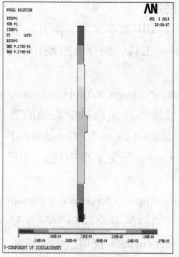

图 8-105　网格划分

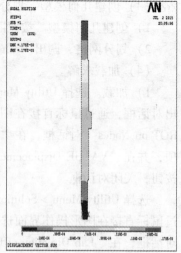

图 8-106　添加约束

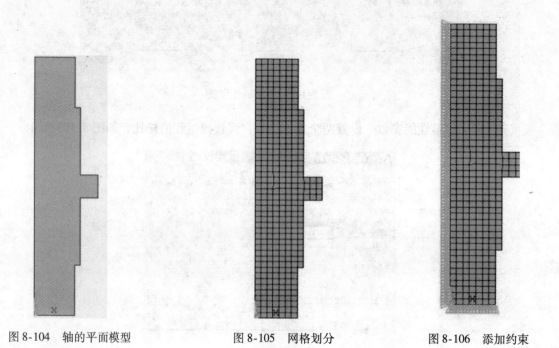

图 8-107　位移等值线图

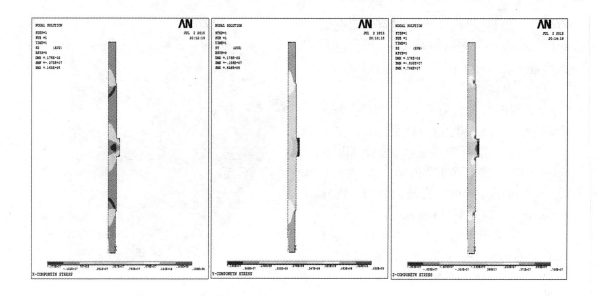

图 8-108 应力等值线云图

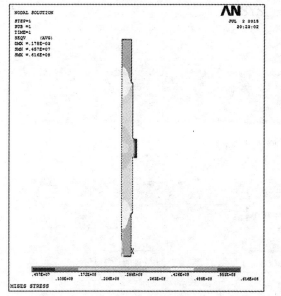
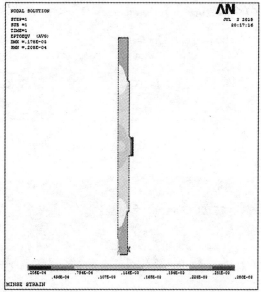

图 8-109 等效应力、应变等值线图

8.10 三角托架静力分析实例

1. 问题描述

如图 8-110 所示托架，其顶面承受 50 lbf/in^2 的均布载荷。托架通过有孔的表面固定在墙上，托架是钢制的，弹性模量 $E = 29 \times 10^6 \text{lbf}/\text{in}^2$，泊松比 $\mu = 0.3$。试用 ANSYS 绘出其变形图，以及托架上的应力分布云图。

2. 求解

（1）解题思路　首先创建所要研究问题的几何模型，并选择合适的单元类型，然后施加边界约束条件，获得节点的解。

（2）具体步骤

1）修改文件名为 jiegou。选择 File > Change Jobname，如图 8-111 所示。

2）修改标题为 jiegou。选择 File > Change Title，如图 8-112 所示。

3）确定分析类型为结构分析。选择 Preferences，如图 8-113 所示。

4）定义单元类型为 SOLID92。选择 Preprocessor > Element Type > Add/Edit/Delete，如图 8-114 和图 8-115 所示。

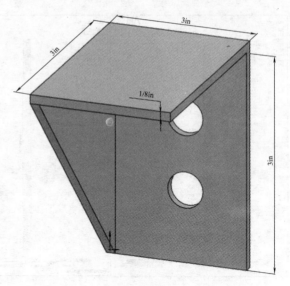

图 8-110　托架

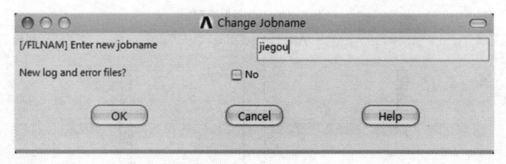

图 8-111　修改文件名

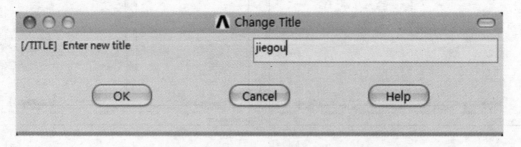

图 8-112　修改标题

5）定义材料属性。选择 Preprocessor > Material Props > Material Models > Structureal > Linear > Elastic > Isotropic，如图 8-116 所示。

6）设置材料的弹性模量和泊松比，如图 8-117 所示。

7）设置图形区域。选择 Workplane > WP Setting，如图 8-118 所示，激活工作平面；选择 Workplane > Display Working Plane，浏览工作平面；选择 PlotCtrls > Pan Zoom Rotate，单击小圆圈直到工作区显示，然后点取 Iso（轴测图）图标，如图 8-119 所示。

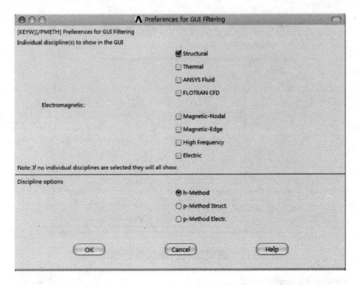

图 8-113　确定分析类型

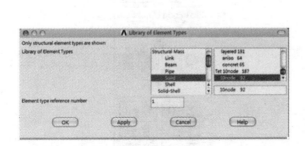

图 8-114　定义单元类型（一）

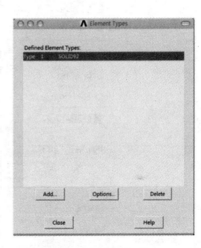

图 8-115　定义单元类型（二）

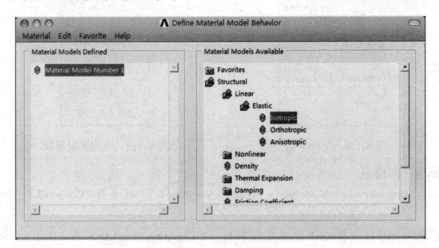

图 8-116　定义材料属性

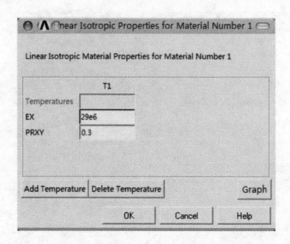

图 8-117　设置材料的弹性模量和泊松比

图 8-118　工作平面

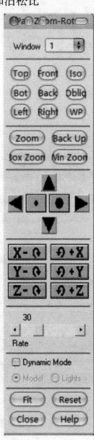

图 8-119　视图控制面板

8）创建几何模型。

① GUI：Preprocessor > Modeling > Create > Volumes > Block > By2Corners&Z，如图 8-120 所示。

② 创建两个圆孔，首先创建两个圆柱体。GUI：Preprocessor > Modeling > Create > Volumes > Cylinder > Solid Cylinder，如图 8-121 和图 8-122 所示，得到如图 8-123 所示的实体。

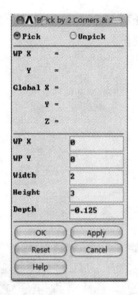
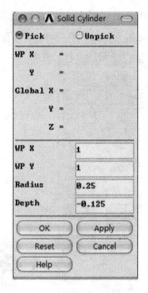
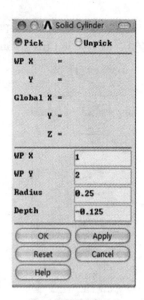

图 8-120　创建几何模型(一)　　　图 8-121　创建几何模型(二)　　　图 8-122　创建几何模型(三)

③ 创建孔：通过布尔运算将圆柱体从垂直面体上除去。GUI：Preprocessor > Modeling > Operate > Booleans > Subtract > Volumes。选择垂直面体，单击"Apply"按钮，然后选择两个圆柱体，单击"Apply"按钮，得到剪切好的实体，如图 8-124 所示。

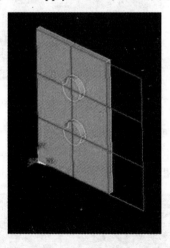
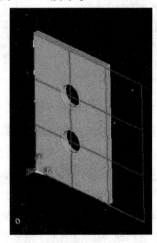

图 8-123　创建几何模型(四)　　　　　图8-124　创建几何模型(五)

④ 移动和旋转工作面，并创建顶板。GUI：WorkPlane > Offset WP by Increments。在"X，Y，Z Offset"文本框中输入"0，3.0，-0.125"，然后单击"Apply"按钮。为了旋转工作面，将滚动条移到 90，然后单击 ⑨+X 按钮，如图 8-125 所示。GUI：PlotCtrls > Pan Zoom Rotate，单击"Bot"按钮（底部视图），如图 8-126 所示。

⑤ GUI：Preprocessor > Modeling > Create > Volumes > Block > By 2 Corners&Z。得到如图 8-127 所示的实体。

⑥ 旋转工作面，创建侧板。GUI：Workplane > Align WP With > Global Cartesian；Plot > Volumes；WorkPlane > Offset WP by Increments。在"X，Y，Z Offset"文本框中输入"0，0，

–0.125", 然后单击 "Apply" 按钮。为了旋转工作面, 将滑动条移到 90, 然后单击  Y-Q 按钮。GUI: PlotCtrls > Pan Zoom Rotate, 将视图改变为 Left (左视图)。

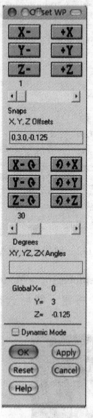 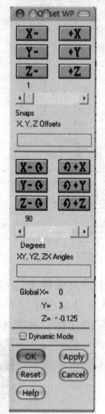

图 8-125　创建几何模型(六)　图 8-126　创建几何模型(七)　　图 8-127　几何模型

⑦ 创建侧板。GUI: Preprocessor > Modeling > Create > Volumes > Prism > By Vertices。通过 WP = (0, 0)、(0, 3.125)、(3, 3.125)、(3.0, 3.0)、(0.125, 0)、(0, 0) 点创建侧板平面。将视图改变为等轴测视图, 即单击 Iso 按钮。将平面沿 Z 轴方向拉伸 0.125。

⑧ 将三块板合成一体。GUI: Preprocessor > Modeling > Opertae > Booleans > Add > Volumes, 单击 "Pick All" 按钮, 完成几何模型的创建, 最终几何模型如图 8-128 所示。

9) 模型分析。划分网格前, 先确定单元尺寸。

GUI: Preprocessor > Meshing > Size Cntrls > Smart Size > Basic, 设置网格划分大小, 如图 8-129 所示。

GUI: Preprocessor > Meshing > Mesh > Volumes > Free, 单击 "Pick All" 按钮, 完成网格划分, 如图 8-130 所示。

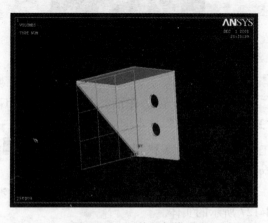

图 8-128　最终几何模型

10）施加边界约束条件。

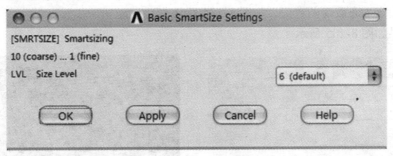

图 8-129　设置网格划分大小

① 先对孔边界进行固定。GUI：PlotCtrls > Pan Zoom Rotate。

② 选择前视图（Front）。GUI：Solution > Define Loads > Apply > Structureal > Displacement > On Keypoint。

③ 将拾取模式切换到 <kbd>Circle</kbd> 上。拾取孔的圆心；然后向后拉伸，直到将孔的边界全部包括进去（图 8-131）。然后单击“Apply”按钮，完成孔的固定，如图 8-132 和图 8-133 所示。

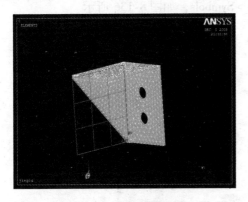

图 8-130　完成网格划分

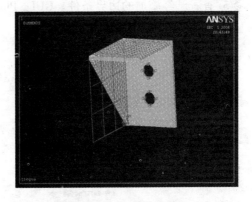

图 8-131　拾取孔的圆心

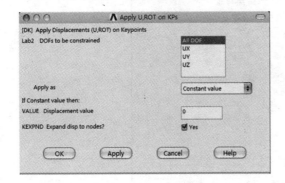

图 8-132　约束设置

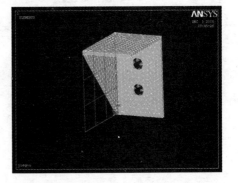

图 8-133　施加边界约束条件

④ 将视图改变为等轴测视图，即单击“Iso”按钮。

GUI：Select > Entities，在“Min，Max”文本框中输入“3. 125，3. 125”。

GUI：Plot > Areas。

GUI：Solution > Define Loads > Apply > Structural > Pressure > On Areas，单击"Pick All"按钮，然后确定均布载荷的数值，如图 8-134 所示。

加载结果如图 8-135 所示。

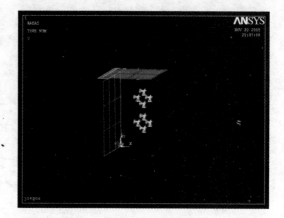

图 8-134　施加均布载荷　　　　　　　　　　图 8-135　加载结果

⑤ 查看已经施加的边界条件。GUI：PlotCtrls > Symbols，如图 8-136 所示。

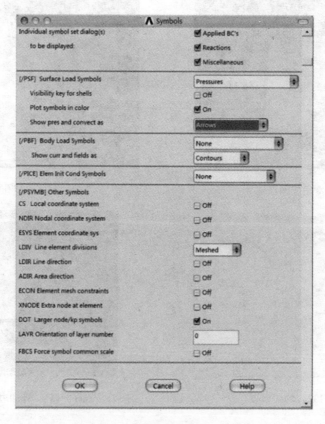

图 8-136　查看已经施加的边界条件

GUI：Select > Everything。

GUI：Plot > Areas。

11）对问题进行求解。GUI：Solution > Solve > Current LS，单击"OK"按钮，完成求解。

12）输出变形图和应力图。GUI：General Postproc > Plot Results > Deformed Shape，单击"OK"按钮，得到托架的变形图，如图 8-137 所示。

GUI：General Postproc > Plot Results > Contour Plot > Nodal Solu，输出应力分布云图，如图 8-138 所示。

13）退出并保存结果。单击 ANSYS 工具栏"Quit"图标，或选中"Save Every thing"单选按钮，单击"OK"按钮，退出并保存结果，如图 8-139 所示。

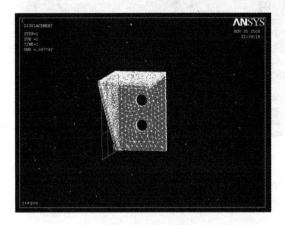

图 8-137　托架变形图　　　　　　　　　图 8-138　应力分布云图

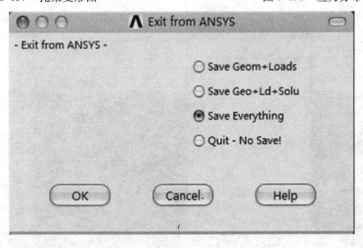

图 8-139　退出并保存结果

8.11　齿轮泵应力分析

1. 问题描述

为了考查齿轮泵在高速运行时，发生多大的径向位移，从而判断其变形情况以及齿轮运转过程齿轮面的压力作用。齿轮模型如图 8-140 所示。

该齿轮为标准齿轮，最大转速为 62.8rad/s，计算其应力分布。

齿轮参数：齿顶圆直径为24mm，齿根圆直径为20mm，齿数为10，齿厚为4mm，弹性模量为2.06×10^{11}Pa，密度为7.8×10^3kg/m^3。

2. 前处理

（1）设定分析作业名和标题　设定文件名为example12.10，标题为12-10。

（2）设置单元类型和属性　选择 Main Menu > Preprocessor > Element Type > Add/Edit/Delete，打开"Element Types"对话框。在"Library of Element Type"选项组依次选择"Solid""Quad 4node 42"选项，如图8-141所示。

在"Element Types"对话框中，单击"Options"按钮，打开"PLANE42 element type options"对话框，在"Element behavior"下拉列表框中选择"Plane strs w/thk"选项，如图8-142所示。

图8-140　齿轮模型

（3）定义实常数　选择 Main Menu > Preprocessor > Real Constants > Add/Edit/Delete，打开"Real Constants"对话框。单击"Add"按钮，弹出定义实常数对话框，在"Thickness"文本框中输入"4"，如图8-143所示。

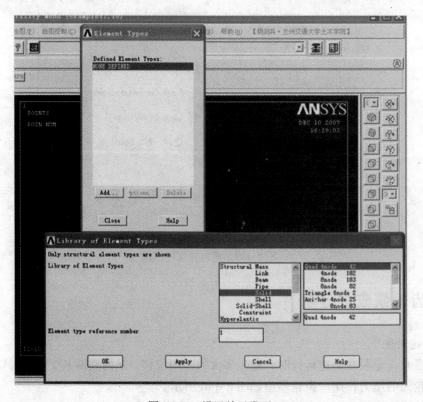

图8-141　设置单元类型

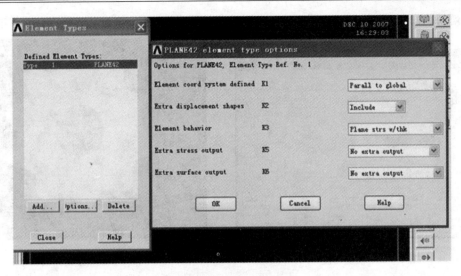

图 8-142　设置单元属性

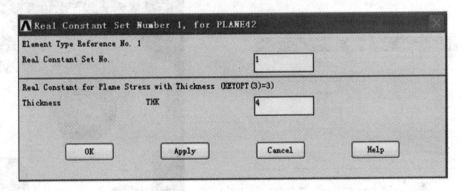

图 8-143　定义实常数

（4）定义材料属性　选择 Main
Menu > Preprocessor > Material Props >
Material Model，打开 Structural > Line-
ar > Elastic > Isotropi，弹出设置弹性
模量和泊松比的对话框，在 "EX"
文本框中输入弹性模量 "2.06E +
011"，在 "PRXY" 文本框中输入泊
松比 "0.3"，如图 8-144 所示。

打开 Structural > Density，弹出设
置密度的对话框，在 "DENS" 文本
框中输入 7800，如图 8-145 所示。

（5）建立齿轮面模型　根据具体

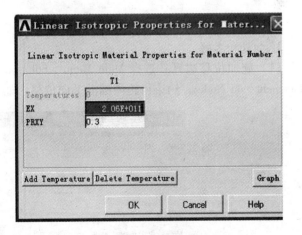

图 8-144　设置弹性模量和泊松比

参数建立齿轮面模型，这里的过程加以简化，最后得到图 8-146 所示的齿轮面模型。

（6）对齿轮面进行网格划分　选择 Main Menu > Preprocessor > Meshing > Mesh Tool，进
行网格划分。对齿顶圆和齿根圆划分密度高一些，如图 8-147 所示，网格划分结果如

图 8-148 所示。

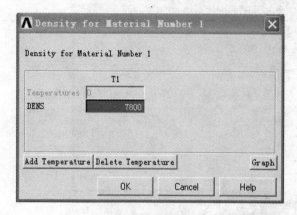

图 8-145　设置密度

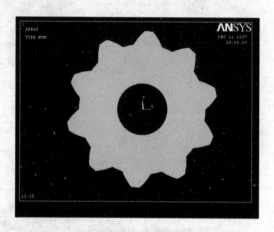

图 8-146　齿轮面模型

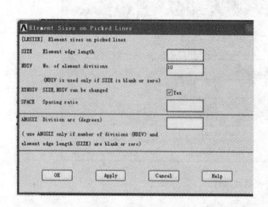

图 8-147　网格划分设置

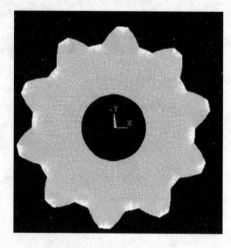

图 8-148　网格划分结果

3. 加载和求解

（1）施加位移边界　选择 Main Menu > Solution > Define Loads > Apply > structural > Displacement > on Nodes，约束齿轮内圆沿 Y 向位移，如图 8-149 所示。

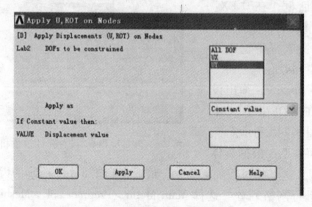

图 8-149　施加位移约束

（2）施加转速惯性载荷及压力载荷　选择 Main Menu > Solution > Define Loads > Apply > Structural > Inertia > Angular Velocity > Global。施加转速惯性载荷如图 8-150 所示。

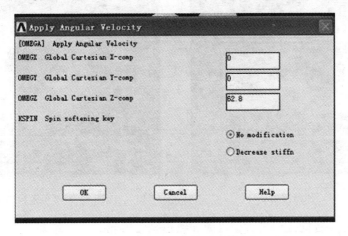

图 8-150　施加转速惯性载荷

选择 Main Menu > Solution > Define Loads > Apply > Structural > Pressure > On lines，在齿轮面上施加压力，施加压力值为 5×10^6，如图 8-151 所示。

加载结果如图 8-152 所示。

（3）求解　选择 Main Menu > Solution > Solve > Current LS，求解完毕，单击"Close"按钮关闭对话框。

4. 结果后处理

1）查看径向变形，如图 8-153 所示。

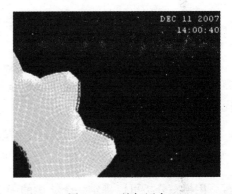

图 8-151　施加压力

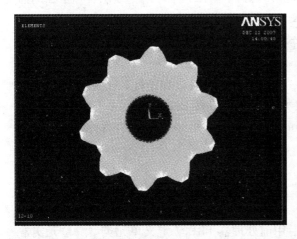

图 8-152　加载结果

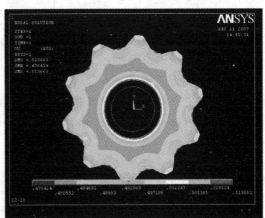

图 8-153　径向变形

2）查看径向应力，如图 8-154 所示。

3）查看等效应力分布云图，如图 8-155 所示。

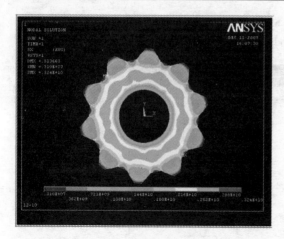

图 8-154　径向应力

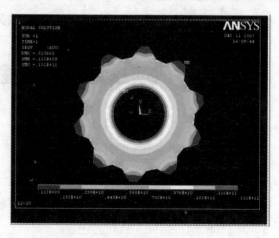

图 8-155　等效应力分布云图

在高速旋转时，径向变形过大，可能导致边缘与齿轮壳发生摩擦。通过以上分析可见，在高速旋转的齿轮泵中，由于旋转引起的应力和变形有可能影响泵的工作。

8.12　动力学分析的过程与步骤

模态分析与谐波分析两者密切相关，求解间谐力作用下的响应时要用到结构的模态和振型。瞬态动力分析可以通过施加载荷步模拟各种载荷，进而求解结构响应。三者具体分析过程与步骤有明显区别。

8.12.1　模态分析

1. 模态分析应用

用模态分析可以确定一个结构的固有频率和振型，固有频率和振型是承受动态载荷结构设计中的重要参数。如果要进行模态叠加法谐响应分析或瞬态动力学分析，固有频率和振型也是必要的。可以对有预应力的结构进行模态分析，例如旋转的涡轮叶片。另一个有用的分析功能是循环对称结构模态分析，该功能允许通过仅对循环对称结构的一部分进行建模，而分析产生整个结构的振型。

ANSYS 产品家族的模态分析是线性分析，任何非线性特性，如塑性和接触（间隙）单元，即使定义也将被忽略。可选的模态提取方法有七种，即 Block Lanczos（默认）、Subspace、Power-Dynamics、Reduced、Unsymmetric、Damped 及 QR damped，后两种方法允许结构中包含阻尼。

2. 模态分析的步骤

模态分析过程由四个主要步骤组成，即建模、加载和求解、扩展模态，以及查看结果和后处理。

（1）建模　指定项目名和分析标题，然后用前处理器 PREP7 定义单元类型、单元实常数、材料性质及几何模型。必须指定弹性模量 EX（或某种形式的刚度）和密度 DENS（或某种形式的质量），材料性质可以是线性或非线性、各向同性或正交各向异性，以及恒定或与温度有关的，非线性特性将被忽略。

（2）加载和求解　在这个步骤中要定义分析类型和分析选项，施加载荷，指定加载阶段选项，并进行圆频率的有限元求解。在得到初始解后，应对模态进行扩展以供查看。

1）ANSYS 提供的用于模态分析的选项如下：

① New Analysis ［ANTYPE］：选择新的分析类型。

② Analysis Type：Modal ［ANTYPE］：指定分析类型为模态分析。

③ Mode Extraction Method ［MODOPT］：模态提取方法。

2）可选模态提取方法如下：

① Block Lanczos method（默认）：分块的兰索斯法，它适用于大型对称特征值求解问题，比子空间法具有更快的收敛速度。

② Subspace method：子空间法，适用于大型对称特征值问题。

③ Power Dynamics method：适用于非常大的模型（100000 个自由度以上）及求解结构的前几阶模态，以了解结构如何响应的情形。该方法采用集中质量阵（LUMPM，ON）。

④ Reduced（Householder）method：缩减法，使用缩减的系统矩阵求解，速度快。但由于减缩质量矩阵是近似矩阵，所以相应精度较低。

⑤ Unsymmetric method：非对称法，用于系统矩阵为非对称矩阵的问题。例如流体–结构耦合。

⑥ Damped method：阻尼法，用于阻尼不可忽略的问题。

⑦ QR Damped method：QR 阻尼法，采用减缩的阻尼阵计算复杂阻尼问题，所以比 Damped method 方法有更快的计算速度和更好的计算效率。

3）在指定某种模态提取方法后，ANSYS 会自动选择合适的方程求解器。

① Number of Modes to Extract ［MODOPT］：除 Reduced 方法外的所有模态提取方法都必须设置该选项。

② Number of Modes to Expand ［MXPAND］：仅在采用 Reduced、Unsymmetric 和 Damped 方法时要求设置该选项。但如果需要得到单元的求解结果，则不论采用何种模态提取方法都需选择 "Calculate elem results" 复选框。

③ Mass Matrix Formulation ［LUMPM］：使用该选项可以选定采用默认的质量矩阵形成方式（和单元类型有关）或集中质量矩阵近似方式，建议在大多数情况下应采用默认形成方式。但对有些包含薄膜结构的问题，如细长梁或非常薄的壳，采用集中质量矩阵近似经常产生较好的结果。另外，采用集中质量矩阵求解时间短，需要内存少。

④ Prestress Effects Calculation ［PSTRES］：选用该选项可以计算有预应力结构的模态。默认的分析过程不包括预应力，即结构是处于无应力状态的。

完成模态分析选项（Modal Analysis Option）对话框中的选择后，单击 "OK" 按钮。一个相应于指定的模态提取方法的对话框将会弹出。

（3）定义自由度　使用 Reduced 模态提取法时要求定义自由度。

命令：M

GUI：Main Menu > Solution > Master DOFs > -User Selected-Define

（4）在模型上加载荷　在典型的模态分析中唯一有效的"载荷"是零位移约束，如果在某个 DOF 处指定了一个非零位移约束，则以零位移约束代替该 DOF 处的设置。可以施加除位移约束之外的其他载荷，但它们将被忽略。在未加约束的方向上，程序将解算刚体运动

（零频）及高频（非零频）自由休模态。载荷可以加在实体模型上或加在有限元模型上。

（5）指定载荷步选项 模态分析中可用的载荷步选项见表 8-4。阻尼只在用 Damped 模态提取法时有效，在其他模态提取法中将被忽略。

表 8-4 模态分析中可用的载荷步选项

选 项	命 令	GUI 路径
Alpha（质量）阻尼	ALPHAD	Main Menu > Solution > Loaded Step Opts > Time/Frequency > Damping
Beta（刚度）阻尼	BETAD	Main Menu > Solution > Loaded Step Opts > Time/Frequency > Damping
恒定阻尼比	DMPRAD	Main Menu > Solution > Loaded Step Opts > Time/Frequency > Damping
材料阻尼比	MP, DAMP	Main Menu > Solution > Others > Change Mat Props > Polynomial

（6）求解计算 求解器的输出内容主要是写到输出文件及 Jobname. mode 振型文件中的固有频率，也可以包含缩减的振型和参与因子表，这取决于设置的分析选项的输出控制。由于振型现在尚未写到数据库或结果文件中，因此还不能对结果进行后处理。

如果采用 Subspace 模态提取法，则输出内容中可能包括警告：STURM number = n should be m。其中，n 和 m 为整数，表示某阶模态被漏掉或第 m 阶或第 n 阶模态的频率相同，因而要求输出的只有第 m 阶模态。

如果采用 Dmaped 模态提取方法，求得的特征值和特征向量将是复数解。特征值的虚部代表固有频率，实部为系统稳定性的量度。

（7）退出求解器

命令：FINISH

GUI：Main Menu > Finish

3. 扩展模态

从严格意义上来说，扩展意味着将缩减解扩展到完整的 DOF 集上；而减缩解常用主 DOF 表达。在模态分析中扩展指将振型写入结果文件，即扩展模态适用于 Reduced 模态提取方法得到的缩减振型和使用其他模态提取方法得到的完整振型。因此，如果需要在后处理器中查看振型，必须先将振型写入结果文件。模态扩展要求振型 Jobname. mode、Jobname. emat、Jobname. sav 及 Jobname. tri 文件（如果采用 Reduced 方法）必须存在，而且数据库中必须包含和解算模态时所用模型相同的分析模型。扩展模态的操作步骤如下：

1）进入 ANSYS 求解器，可采用如下方法：

命令：SOLU

GUI：Main Menu > Solution

在扩展处理前必须退出求解器并重新进入。

2）激活扩展处理及相关选项。ANSYS 提供的扩展处理选项见表 8-5。

① Expansion Pass On/Off [EXPASS]：选择 On（打开）。

② Number of Modes to Expand [MXPAND, NMODE]：指定要扩展的模态数。注意，只有经过扩展的模态才可以在后处理中查看。默认为不进行模态扩展。

③ Frequency Range for Expansion [MXPAND, FREQB, FREQE]：这是另一种控制要扩展模态数的方法。如果指定一个频率范围，那么只有该频率范围内的模态才会被扩展。

表 8-5　扩展处理选项

选　项	命　令	GUI 路径
Expansion Pass On/Off	EXPASS	Main Menu > Solution > Analysis Type > Expansion Pass
Number of Modes to Expand	MXPAND	Main Menu > Solution > Loaded Step Opts > Expansion Pass > Single Expand > Expand Modes
Freq uency Range for Expansion	MXPAND	Main Menu > Solution > Loaded Step Opts > Expansion Pass > Single Expand > Expand Mode
Stress Calc ulations On/Off	MXPAND	Main Menu > Solution > Loaded Step Opts > Expansion Pass > Single Expand > Expand Modes

④ Stress Calculations On/Off ［MXPAND，ELCALC］：是否计算应力，默认为不计算。模态分析中的应力并不代表结构中的实际应力，而只是给出一个各阶模态之间相对应力分布的概念。

3）指定载荷步选项。模态扩展处理中唯一有效的选项是输出控制。

命令：OUTRES

GUI：Main Menu > Solution > Load Step > Output Ctrls > DB/Results File。

4）开始扩展处理。扩展处理的输出包括已扩展的振型，而且还可以要求包含各阶模态相对应的应力分布。

命令：SOLVE

GUI：Main Menu > Solution > Current LS

5）如需扩展另外的模态（如不同频率范围的模态）重复步骤 2）~4），每次扩展处理的结果文件中保存为单独的载荷步。

6）退出求解器，可以在后处理器中查看结果。

命令：FINISH

GUI：Main Menu > Finish

4. 查看结果和后处理

模态分析的结果（即扩展模态处理的结果）写入结构分析 Jobname. rst 文件中，其中包括固有频率、已扩展的振型和相对应力和应力分布（如果要求输出），可以在普通后处理器（POSTl）中查看模态分析结果。

查看结果数据包括读入合适子步的结果数据。每阶模态在结果文件中保存为一个单独的子步。如扩展了六阶模态，结果文件中将有六个子步组成的一个载荷步。

命令：SET 和 SBSTEP

GUI：Main Menu > General Postproc > Read Results > By Load Step > Substep

命令：PLDISP

GUI：Main Menu > General Postproc > Plot Results > Deformed Shape

8.12.2　谐响应分析

1. 谐响应分析的应用

谐响应分析是用于确定线性结构在承受随时间按正弦（简谐）规律变化的载荷时的稳

态响应的一种技术。分析的目的是计算结构在几种频率下的响应并得到一些响应值（通常是位移）对频率的曲线，从这些曲线上可找到"峰值"响应并进一步查看峰值频率对应的应力。

这种分析技术只计算结构的稳态受迫振动，发生在激励开始时的瞬态振动不在谐响应分析中考虑。作为一种线性分析，该分析忽略任何即使已定义的非线性特性，如塑性和接触（间隙）单元，但可以包含非对称矩阵，如分析流体 – 结构相互作用问题。谐响应分析也可用于分析有预应力的结构，如小提琴的弦（假定简谐应力比预加的拉伸应力小得多）。

2. 谐响应分析的求解方法

谐响应分析可以采用以下三种方法：

（1）Full（完全）方法　该方法采用完整的系统矩阵计算谐响应（没有矩阵减缩），矩阵可以是对称或非对称的，其优点如下：

1）容易使用，因为不必关心如何选择主自由度和振型。

2）使用完整矩阵，因此不涉及质量矩阵的近似。

3）允许有非对称矩阵，这种矩阵在声学或轴承问题中很典型。

4）用单一处理过程计算出所有的位移和应力。

5）允许施加各种类型的载荷，如节点力、外加的（非零）约束和单元载荷（压力和温度）。

6）允许采用实体模型上所加的载荷。

该方法的缺点是预应力选项不可用，并且当采用 Frontal 方程求解器时通常比其他方法运行时间长。但是在采用 JCG 求解器或 JCCG 求解器时，该方法的效率很高。

（2）Reduced 方法　该方法通常采用主自由度和减缩矩阵来压缩问题的规模，计算出主自由度处的位移后，解可以被扩展到初始的完整 DOF 集上。

1）Reduced 方法的优点如下：

① 在采用 Frontal 求解器时比 Full 方法更快。

② 可以考虑预应力效果。

2）Reduced 方法的缺点如下：

① 初始解只计算出主自由度的位移。要得到完整的位移，应力和力的解则需执行被称为扩展处理的进一步处理，扩展处理在某些分析应用中是可选操作。

② 不能施加单元载荷（压力和温度等）。

③ 所有载荷必须施加在用户定义的自由度上，限制了采用实体模型上所加的载荷。

（3）Mode Superposition 方法（模态叠加）。该方法通过对模态分析得到的振型（特征向量）乘上因子并求和计算出结构的响应。

1）该方法的优点如下：

① 对于许多问题，比 Reduced 方法或 Full 方法更快。

② 在模态分析中施加的载荷可以通过 LVSCALE 命令用于谐响应分析中。

③ 可以使解按结构的固有频率聚集，可产生更平滑且更精确的响应曲线图。

④ 可以包含预应力效果。

⑤ 允许考虑振型阻尼（阻尼系数为频率的函数）。

2）该方法的缺点如下：

① 不能施加非零位移。

② 在模态分析中使用 Power Dynamics 方法时，初始条件中不能有预加的载荷。

谐响应分析的三种方法有如下共同局限性：

① 所有载荷必须随时间按正弦规律变化。

② 所有载荷必须有相同的频率。

③ 不允许有非线性特性。

④ 不计算瞬态效应。

3. 谐响应分析的步骤

下面以 Full 方法为例说明谐响应分析的步骤。采用 Full 方法进行谐响应分析的主要步骤为建模、加载并求解，以及查看结果和后处理。

（1）建模　在该步骤中需指定文件名和分析标题，然后用 PREP7 来定义单元类型、单元实常数、材料特性及几何模型，需注意的要点如下：

1）只有线性行为是有效的。如果有非线性单元，则按线性单元处理。

2）必须指定弹性模量 EX（或某种形式的刚度）和密度 DENS（或某种形式的质量）。材料特性可为线性、各向同性或各向异性，以及恒定的或和温度相关的，忽略非线性材料特性。

（2）加载并求解　在该步骤中定义分析类型和选项，加载，指定载荷步选项并开始有限元求解。需要注意的是，峰值响应分析发生在力的频率和结构的固有频率相等时，在得到谐响应分析解之前，应首先执行模态分析，以确定结构的固有频率。

1）进入 ANSYS 求解器。

命令：SOLU

GUI：Main Menu > Solution

2）定义分析类型和分析选项。ANSYS 提供的用于谐响应分析的选项主要阐述如下：

① New Analysis［ANTYPE］：选择新分析，在谐响应分析中 Restart 不可用。如果需要施加另外的简谐载荷，可以另进行一次新分析。

② Analysis Type：Harmonic Response［ANTYPE］：选择分析类型为 Harmonic Response（谐响应分析）。

③ Solution Method［HROPT］：选择 Full、Reduced 或 Mode Superposition 求解方法之一。

④ Solution Listing Format［HROUT］：确定在输出文件中谐响应分析的位移解如何列出，可选方式有 "real and imaginary（实部和虚部）"（默认）和 "amplitudes and phaseangles（幅值和相位角）"。

⑤ Mass Matrix Formulation［LUMPM］：指定采用默认的质量矩阵形成方式（取决于单元类型）或使用集中质量矩阵近似。

⑥ Equation Solver［EQSLV］：可选求解器有 Frontal（默认）、Sparse Direct（SPARSE）、Jacobi Conjugate Gradient（JCG），以及 Incomplete Cholesky Conjugate Gradient（ICCG）。对大多数结构模型，建议采用 Frontal 或 SPARSE 求解器。

3）在模型上加载。根据定义，谐响应分析假定所施加的所有载荷随时间按简谐（正弦）规律变化。指定一个完整的简谐载荷需输入三个数据，即 Amplitude（振幅）、Phase Angle（相位角）和 Forcing Frequency Range（强制频率范围）。

4）指定载荷步选项。谐响应分析可用的选项说明如下：

① Number of Harmonic Solutions［NSUBST］：请求计算任何数目的谐响应解，解（或子步）将均布于指定的频率范围内［HARFQR］。例如，如果在 30 ~ 40Hz 范围内要求出 10 个解，则计算频率在 30Hz ~ 40Hz 处的响应，而不计算其他频率处。

② Stepped or Ramped Loads［KBC］：载荷以 Stepped 或 Ramped 方式变化，默认为 Ramped，即载荷的幅值随各子步逐渐增长。如果用命令［KBC，1］设置了 Stepped 载荷，则在频率范围内的所有子步载荷将保持恒定的幅值。

动力学选项如下：

③ Forcing Frequency Range［HARFRQ］：在谐响应分析中必须指定强制频率范围，然后指定在此频率范围内要计算处的解数。

④ Damping：必须指定某种形式的阻尼，如 Alpha（质量）阻尼［ALPHAD］、Beta（刚度）阻尼［BETAD］或恒定阻尼 VA［DMPRAT］，否则在共振处的响应将无限大。

5）开始求解。

命令：SOLVE

GUI：Main Menu > Solution > Solve > Current LS

6）如果有另外的载荷和频率范围（即另外的载荷步），重复步骤 3）~ 5）。如果要做时间历程后处理（POST26），则一个载荷步和另一个载荷步的频率范围间不能存在重叠。

7）退出求解器。

命令：FINISH

GUI：关闭 Solution 菜单。

（3）查看结果和后处理　谐响应分析的结果保存在结构分析 Jobname. rst 文件中，如果结构定义了阻尼，响应将与载荷异步。所有结果将是复数形式的，并以实部和虚部存储。

通常可以用 POST26 和 POST1 查看结果。一般的处理顺序是用 POST26 找到临界强制频率模型中关注点产生最大位移（或应力）时的频率，然后用 POST1 在这些临界强制频率处处理整个模型。

POST26 要用到结果项或频率对应关系表，即 Variables（变量）。每个变量都有一个参考号，1 号变量被内定为频率。其中主要操作如下：

1）定义变量。

命令：NSOL 用于定义基本数据（节点位移），ESOL 用于定义派生数据（单元数据，如应力），RFORCE 用于定义反作用力数据。

GUI：Main Menu > TimeHist postpro > Define Variables

2）绘制变量对频率或其他变量的关系曲线，然后用 PLCPLX 指定用幅值、相位角方式或实部、虚部方式表示解。

命令：PLVAR 和 PLCPLX

GUI：Main Menu > TimeHist Postpro > Graph Variables

　　　Main Menu > TimeHist Postpro > Settings > Graph

3）列表变量值。如果只要求列出极值，可用 EXTREM 命令，然后用 PLCPLX 指定用幅值、相位角方式或实部、虚部方式表示解。

命令：PRVAR、EXTREM 和 PRCPLX

GUI：Main Menu > TimeHist Postpro > List Variables > List Extremes

　　　　Main Menu > TimeHist Postpro > List Extremes

　　　　Main Menu > TimeHist Postpro > Settings > List

通过查看整个模型中关键点处的时间历程结果，可以得到用于进一步 POST1 后处理的频率值。

使用 POST1 时，使用 SET 命令读入所需谐响应分析的结果（GUI：Main Menu > General Postproc > - Read Results > …），但不能同时读入实部或虚部。结果大小由实部和虚部的 SRSS（平方和取平方根）给出，在 POST26 中可得到模型中指定点处的真实结果，然后进行其他通用后处理。

8.12.3　瞬态动力学分析

1. 瞬态动力学分析的应用

瞬态动力学分析（亦称时间历程分析）是用于确定承受任意的随时间变化载荷结构的动力学响应的一种方法，可用其分析确定结构在静载荷、瞬态载荷和简谐载荷的随意组合作用下随时间变化的位移、应变、应力及力。载荷和时间的相关性使得惯性力和阻尼作用比较显著，如果惯性力和阻尼作用不重要，即可用静力学分析代替瞬态分析。

2. 瞬态动力学分析的预备工作

瞬态动力学分析比静力学分析更复杂，因为按工程时间计算，该分析通常要占用更多的计算机资源和更多的人力，可以做必要的预备工作以节省大量资源。

如果分析中包含非线性，可以通过进行静力学分析尝试了解非线性特性如何影响结构的响应，有时在动力学分析中不必包括非线性。通过模态分析计算结构的固有频率和振型，即可了解这些模态被激活时结构如何响应。

固有频率同样也对计算正确的积分时间步长有用。

瞬态动力学分析也可以采用 Full、Reduced 或 Mode Superposition 三种方法。

3. 瞬态动力学分析的步骤

采用 Full 方法进行瞬态动力学分析的主要步骤为建模、加载并求解，以及查看结果和后处理。

（1）建模　在该步骤中需指定文件名和分析标题，然后用 PREP7 来定义单元类型、单元实常数、材料特性及几何模型，需注意的要点如下：

1）只有线性行为是有效的，如果有非线性单元，则按线性单元处理。

2）必须指定弹性模量 EX（或某种形式的刚度）和密度 DENS（或某种形式的质量）。材料特性可为线性、各向同性或各向异性，以及恒定的或和温度相关的，忽略非线性材料特性。

（2）加载并求解　在该步骤中定义分析类型和选项，加载，指定载荷步选项并开始有限元求解。

1）进入 ANSYS 求解器。

命令：SOLU。

GUI：Main Menu > Solution。

2）定义分析类型和分析选项。用于瞬态动力学响应分析的选项主要有 New Analysis、

Analysis Type、Solution Method、Large Deformation Effects、Equation Solver 等，具体说明可查看帮助文件。

（3）查看结果和后处理 瞬态动力学分析的结果被保存到结构分析 Jobname. rst 文件中，可以用 POST26 和 POST1 查看结果。

POST26 要用到结果项或频率对应关系表，即 Variables（变量）。每个变量都有一个参考号，1 号变量内定为频率。其中主要操作如下：

1）定义变量。

命令：NSOL 用于定义基本数据（节点位移），ESOL 用于定义派生数据（单元数据，如应力），RFORCE 用于定义反作用力数据，FORCE（合力，或合力的静力分量，阻尼分量和惯性力分量）及 SOLU（时间步长，平衡迭代次数和响应频率等）。

GUI：Main Menu > TimeHist Postpro > Define Variables。

2）绘制变量变化曲线或列出变量值，通过查看整个模型关键点处的时间历程分析结果，即可找到用于进一步的 POST1 后处理的临界时间点。

命令：PLVAR（绘制变量变化曲线）、PLVAR 及 EXTREM（变量值列表）。

GUI：Main Menu > TimeHist Postpro > Graph Variables

      Main Menu > TimeHist Postpro > List Variables

      Main Menu > TimeHist Postpro > List Extremes

使用 POST1 时主要操作如下：

① 从数据文件中读入模型数据。

命令：RESUME

GUI：Utility > Menu > File > Resume From

② 读入需要的结果集，用 SET 命令根据载荷步及子步序号或时间数值指定数据集。

命令：SET

GUI：Main Menu > General > Postproc > Read Results > By Time/Freq

如果指定时刻没有可用结果，得到的结果将是和该时刻相距最近的两个时间点对应结果之间的线性插值。

③ 显示结构的变形状况，应力及应变等的等值线，或向量的向量图 IPLVECTL，要得到数据的列表表格，使用 PRNSOL、PRESOL 或 PRRSOL 等。

a. Display Deformed Shape

命令：PLDISP

GUI：Main Menu > General Postproc > Plot Results > Deformed Shape

b. Contour Displays

命令：PLNSOL 或 PLESOL，KUND 参数选择是否将未变形的形状叠加到显示结果中。

GUI：Main Menu > General Postproc > Plot Results > Contour Plot > Nodal Solu or Element Solu

c. List Reaction Forces and Moments

命令：PRESOL

GUI：Main Menu > General Postproc > List Results > Reaction Solu

d. List Nodal Forces and Moments

命令：PRESOL、F 或 M

GUI：Main Menu > General Postproc > List Results > Element Solution

列出选定点的一组节点的总节点力和总力矩，这样即可选定一组节点并得到作用在这些节点上的总力的大小。同样也可以查看每个选定节点处的总力和总力矩，对于处于平衡态的物体，除非存在外加的载荷或反作用载荷，否则所有节点处的总载荷应为零。

8.13　带孔法兰模态分析

问题描述：图 8-156 所示为一个简化的不锈钢圆形带孔法兰模型。其中，六个螺钉孔的直径为 2mm。其材料基本参数如下：弹性模量 $E = 260\text{GPa}$，泊松比 $\mu = 0.3$，密度为 8050kg/m^3。使用 ANSYS 求解其模态频率，并给出模态振型。

1. 指定文件名、文件路径和文件标题

GUI：Utility Menu > File > Change Jobname，输入 "modal"，选中 "New Log and Error File"，单击 "OK" 按钮。

GUI：Utility Menu > File > Change Directory，选择路径。

GUI：Utility Menu > File > Change Title，输入 "modal of a fish"。

2. 指定单元类型

选择 Main Menu > Preprocessor > Element Type > Add/Edit/Delete，如图 8-157 所示，单击 "Add" 按钮，添加分析的单元类型，弹出单元类型对话框，设置单元类型如图 8-158 所示。

选择 "Solid" "20 node 186" 选项，单击 "OK" 按钮。

3. 设定材料属性

选择 Main Menu > Preprocessor > Material Props Models，弹出材料属性对话框，如图 8-159所示。

选择 Structural > Linear > Elastic > Isotropic，弹出设置弹性模量和泊松比对话框，如图 8-160所示。

选择 Structural > Density，弹出设置材料密度对话框，如图 8-161 所示。

单击 "SAVE_DB"，保存数据。

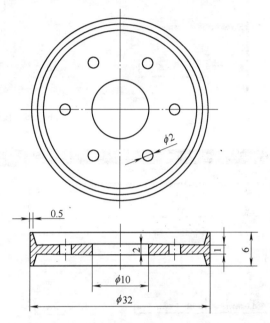

图 8-156　圆形带孔法兰模型

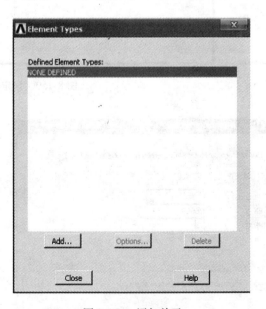

图 8-157　添加单元

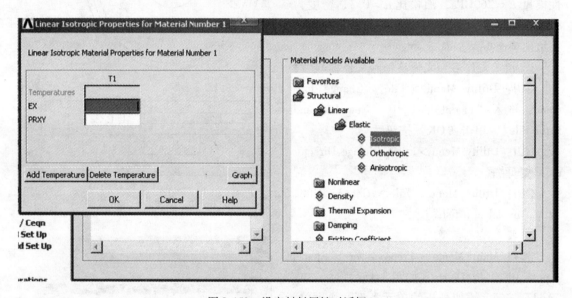

图 8-158　设置单元类型

图 8-159　设定材料属性对话框

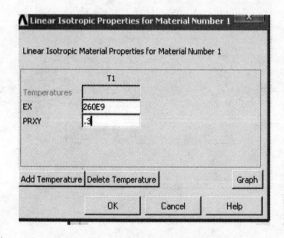

图 8-160　设置弹性模量和泊松比

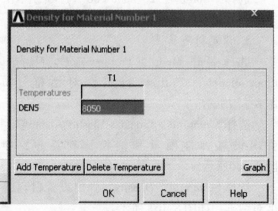

图 8-161　设置材料密度

4. 创建模型截面

关闭坐标系三角形符号：选择 Utility Menu > PlotCtrls > Window Controls > Window Option，弹出 "Windw Options" 对话框，在 "Location of triad" 后面的下拉菜单中选择 "Not show" 选项，单击 "OK" 按钮。选择 Main Menu > Preprocessor > Modeling > Creat > Keypoint > In Active CS，弹出 "Creat Keypionts in Active Coordinate System" 对话框，如图 8-162 所示，在其中分别输入关键点坐标。

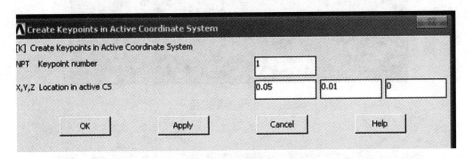

图 8-162　创建关键点

关键点坐标分别如下：

关键点坐标	X	Y
1	0.05	0.01
2	0.15	0.005
3	0.155	0.03
4	0.16	0.03
5	0.16	− 0.03
6	0.155	− 0.03
7	0.15	− 0.005
8	0.05	− 0.01
9	0	0
10	0	0.01

其中 9、10 两点不是截面上的点，是辅助点。

选择 Main Menu > Preprocessor > Modeling > Creat > Areas > Arbitrary > Through KPs 命令，弹出对话框，依次选 1~8 各关键点，单击 "OK" 按钮，生成的模型截面如图 8-163 所示。

5. 创建 3D 实体模型

选择 Main Menu > Preprocessor > Modeling > Operate > Extruce > Areas > About Axis，弹出拾取对话框，用鼠标拾取截面，单击 "OK" 按钮，切换到关键点拾取对话框，生成 3D 实体模型如图 8-164 所示。

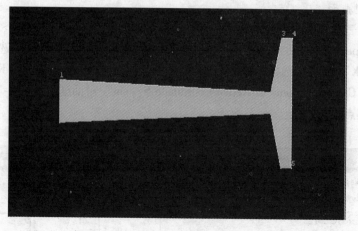

图 8-163　模型截面

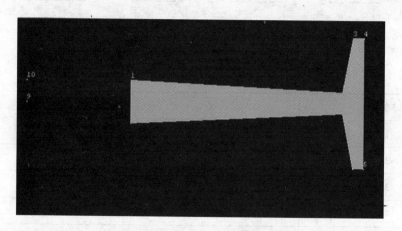

图 8-164　3D 实体模型

依次拾取 9、10 关键点，单击"OK"按钮，弹出设置扫掠对话框，如图 8-165 所示。设置扫掠角度为 360°，旋转 360°创建模型。

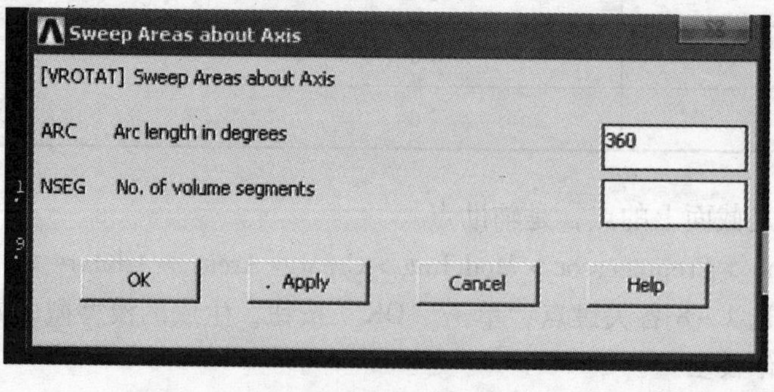

图 8-165　设置扫掠对话框

调整视图，单击"SAVE_DB"，保存数据。

6. 设置工作平面

选择 Utility Menu > WorkPlane > Offset WP by Increments 命令，如图 8-166 所示。

在对话框的 "X，Y，Z Offsets" 文本框中输入 "0.1"，让工作平面沿 X 轴方向平移 0.1cm。在对话框下方的 "XY、YZ、ZX Angle" 文本框中输入 "0，−90，0"，让工作台在 XZ 平面，单击 "OK" 按钮关闭对话框。

7. 创建小圆柱体

选择 Main Menu > Preprocessor > Modeling > Creat > Volumnes > Cylinder > By Dimension，生成小圆柱体模型如图 8-167 所示。

在 "RAD1" 文本框中输入 "0.01"，在 "Z1，Z2" 文本框中输入 "−0.02，0.02"，单击 "OK" 按钮，如图 8-168 所示。

选择 Utility Menu > WorkPlane > Offset WP by Increments，在 "X，Y，Z Offset" 文本框中输入 "−0.1"，将工作平面原点移回到系统坐标系原点。

选择 Utility Menu > WorkPlane > WP Settings，弹出对话框，选择 "Polar" 选项，设置为极坐标系。

选择 Utility Menu > WorkPlane > Change Active CS > Working Plane，将当前坐标系按工作平面的设置激活成极坐标系。

选择 Main Menu > Preprocessor > Modeling > Copy > Volumes，弹出拾取对话框。用鼠标在图形显示区中拾取小圆柱体，单击 "OK" 按钮。复制图元设置如图 8-169 所示。

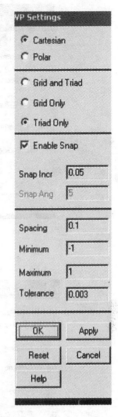

图 8-166　设置工作平面

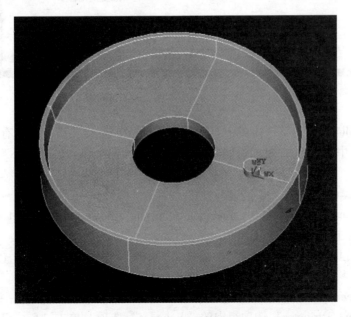

图 8-167　小圆柱体模型

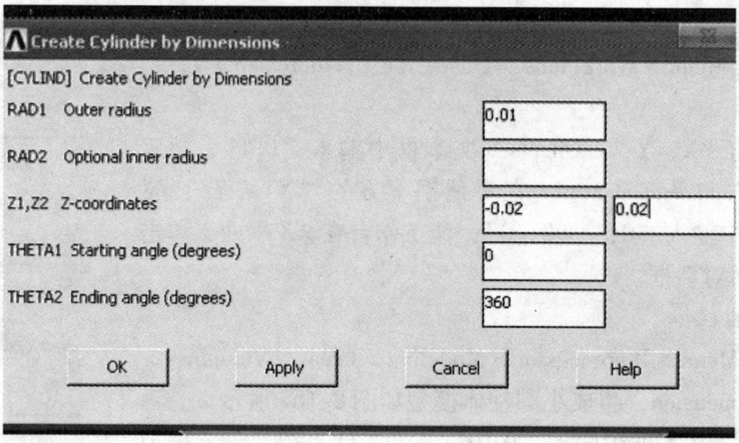

图 8-168　设置圆柱体模型参数

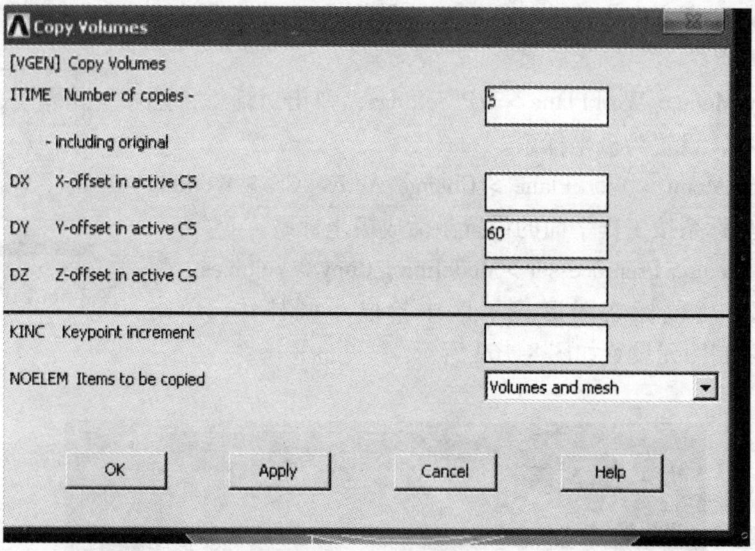

图 8-169　复制图元设置

在"Copy Volumes"对话框中的"ITIME"文本框中输入"6",表示有 6 个小圆柱体,在"DY"文本框中输入 60,表示每间隔 60°复制一个体图元,单击"OK",生成小圆柱,如图 8-170 所示。

8. 生成法兰上的螺钉孔

选择 Main Menu > Preprocessor > Modeling > Operate > Booleans > Subtract > Volumes 命令,弹出拾取对话框,挖孔如图 8-171 所示。

单击"SAVE_DB",保存数据。

9. 划分网格

选择 Main Menu > Preprocessor > Meshing > Mesh Tool,弹出划分工具对话框,设置单元属性,选择"Element Attributes"选项组中的"Volumes"选项,单击"Set"按钮,弹出拾取对话框,单击对话框中的"Pick All"按钮,网格划分设置如图 8-172 所示。

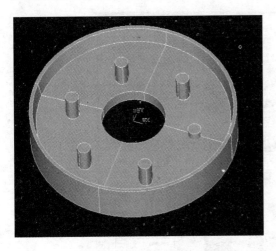

图 8-170　生成小圆柱

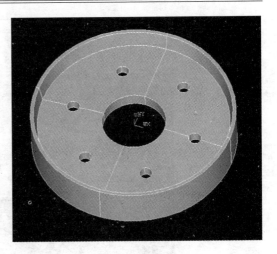

图 8-171　挖孔

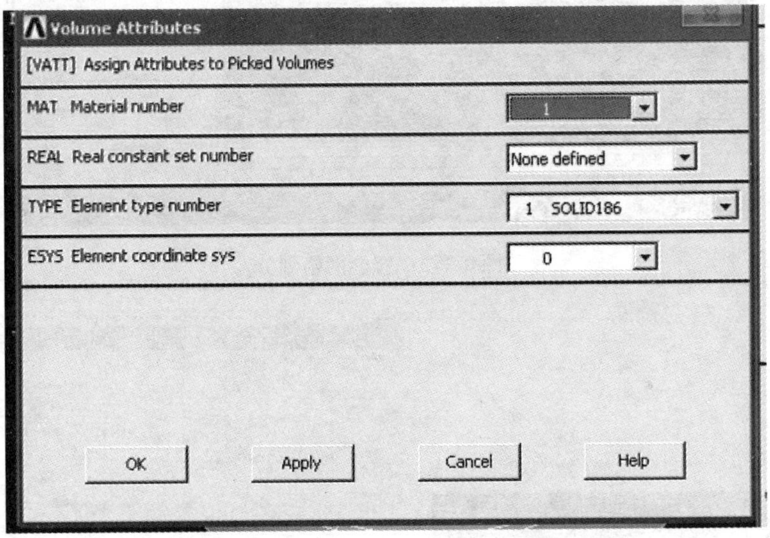

图 8-172　网格划分设置

设置材料 MAT 为 "1"，单元属性 TYPE 为 "1 SOLID 186"，单击 "OK" 按钮关闭对话框。

选用智能网格划分，设置网格划分精度为 7，如图 8-173 所示。

在 "Mesh" 下拉列表框中选择 "Volumes" 选项，设置 "Shape" 为 "Tet（四面体）"，网格划分结果如图 8-174 所示。

单击 "SAVE_DB"，保存数据。

10. 进行模态分析的求解设置

选择 Main Menu > Solution > Analysis Type > New Analysis，弹出对话框，选 "Modal" 选项，单击 "OK" 按钮。

选择 Main Menu > Solution > Analysis Type > Analysis Options，弹出设置模态分析选项对话框，如图 8-175 所示。

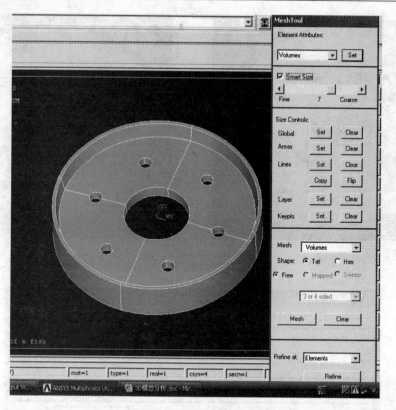

图 8-173　智能网格划分

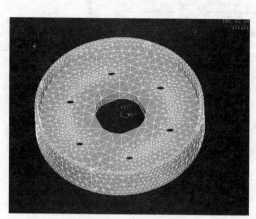

图 8-174　网格划分结果

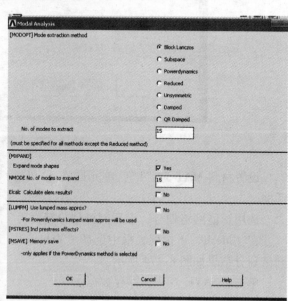

图 8-175　设置模态分析选项

　　选中提取方法 MODOPT 区域中的"Block Lanczos"单选按钮，并在提取模态阶数文本框"No. of modes to extra"文本框中输入"15"，选中"Expand mode shapes"复选框，在"NMODE"文本框中输入"15"，单击"OK"按钮，进入模态提取方法相关的设置对话框，在"FREQB"文本框中输入"0"，在"FREQE"文本框中输入"100000"；单击"OK"按钮，如图 8-176 所示。

11. 设定边界条件

选择 Main Menu > Solution > DefineLoads > Apply > Structural > Displacement > On Keypoints，拾取关键点 1，单击"OK"按钮，进入设置自由度的约束对话框，如图 8-177 所示。

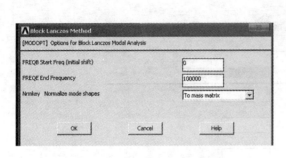

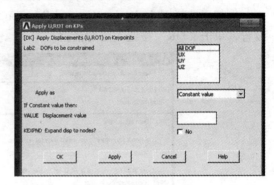

图 8-176　模态提取方法设置　　　　　　图 8-177　设置自由度的约束

保存数据。

12. 求解

选择 Main Menu > Solution > Current Ls，求解后保存数据。

13. 进行模态扩展设置

选择 Main Menu > Solution > Load Step Opts > Expansion Pass > SingleExpan > Expand Modes，弹出模态扩展设置对话框，如图 8-178 所示。

在"NMODE"文本框中输入"15"，在"FREQB，FREQE"文本框中输入"0""100000"，选中"Elcalc"复选框，单击"OK"按钮。

选择 Main Menu > Solution > Load Step Opts > Output Ctrls > DB/Restlts File，弹出结果文本对话框，如图 8-179 所示，选择"Item"下拉列表框中的"All Items"选项，选中"FREQ"选项组中的"Every substep"单选按钮，单击"OK"按钮。

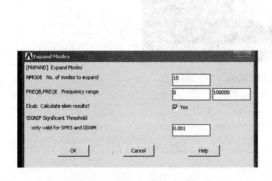

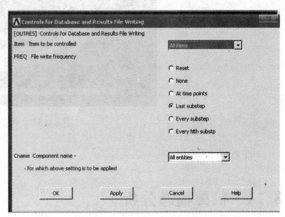

图 8-178　模态扩展设置对话框　　　　　　图 8-179　结果文本对话框

保存数据。

14. 开始扩展求解

选择 Main Menu > Solution > Current LS，求解，保存数据。

15. 后处理

选择 Main Menu > General Postroc > Reslut Summary，弹出求解结果的对话框，从该对话框中可以看出求解的 15 阶模态分析分别对应的频率。

例如：选择 Main Menu > General Postproc > Read Result > By Set Number，按图 8-180 所示设置，单击 "OK" 按钮关闭对话框。

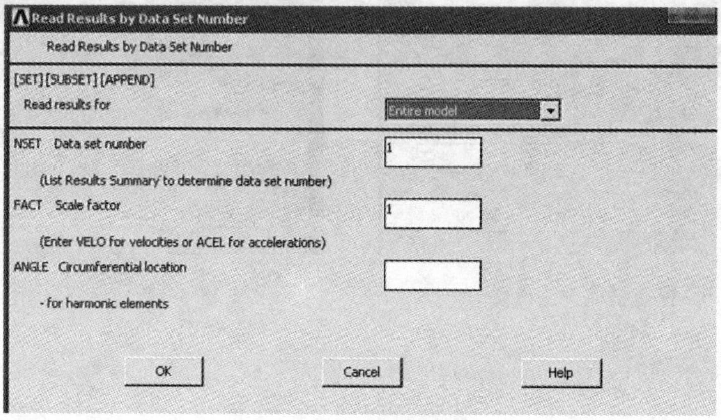

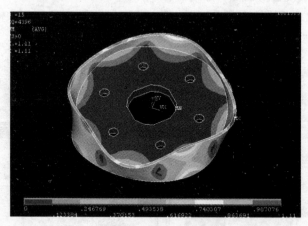

图 8-180 15 阶模态分析

选择 Main Menu > General Postproc > Plot Results > Contour > Nodal Solu，选择 "DOF solution" 选项，模态分析结果如图 8-181 所示。

图 8-181 模态分析结果

保存数据并退出。

8.14 机翼模态分析

1. 问题描述

图 8-182 所示为模型飞机的机翼。机翼沿着长度方向轮廓一致，且它的横截面由直线和样

条曲线定义。机翼一端固定在机体上，另一端为悬空的自由端。机翼由低密度聚乙烯制成，弹性模量为 $38000 \mathrm{lbf/in^2}$，泊松比为 0.3，密度为 $1.033 \times 10^{-3} \mathrm{slug/in^3}$（$1 \mathrm{slug} = 14.5939 \mathrm{kg}$）。要求显示机翼的模态自由度。

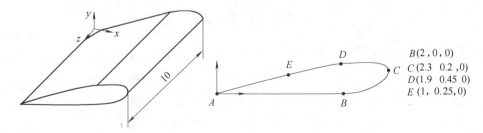

图 8-182　模型飞机的机翼

2. 分析步骤

（1）分析准备

1）设置工作路径、工程名和定义标题。分别选择 Utility Menu > File > Change Title，Utility Menu > File > Change File，Utility Menu > File > Change Directory。

2）设置分析类型为"Structural"。

（2）定义单元属性

1）定义单元类型，设置两种单元属性，如图 8-183 所示。

2）定义材料属性。设置 EX = 3800，PRXY = 0.3，DENS = 1.033×10^{-3}。

（3）创建关键点

1）选择 Main Menu > Preprocessor > Create > Keypoints > In Active CS，创建五个关键点：1（0，0，0），2（2，0，0），3（2.3，0.2，0），4（1.9，0.45，0），5（1，0.25，0）。

2）选择 Utility Menu > PlotCtrls > Numbering，设置"Keypoint numbers"为"On"，如图 8-184 所示，以显示关键点号，单击"OK"按钮，关闭对话框。

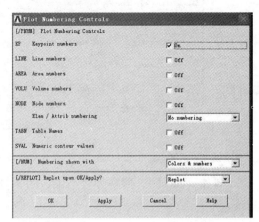

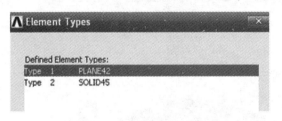

图 8-183　定义两种单元类型　　　　　　图 8-184　关键点显示设置

（4）创建线

1）创建直线（点 1，2 和 1，5），如图 8-185 所示。

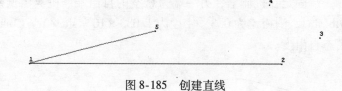

图 8-185　创建直线

2）创建样条曲线（点 2～5），如图 8-186 所示。

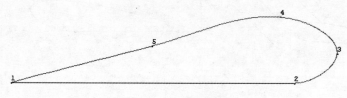

图 8-186　创建样条曲线

（5）创建横截面　选择 Main Menu > Preprocessor > Modeling > Create > Areas > By lines，创建图 8-187 所示的横截面，并保存数据。

图 8-187　创建横截面

（6）划分网格

1）定义单元大小，如图 8-188 所示。

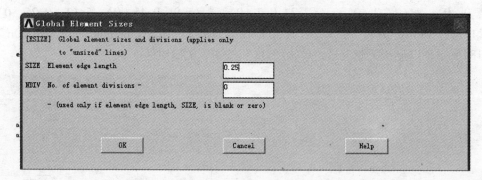

图 8-188　定义单元大小

2）划分网格。

单击"Mesh"，网格划分结果如图 8-189 所示。

图 8-189　网格划分结果

（7）将二维网格拖成三维网格

1）定义单元属性，如图 8-190 所示。

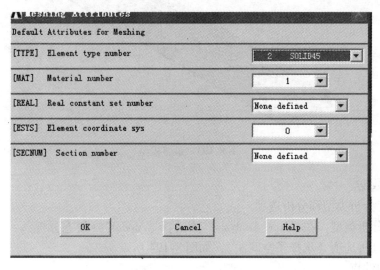

图 8-190　定义单元属性

2）定义单元大小，如图 8-191 所示。

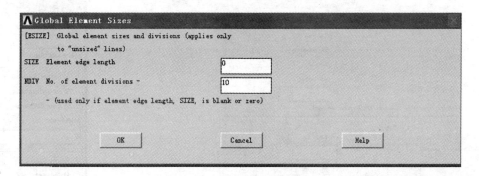

图 8-191　定义单元大小

3）拖成三维网格，设置 *Z* 向长度为 10，如图 8-192 所示，得到最终模型如图 8-193 所示。

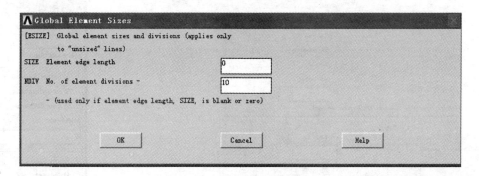

图 8-192　设置 *Z* 向长度

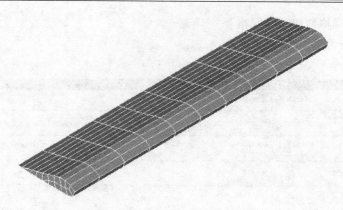

图 8-193　最终模型

4）保存数据。

（8）指定分析类型和分析选项

1）指定分析类型，在"New Analysis"中选择"Modal"（模态分析）。

2）指定分析选项（选择子空间法），如图 8-194 所示。

（9）施加约束

1）选择 Z 坐标为 0 的节点，操作如图 8-195所示。

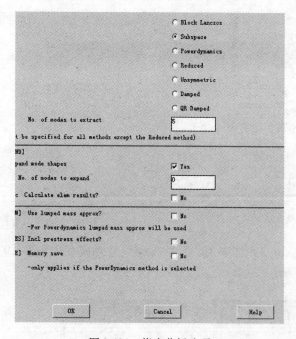

图 8-194　指定分析选项

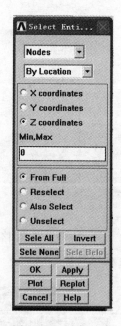

图 8-195　施加约束

2）施加约束，如图 8-196 所示。图 8-197 所示为施加约束后的模型。

（10）扩展模态

1）定义扩展模态数为 5，如图 8-198 所示。

2）求解。选择 Utility Menu > Solution > Solve > Current LS，单击"OK"按钮，计算机将自动进行计算。求解完毕后，单击"Close"按钮关闭对话框。

（11）进行结果后处理

1）观察固有频率，如图 8-199 所示。

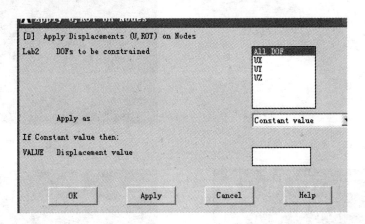

图 8-196　施加位移约束

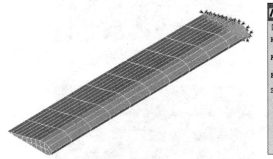

图 8-197　施加约束后的模型

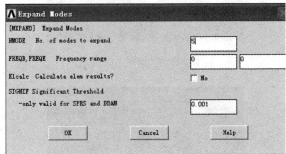

图 8-198　定义扩展模态

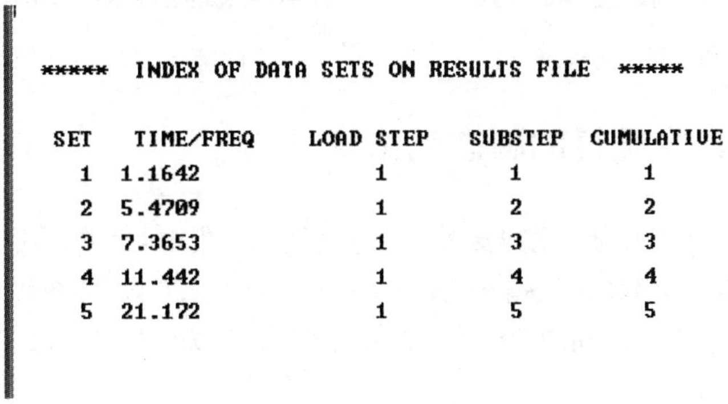

```
*****  INDEX OF DATA SETS ON RESULTS FILE  *****

SET    TIME/FREQ    LOAD STEP    SUBSTEP    CUMULATIVE
 1     1.1642          1            1           1
 2     5.4709          1            2           2
 3     7.3653          1            3           3
 4     11.442          1            4           4
 5     21.172          1            5           5
```

图 8-199　观察固有频率

2）观察第一模态。

① 显示第一阶模态，如图 8-200 所示。

② 画变形图，如图 8-201 所示。

③ 同上，观察第二至五阶模态，分别如图 8-202 ~ 图 8-205 所示。

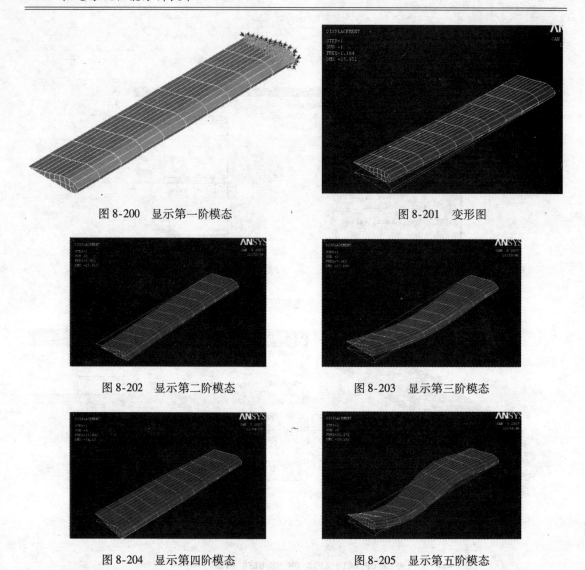

图 8-200　显示第一阶模态　　　　　图 8-201　变形图

图 8-202　显示第二阶模态　　　　　图 8-203　显示第三阶模态

图 8-204　显示第四阶模态　　　　　图 8-205　显示第五阶模态

8.15　钢架支撑集中质量的瞬态动力学分析

问题描述：图 8-206 所示为一钢架支撑，在中间受到一集中载荷的质量块，并受有动载荷作用。梁上承受动载荷 F 随时间逐渐增加，其最大值为 $F = 20\mathrm{N}$，如图 8-207 所示。忽略梁的自重，试确定最大位移随时间的变化关系，分析其瞬态动力学特性。已知材料属性如下：

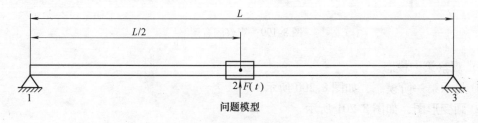

图 8-206　钢架支撑

弹性模量 EX $= 2 \times 10^5$ MPa，质量 $m = 0.0215$ t，质量阻尼 ALPHAD $= 8$。几何尺寸：钢架总长 $L = 450$ mm，惯性矩 $I = 800.6$ mm^2，梁高 $H = 18$ mm。所受集中载荷 $F = 20$ N。

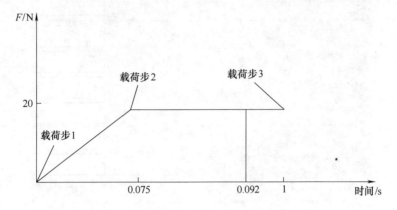

图 8-207　梁上承受动载荷 F 随时间变化规律

求解过程如下：

1）定义单元类型，如图 8-208 所示。

2）定义质量单元 MASS21 为无扭矩类型，按图 8-209 所示设置。

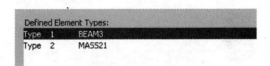

图 8-208　定义单元类型

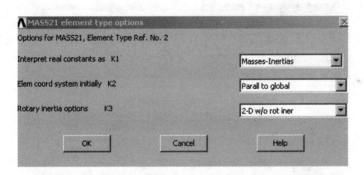

图 8-209　单元 MASS21 的属性设置

3）定义梁单元 BEAM3 的实常数，如图 8-210 所示。

4）定义质量为 0.0215t，如图 8-211 所示。

5）定义弹性模量为 2×10^5 Pa，如图 8-212 所示。

6）建立三个节点 1（0, 0, 0），2（225, 0, 0），3（450, 0, 0）。

7）定义单元属性，如图 8-213 所示。

8）通过连接点 1、2 和点 2、3 建立单元 BEAM3。

9）定义单元类型为 MASS21，如图 8-214 所示。

10）选择 Main Menu > Precessor > Modeling > Create > Auto Numbered > Thru Nodes，弹出 "Elements from Nodes" 拾取窗口。选中节点 2，这样通过节点 2 就建立了质量单元，如图 8-215 所示。

11）新建分析类型为瞬态分析类型（Transient），采用缩减法瞬态分析类型（Reduced）。

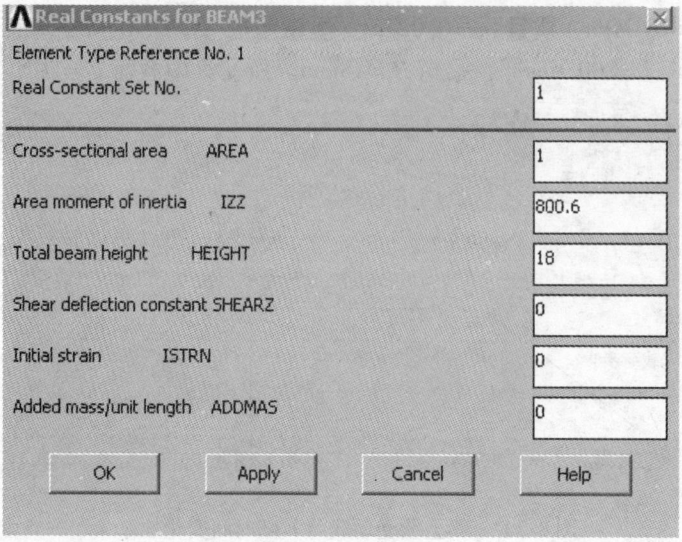

Real Constants for BEAM3

Element Type Reference No. 1

Real Constant Set No.   1

Cross-sectional area   AREA   1

Area moment of inertia   IZZ   800.6

Total beam height   HEIGHT   18

Shear deflection constant SHEARZ   0

Initial strain   ISTRN   0

Added mass/unit length   ADDMAS   0

| OK | Apply | Cancel | Help |

图 8-210　梁单元 BEAM3 的实常数

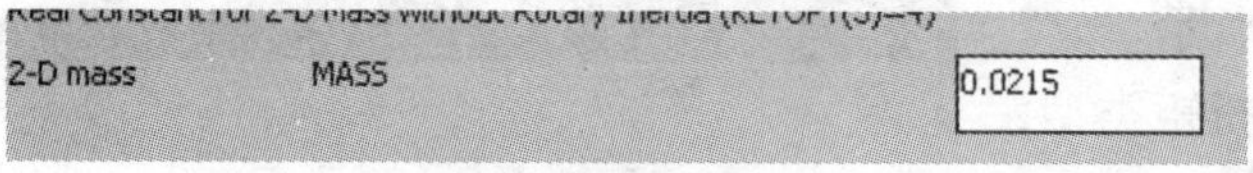

Real Constant for 2-D Mass without Rotary Inertia (KEYOPT(3)=4)

2-D mass   MASS   0.0215

图 8-211　定义质量

EX   2e5

图 8-212　定义弹性模量

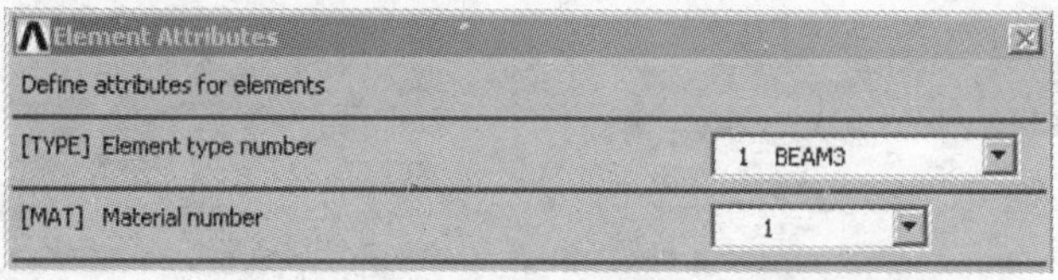

Element Attributes

Define attributes for elements

[TYPE] Element type number   1 BEAM3

[MAT] Material number   1

图 8-213　定义单元属性

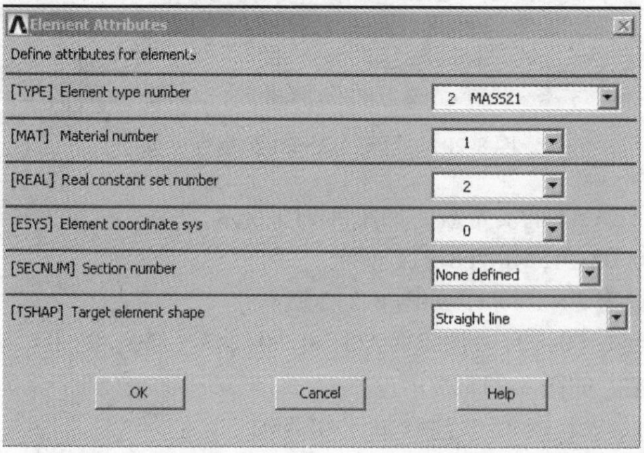

Element Attributes

Define attributes for elements

[TYPE] Element type number   2 MASS21

[MAT] Material number   1

[REAL] Real constant set number   2

[ESYS] Element coordinate sys   0

[SECNUM] Section number   None defined

[TSHAP] Target element shape   Straight line

| OK | Cancel | Help |

图 8-214　定义单元类型

图 8-215　建立质量单元

12）定义节点 2 的主自由度为 Y 方向。

选择 Main Menu > Solution > Master DOFS > User Selected > Define，弹出 "Define Master DOFS" 拾取对话框，在 GUI 中选择节点 2，如图 8-216 所示。再选择 UY 方向，单击 "OK" 按钮关闭对话框。

图 8-216 设置节点 2 自由度

13）选择 Main Menu > Solution > Load Step Opts > Time/Frequency > Time > Time step，弹出定义时间步对话框，定义时间步为 0.004s，单击 "OK" 按钮关闭对话框，如图 8-217 所示。

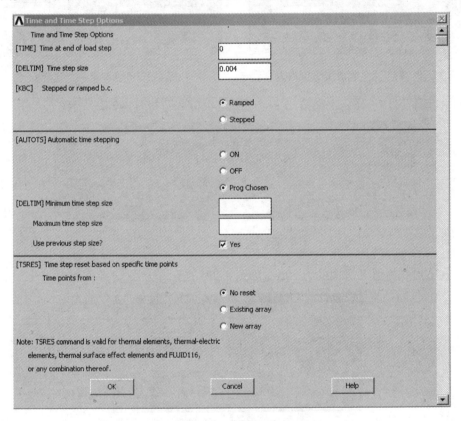

图 8-217 定义时间步

14）定义质量阻尼为 8，如图 8-218 所示。

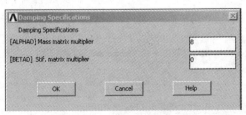

图 8-218 定义质量阻尼

15）施加约束。约束节点 1 为 Y 方向，3 为 X、Y 方向，如图 8-219 所示。

图 8-219 施加约束

16）对节点 2 施加 Y 方向的力为 0，如图 8-220 所示。

17）保存第一个载荷步，如图 8-221 所示。

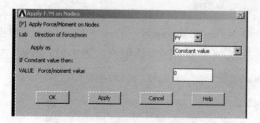

图 8-220 对节点 2 施加 Y 方向的力　　　　图 8-221 保存第一个载荷步

18）和步骤 13）一样，定义第二个时间步为 0.075s，如图 8-222 所示。

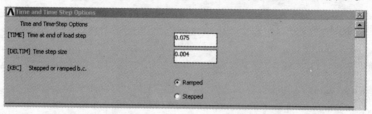

图 8-222 定义第二个时间步

19）在节点 2 施加 Y 方向的力 20N，如图 8-223 所示。

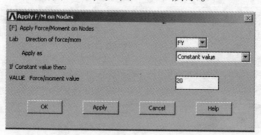

图 8-223 对节点 2 施加 Y 方向的力

20）定义第三个时间步为 1s，如图 8-224 所示。载荷步保存同步骤 17）。

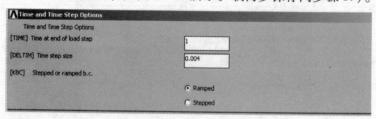

图 8-224 定义第三个时间步

21）从载荷步文件求解。选择 Utility Menu > Solution > Solve > From LS Files。

22）设置载荷步，如图 8-225 所示。

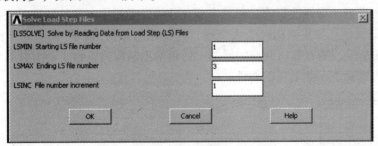

图 8-225 设置载荷步

23）进入时间历程后处理器，读取节点 2 Y 方向的位移自由度 UY – 2，如图 8-226 所示。

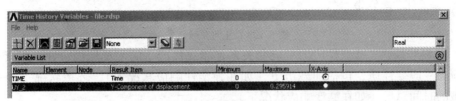

图 8-226 读取节点 2 Y 方向的位移自由度

则显示节点 2 的位移 – 时间关系如图 8-227 所示。

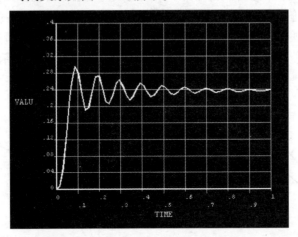

图 8-227 显示节点 2 的位移 – 时间关系

8.16 非线性简要分析

1. 非线性行为的原因

引起非线性结构的原因很多，可分为如下三种主要类型。

（1）状态变化（包括接触） 许多普通结构表现出一种与状态相关的非线性行为，例如一根能拉伸的电缆可能是松散或绷紧的，轴承套可能是接触或不接触的，冻土可能是冻结或融化的。这些物体的刚度由于其状态的改变，所以在不同值之间突然变化。状态改变可能和载荷直接有关（如在电缆的例子中），也可能由于某种外部原因引起（如在冻土中的紊乱热力学条件），ANSYS 中单元的激活与杀死选项用来为这种状态的变化建模。

接触是一种普遍的非线性行为，是状态变化非线性类型中一个特殊而重要的子集。

（2）几何非线性　如果结构经受大变形，其变化的几何形状可能引起结构的非线性响应。如图 8-228 所示，随着垂向载荷的增加，钓鱼竿不断弯曲以致于动力臂明显减少，导致杆端显示在较高载荷下不断增长的刚性。

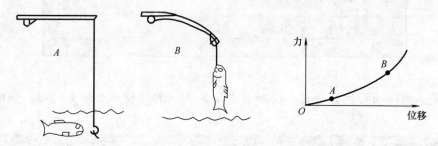

图 8-228　几何非线性

（3）材料非线性　非线性应力 – 应变关系是非线性产生的常见原因，许多因素可影响材料的应力 – 应变性质，包括加载历史（如在弹塑性响应状况下）、环境状况（如温度），以及加载的时间总量（如在蠕变响应状况下）。

2. 平衡迭代

一种近似的非线性求解是将载荷分为一系列的载荷增量，可以在多个载荷步内或在一个载荷步的多个子步内施加载荷增量。完成每个增量的求解后，继续下一个载荷增量之前，程序调整刚度矩阵以反映结构刚度的非线性变化。遗憾的是，纯粹的增量近似不可避免地随着每个载荷增量积累误差，从而导致结果最终失去平衡，如图 8-229a 所示。

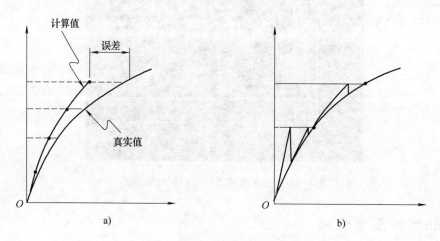

图 8-229　平衡迭代
a）纯粹增量式解　b）牛顿 – 拉普森迭代求解（2 个载荷增量）

ANSYS 通过使用牛顿 – 拉普森平衡迭代克服了这种困难，它迫使在每个载荷增量的末端解达到平衡收敛（在某个容限范围内）。图 8-229b 所示为在单自由度非线性分析中牛顿 – 拉普森（NR）平衡迭代的使用。在每次求解前，NR 方法估算出残差向量，这个向量是回复力（对应于单元应力的载荷）和所加载荷的差值。然后使用非平衡载荷进行线性求解，且核查收敛性。如果不满足收敛准则，重新估算非平衡载荷，并修改刚度矩阵获得新解，持续这种迭代过程直到问题收敛。

ANSYS 提供了一系列命令来增强问题的收敛性，如自适应下降、线性搜索、自动载荷步及二分等，可被激活来加强问题的收敛性。如果不能得到收敛，那么程序或继续计算下一个载荷或终止。

对某些物理意义上不稳定系统的非线性静态分析，如果仅仅使用 NR 方法，正切刚度矩阵可能变为降秩矩阵，从而导致严重的收敛问题。这样的情况包括独立实体从固定表面分离的静态接触分析，结构或完全崩溃或突然变成另一个稳定形状的非线性弯曲问题。

对这样的情况，可以激活另外一种迭代方法，即弧长方法帮助稳定求解。该方法导致 NR 平衡迭代沿一段弧收敛，从而即使当正切刚度矩阵的倾斜为零或负值时，也往往阻止发散。

3. 非线性求解的组织级别

非线性求解分为载荷步、子步和平衡迭代三个操作级别。

1）顶层级别由在一定时间范围内明确定义的载荷步组成，假定载荷在载荷步内是线性变化的。

2）在每个载荷子步内为了逐步加载，可以控制程序执行多次求解（子步或时间步）。载荷步与子步的关系如图 8-230 所示。

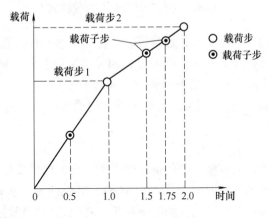

图 8-230   载荷步与子步的关系

3）在每个子步内程序将进行一系列的平衡迭代以获得收敛的解。

4. 收敛容限

当对平衡迭代确定收敛容限时，必须回答如下问题：

1）基于载荷、变形，还是联立两者确定收敛容限？

2）既然径向偏移（以弧度度量）比对应的平移小，因此是否需要为这些不同的项目建立不同的收敛准则？

确定收敛准则时，ANSYS 提供一系列选择，用户可以将收敛检查建立在力、力矩、位移、转动或这些项目的任意组合上。另外，每个项目可以有不同的收敛容限值。对多自由度问题，同样也有收敛准则的选择问题。

确定收敛准则时应注意：以力为基础的收敛提供了收敛的绝对量度，而以位移为基础的收敛仅提供了表现收敛的相对量度。因此，如果需要总是以力或力矩为基础的收敛容限，可以增加以位移或转动为基础的收敛检查，但是通常不单独使用它们。

5. 保守行为与非保守行为：过程依赖性

如果通过外载荷输入系统的总能量在载荷移去时复原，则这个系统是保守的；如果能量被系统消耗（如因为塑性应变、摩擦等），则系统是非保守的。图 8-231 所示是一个非保守（守恒）系统的例子。

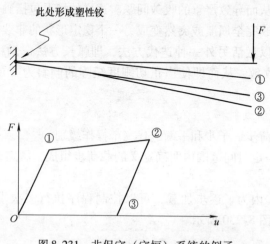

图 8-231 非保守（守恒）系统的例子

一个保守系统的分析与过程无关，通常可以以任何顺序和任何数目的增量加载而不影响最终结果；相反，一个非保守系统的分析与过程相关，必须紧紧跟随系统的实际加载历史，以获得精确的结果。如果对于给定的载荷范围，可以有多个解是有效的（如在突然转变分析中），这样的分析也可能与过程相关。过程相关问题通常要求缓慢加载，即使用许多子步到最终的载荷值。

6. 子步

使用多个子步时，需要考虑精度和代价间的平衡。更多的子步骤，即小的时间步通常导致较好的精度，但以增多的运行时间为代价。ANSYS 提供两种方法控制子步数，一是通过指定实际的子步数或时间步长；二是自动时间步长，基于结构的特性和系统的响应调整时间步长。

7. 自动时间分步

如果预料的结构行为将从线性到非线性变化，也许需要在系统响应的非线性部分期间变化时间步长。在这种情况下，可以激活自动时间分步以随需要调整时间步长，获得精度和代价之间的良好平衡。同样，如果不确信是否收敛，也许需要使用自动时间分步激活 ANSYS 的二分法的功能。

二分法提供了一种对收敛失败自动矫正的方法。无论何时，只要平衡迭代收敛失败，二分法将把时间步长分为两半，然后从最后收敛的子步自动重启动。如果二分的时间步再次收敛失败，二分法将再次分割时间步长后重启动并持续这一过程，直到获得收敛或到达指定的最小时间步长。

8. 载荷和位移方向

当结构经历大变形时应考虑载荷将发生的变化。在许多情况下，无论结构如何变形，施加在系统中的载荷保持恒定的方向。而在另一些情况下，力将改变方向并随着单元方向的改变而变化。

ANSYS 对这两种情况均可建模，并依赖于施加的载荷类型。加速度和集中力将忽略其单元方向的改变而保持最初方向，表面载荷作用在变形单元表面的法向且可用来模拟跟随力。图 8-232 所示为变形前后的载荷方向。

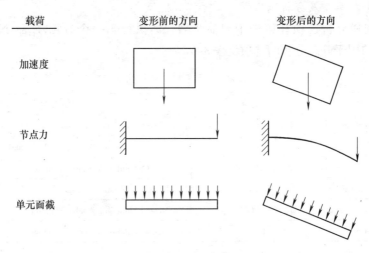

图 8-232　变形前后的载荷方向

9. 非线性瞬态过程分析

用于分析非线性瞬态行为的过程与对线性静态行为的处理相似，以步进增量加载，程序在每步中进行平衡迭代。静态和瞬态处理的主要不同是在瞬态过程分析中要激活时间积分效应，因此在瞬态过程分析中时间总是表示实际的时序。自动时间分步和二分特点同样也适用于瞬态过程分析。

8.17　非线性分析的过程与步骤

尽管非线性分析比线性分析变得更加复杂，但处理基本相同，只是在非线性分析的适当过程中添加了需要的非线性特性。

非线性静态分析是静态分析的一种特殊形式，如同任何静态分析，处理流程主要由建模、加载求解和查看结果三个主要步骤组成。

8.17.1　建模

该步骤对线性和非线性分析都是必需的，尽管非线性分析在该步骤中可能包括特殊的单元或非线性材料性质。如果模型中包含大应变效应，应力–应变数据必须依据真实应力和真实（或对数）应变表示。

8.17.2 加载求解

在该步骤中定义分析类型和选项，指定载荷步选项，开始有限元求解。非线性求解经常要求多个载荷增量且总是需要平衡迭代，它不同于线性求解，其处理过程如下：

1. 进入 ANSYS 求解器

命令：Solution

GUI：Main Menu > Solution

2. 定义分析类型及分析选项

分析类型和分析选项在第一个载荷步后，即执行第一个 SOLVE 命令后不能被改变。ANSYS 提供的用于静态分析的选项见表 8-6。

表 8-6 用于静态分析的选项

选 项	命令	GUI 路径
New Analysis	ANTPYE	Main Menu > Solution > Analysis > New Analysis 或 Restart
Analysis Type Static	ANTYPE	Main Menu > Solution > Analysis > New Analysis > Static
Large Deformation Effects	NLGEOM	Main Menu > Solution > Analysis Options
Stress Stiffening Effects	SSTIF	Main Menu > Solution > Analysis Options
Newton-Raphson Option	NPORT	Main Menu > Solution > Analysis Options
Equation Solver	EQSLV	Main Menu > Solution > Analysis Options

1）New Analysis：新的分析，一般情况下使用该选项。

2）Analysis Type Static：静态分析时选择该选项。

3）Large Deformation Effects：大变形或大应变（GEOM），并不是所有的非线性分析均将产生大变形。

4）Stress Stiffening Effects：应力刚化效应（SSTIF），如果存在应力刚化效应选择 ON。

5）Newton – Raphson Option：牛顿 – 拉普森选项（NROPT），仅在非线性分析中使用这个选项，该选项指定在求解期间修改一次正切矩阵的间隔时间。可以指定如下值中的一个：

① 程序选择（NROPT，AUTO）：程序基于模型中存在的非线性种类选择使用这些选项之一。在需要时牛顿 – 拉普森方法将自动激活自适应下降。

② 全（NROPT，FULL）：程序使用完全牛顿 – 拉普森处理方法，即每进行一次平衡迭代修改刚度矩阵一次。如果自适应下降关闭，则每次平衡迭代都使用正切刚度矩阵。

一般不推荐关闭自适应下降，但是有时这样做可能更有效：如果自适应下降打开（默认），只要迭代保持稳定，即只要残余项减小且没有负主对角线出现，程序将仅使用正切刚度阵。如果在一次迭代中探测到发散倾向，则抛弃发散的迭代且重新开始求解，应用正切和正割刚度矩阵的加权组合。迭代回到收敛模式时，程序将重新开始使用正切刚度矩阵。对复杂的非线性问题，自适应下降通常将提高程序获得收敛的能力。

6）Equation Solver：方程求解器，对于非线性分析，使用前面的求解器（默认）。

3. 在模型上加载

在大变形分析中惯性力和点载荷将保持恒定的方向，但表面力将跟随结构而变化。

4. 指定载荷步选项

这些选项可以在任何载荷步中改变,如下选项对非线性静态分析是可用的。

（1）普通选项

1）Time（TIME）：ANSYS 借助在每个载荷步末端给定的 TIME 参数识别出载荷步和子步。使用该命令定义受某些实际物理量（如先后时间和施加的压力等）限制的 TIME 值。程序通过该选项来指定载荷步的末端时间。

注意：在没有指定 TIME 值时,程序将依据默认自动地对每个载荷步按 1.0 增加 TIME（在第一个载荷步的末端以 TIME = 1.0 开始）。

2）时间步数目（NSUBST）和时间步长（DELTIM）：非线性分析要求在每个载荷步内有多个子步（或时间步,两个术语等效）,从而 ANSYS 可以逐渐施加所给定的载荷,以得到精确的解。NSUBST 和 DELTIM 命令获得同样效果（给定载荷步的起始、最小及最大步长）。

3）渐进式或阶跃式的加载：在与应变率无关材料行为的非线性静态分析中通常不需要指定这个选项,因为依据默认,载荷将为阶跃式的载荷（KBC,1）。

4）自动时间分步（AUTOTS）：允许程序确定子步间载荷增量的大小和决定在求解期间增加或减小子步长。默认为 OFF（关闭）。用户可用 AUTOTS 命令打开自动时间步长和二分法。通过激活自动时间步长,可以让程序决定在每个载荷步内使用多少个时间步。在一个时间步的求解完成后,下一个时间步长的大小基于四种因素预计,即在最近过去的时间步中使用的平衡迭代数（更多次的迭代成为时间步长减小的原因）、对非线性单元状态改变预测（状态改变临近时减小时间步长）、塑性应变增加的大小和蠕变增加的大小。

（2）非线性选项　程序将连续进行平衡迭代直到满足收敛准则或允许平衡迭代的最大数（NEQIT）,可以用默认收敛准则或自定义收敛准则。

（3）输出控制选项

1）OUTPR（打印输出）：指定输出文件中包括所需的结果数据。

2）OUTRES（结果文件输出）：控制结果文件中的数据,OUTPR 和 OUTRES 控制写入结果到这些文件的频率。

3）ERESX（结果外推）：依据默认复制一个单元的积分点应力和弹性应变结果到节点,而替代外推它们。如果在单元中存在非线性（塑性、蠕变及膨胀）,积分点非线性变化总是被复制到节点。

根据默认在非线性分析中只有最后一个子步被写入结果文件。要写入所有子步,设置 OUTRES 中的 FREQ 域为 ALL。默认只有 1000 个结果集（子步）可写入结果文件。如果超过（基于 OUTRES 指定）,程序将由于错误而终止。使用命令 CONFIG、NRES 增加这个数值。

5. 保存基本数据的备份副本为另一个文件

命令：SAVE

GUI：Utility Menu > File > Save As

6. 开始求解计算

命令：SOLVE

GUI：Main Menu > Solutlon > Solve > Current LS

如果需要定义多个载荷步，对每个其余的载荷步重复步骤 3 ~ 6。

7. 退出 SOLUTION 处理器

命令：FINISH

GUI：关闭 Solution 菜单。

8.17.3 查看结果

来自非线性静态分析的结果主要由位移、应力、应变以及反作用力组成，可以用 POST1 通用后处理器、POST26 时间历程后处理器查看这些结果。

1. 用 POST1 查看结果

用 POST1 一次仅可以读取一个子步且来自该子步的结果已写入 Jobname. rst 文件中。用 POST1 查看结果，数据库中的模型必须与用于求解计算的模型相同，Jobname. rst 文件必须可用。

1）检查 Jobname. out 文件是否在所有的子步分析都收敛，如果不收敛，可能不需后处理而确定收敛失败的原因，否则继续进行后处理。

2）进入 POST1。如果用于求解的模型现在不在数据中，则执行 RESUME。

3）读取需要的载荷步和子步结果，可以依据载荷步和子步号或时间识别，然而不能依据时间识别出弧长结果。

命令：SET

GUI：Main Menu > General Postproc > Read Results > By Load Step

可使用 SUBSET 或 APPEND 命令只对选出的部分模型读取或合并结果数据，也可以通过 INRES 命令限制从结果文件到基本数据被写的数据总量，用 ETABLE 命令对选出的单元进行后处理。

如果指定了一个没有结果可用的 Time 值，ANSYS 将进行线性内插计算该 Time 处的结果。在非线分析中这种线性内插通常将导致某些精度损失，如图 8-233 所示。因此，对于非线性分析，通常应在一个精确的对应于要求子步的 Time 处进行后处理。

4）显示结果。

① 显示已变形的形状：

命令：PLDISP

GUI：Main Menu > General Postproc > Plot Results > Deformed Shape

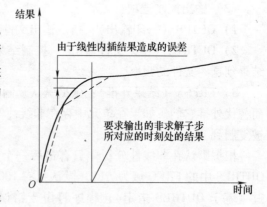

图 8-233 线性内插导致精度损失

在大变形分析中，一般优先使用真实比例显示（IDSCAIE，1）。

② 显示应力、应变或任何其他可用项目的等值线：

命令：PONSOL 或 PLESOL

GUI：Main Menu > General Postproc > Plot Results > Contour Plot > Nodal Solu 或 Element Solu。

如果邻接单元具有不同材料行为（可能由于塑性或多线性弹性的材料性质、不同的材料类型或邻近单元的死活属性不同而产生），应注意避免结果中的节点应力平均错误。同样可以绘制单元表数据和线单元数据的等值线。

命令：PLETAB 和 PLLS

GUI：Main Menu > General Postproc > Element Table > Plot Element Table

Main Menu > General Postproc > Plot Results > Contour Plot > Line Elem Res

使用 PLETAB 命令（GUI：Main Menu > General Postproc > Element Table > Plot Elment Table）绘制单元表数据的等值线，用 PLLS 命令（GUI：Main Menu > General Postproc > Plot Results > Line Elem Res）绘制线单元数据的等值线。

③ 列表：

命令：PRNSOL（节点结果）、PRESOL（结果）、PRRSOL（反作用力数据）、PRETAB、PRITER（子步总计数据）、NSORT 和 ESORT（列表数据前对其排序）。

GUI：Main Menu > General Postproc > Plot Results > Nodal Solution

Main Menu > General Postproc > List Results > Element Solution

Main Menu > General Postproc > List Results > Reaction Solution

许多其他后处理函数在路径上映射结果，记录和参量列表等在 POST1 中可用。对于非线性分析，载荷工况组合通常无效。

2. 用 POST26 查看结果

可以使用 POST26 和时间历程后处理器查看非线性结构的载荷，即历程响应。使用 POST26 比较一个 ANSYS 变量对另一个变量的关系，例如可以用图形表示某一节点处的位移与对应所加载荷的关系或列出该节点处的塑性应变和对应 Time 值间的关系。典型的 POST26 后处理可以遵循以下步骤：

1）根据 Jobname. out 文件检查是否在所有要求的载荷步内分析都收敛，不应设计决策建立在非收敛结果的基础上。

2）如果解是收敛的，进入 POST26。如果现有模型不在数据库内，执行 RESUME 命令。

命令：POST26

GUI：Main Menu > TimeHist Postpro

3）定义在后处理期间使用的变量。

命令：NSOL、ESOL 和 RFORCL

GUI：Main Menu > TimeHist Postproc > Define Variables

4）图形或列表显示变量。

命令：PLVAR（图形表示变量）、PRVAR 和 EXTREM（列表变量）。

GUI：Main Menu > TimeHist Postproc > Graph Variables。

Main Menu > TimeHist Postproc > List Variables。

Main Menu > TimeHist Postproc > List Extremes。

许多其他后处理函数可用于 POST26。

3. 终止运行重新启动

可以通过产生一个 abort 文件（Jobname. abt）停止一个非线性分析，一旦求解成功完成，或收敛失败，程序也将停止分析。如果一个分析在终止前已成功完成一次或多次迭代，可以多次重新启动它。

8.18 金属圆盘弹塑性分析实例

1. 问题描述

一周边简支的金属圆盘受均布压力 p 和周期载荷 F 的作用，求圆盘在该作用力下的响应。图 8-234 所示为圆盘受力模型，图 8-235 所示为圆盘简化后的几何模型。

圆盘几何参数：半径 $R = 300\text{mm}$，厚度 $t = 20\text{mm}$。

圆盘材料参数：弹性模量 $E = 120\text{GPa}$，泊松比 $\mu = 0.3$。

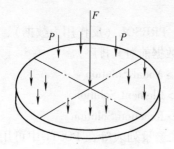

图 8-234　圆盘受力模型

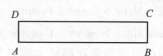

图 8-235　圆盘简化后的几何模型

材料应力－应变关系（表 8-7）：压力 $p = 10\text{MPa}$，集中力载荷－时间曲线如图 8-236 所示。

表 8-7　材料应力－应变关系

应力/MPa	132	189	221	270	294
应变	0.0011	0.0018	0.0026	0.0045	0.0098

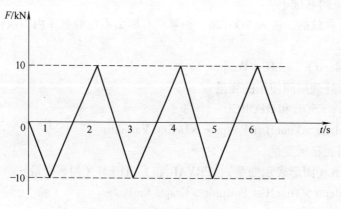

图 8-236　集中力载荷-时间曲线

2. 问题分析

根据轴的对称性，选取几何模型所示的圆盘横截面的 1/2 建立几何模型，求解过程分为七个载荷步，分别用模拟静载荷的作用和周期载荷的六个时间段。

3. 求解步骤

（1）定义工作文件名和工作标题

1）选择 Utility Menu > File > Change Jobname 命令，弹出"Change Jobname"对话框，在"Enter new jobname"文本框中输入工作文件名"EXERCISE3"，并将"New log and error files?"设置为"YES"，单击"OK"按钮关闭该对话框。

2）选择 Utility Menu > File > Change Title 命令，弹出"Change Title"对话框，在文本框中输入"CYCLIC LOADING OF A FIXED CIRCULAR PLATE"，单击"OK"按钮关闭对话框。

（2）定义单元类型

1）选择 Main Menu > Preprocessor > Element Type > Add/Edit/Delete 命令，弹出"Element Types"对话框，单击"Add"按钮，弹出"Library of Element Types"对话框。

2）在"Library of Element Types"选项组中依次选择"Structural Solid""Quad 8node 82"选项，在"Element type reference number"文本框中输入"1"，如图 8-237 所示，单击"OK"按钮关闭对话框。

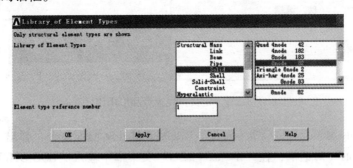

图 8-237 定义单元类型

3）单击"Element Types"对话框上的"Options"按钮，出现"PLANE82 element type options"对话框，在"Element behavior K3"下拉列表框中选择"Axisymmetric"选项，其余选项采用默认设置，如图 8-238 所示，单击"OK"按钮关闭对话框。

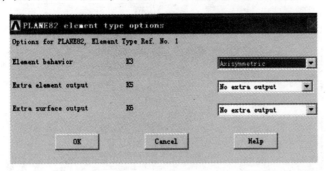

图 8-238 定义单元属性

4）单击"Element Types"对话框上的"Close"按钮，关闭该对话框。

（3）定义材料性能参数

1）选择 Main Menu > Preprocessor > Material Props > Material Models 命令，弹出"Define Material Model Behavior"对话框。

2）在"Material Models Available"一栏中依次双击 Structral > Linear > Elastic > Isotropic 选项，弹出"Linear Isotropic Material Properties for Material Number 1"对话框。

3）在"EX"文本框中输入"1.2E11"，在"PRXY"文本框中输入"0.3"，如图 8-239 所示，单击"OK"按钮关闭该对话框。

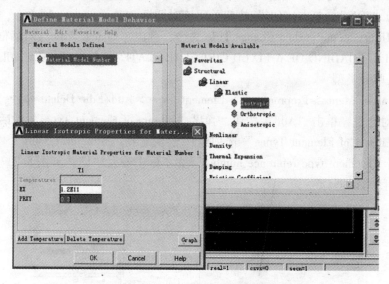

图 8-239　定义弹性模量和泊松比

4）选择 Utility Menu > PlotCtrls > Style > Graphs > Modify Axis 命令，弹出"Axes Modifications for Graph Plots"对话框，在"X – axis label"文本框中输入"LOG STRAIN"，在"Y – axis label"文本框中输入"TRUE STRESS（PA）"，其余选项采用默认设置，如图 8-240 所示，单击"OK"按钮关闭对话框。

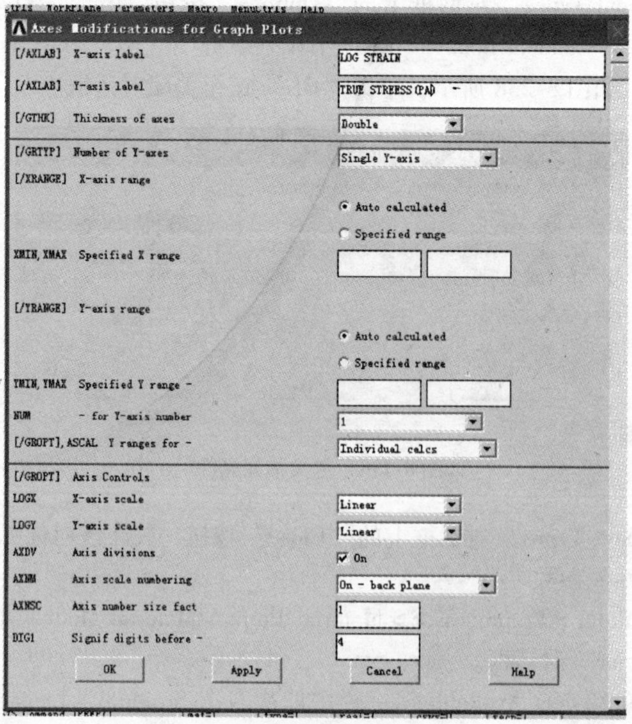

图 8-240　绘图设置

5）在"Material Models Available"一栏中依次双击 Structral > Nonlinear > Inelastic > Rate Independent > Kinematic Hardening Plasticity > Mises Plasticity > Multilinear（General）选项，如图 8-241 所示，出现"Multilinear Kinematic Hardening for Material Number 1"对话框。参照图 8-242 对其进行设置，单击"Graph"按钮，ANSYS 将在其显示窗口绘制应力–应变关系曲线，如图 8-243 所示，单击"OK"按钮关闭该对话框。

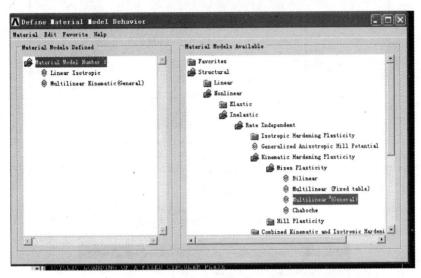

图 8-241　设置材料参数

6）在"Define Material Model Behavior"对话框中选择 Material > Exit 命令关闭该对话框。

（4）生成几何模型，划分网格

1）选择 Main Menu > Preprocessor > Modeling > Create > Areas > Rectangle > By Dimensions 命令，弹出"Create Rectangle by Dimensions"对话框，在"X1，X2 X-Coordinates"文本框中分别输入"0""0.3"，在"Y1，Y2，Y-Coordinates"文本框中分别输入"0""0.02"，如图 8-244 所示，单击"OK"按钮关闭该对话框。

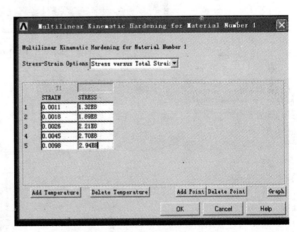

图 8-242　输入材料参数

2）选择 Utility Menu > PlotCtrls > Numbering 命令，弹出"Plot Numbering Controls"对话框，选中"LINE　Line numbers"选项，使其状态从"Off"变为"On"，其余选项采用默认设置，如图 8-245 所示，单击"OK"按钮关闭对话框。

3）选择 Main Menu > Preprocessor > Meshing > Mesh Tool 命令，单击弹出菜单中"Lines"的"set"选项，弹出"Element Size on"拾取菜单，用鼠标在 ANSYS 显示窗口选择编号为 L1、L3 的线段，单击"OK"按钮，弹出"Element Sizes on Picked Lines"对话框，在

"NDIV No. of element divisions" 文本框中输入 "30", 如图 8-246 所示, 单击 "OK" 按钮关闭该对话框。

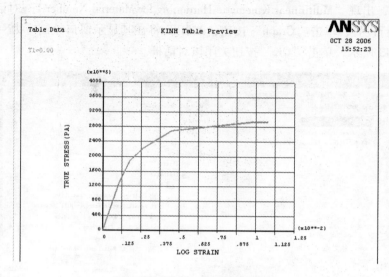

图 8-243　应力 – 应变关系曲线

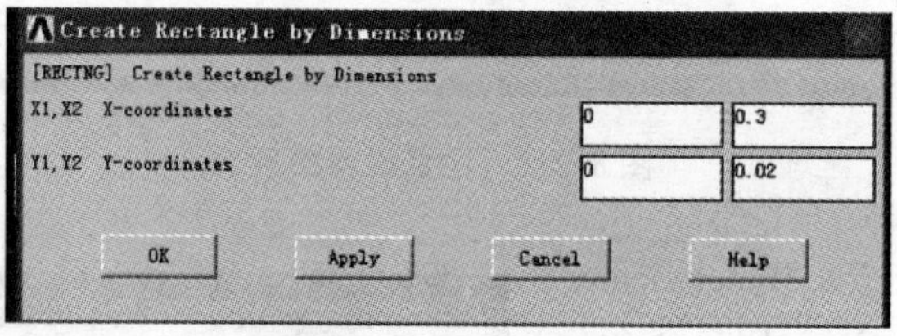

图 8-244　生成几何模型

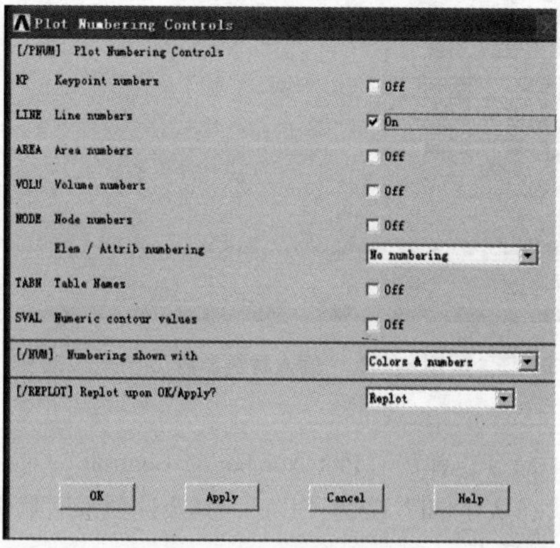

图 8-245　显示设置

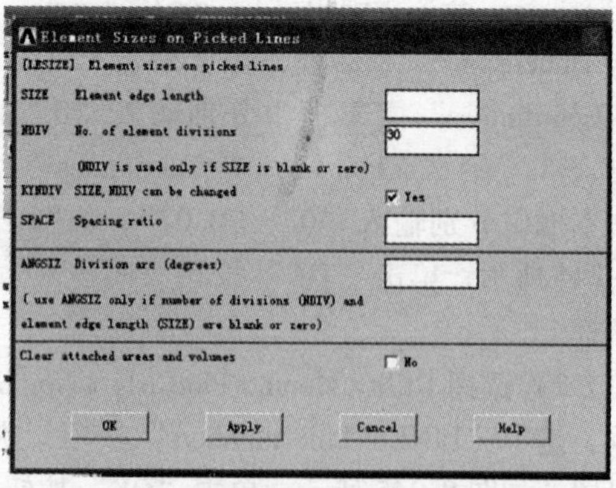

图 8-246　网格单元设置

4) 选择 Main Menu > Preprocessor > Meshing > Mesh Tool 命令, 单击弹出菜单中 "Lines" 的 "set" 选项, 弹出 "Element Size on" 拾取菜单, 用鼠标在 ANSYS 显示窗口选择编号为

L2、L4 的线段，单击"OK"按钮，弹出"Element Sizes on Picked Lines"对话框，在"NDIV No. of element divisions"文本框中输入"6"，单击"OK"按钮关闭该对话框。

5）选择 Main Menu > Preprocessor > Meshing > Mesh Tool 命令，单击菜单中的 Mesh 命令，弹出"Mesh Areas"拾取菜单，单击"Pick All"按钮关闭该对话框，ANSYS 显示窗口将显示网格划分结果，如图 8-247 所示。

6）选择 Utility Menu > File > Save as 命令，弹出"Save Database"对话框，在"Save Database to"文本框中输入"EXERCISE3. db"，保存上述的操作过程，单击"OK"按钮关闭该对话框。

（5）加载求解

1）选择 Main Menu > Solution > Analysis Type > New Analysis 命令，弹出"New Analysis"对话框，选择分析类型为"Static"，如图 8-248 所示，单击"OK"按钮关闭该对话框。

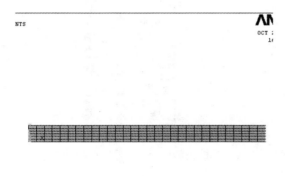

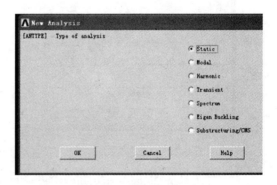

图 8-247　网格划分结果　　　　　　　　　　图 8-248　新建一个静态分析

2）选择 Main Menu > Solution > Analysis Type > Sol'n Control 命令，弹出"Solution Control"对话框，按图 8-249 所示对其进行设置，单击"OK"按钮关闭该对话框。

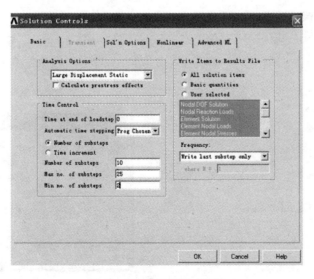

图 8-249　求解控制对话框

3）选择 Utility Menu > Parameters > Scalar Parameters 命令，弹出"Scalar Parameters"对

话框，在"Selection"文本框中输入"NTOP = NODE（0，0.02，0）"，单击"Accept"按钮；输入"NRIGHT = NODE（0.3，0，0）"，单击"Accept"按钮，输入结果如图 8-250 所示，单击"Close"按钮关闭该对话框。

4）选择 Utility Menu > Select > Entities 命令，弹出"Select Entities"对话框，按图 8-251 所示进行选择和设置后单击"OK"按钮关闭该对话框。

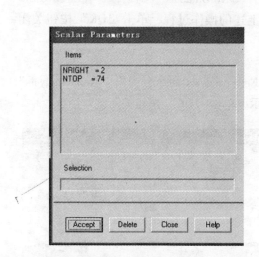

图 8-250 标量参数对话框

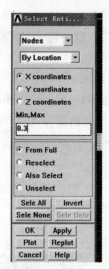

图 8-251 Select Entities 对话框

5）选择 Main Menu > Solution > Define Loads > Apply > Structural > Displacement > On Nodes 命令，弹出"Apply U，ROT on N"拾取菜单，如图 8-252 所示，单击"Pick All"按钮，弹出"Apply U，ROT on Nodes"对话框，参照图 8-253 所示对其进行设置，单击"OK"按钮关闭该对话框。

图 8-252 "Apply U，ROT on N"拾取菜单

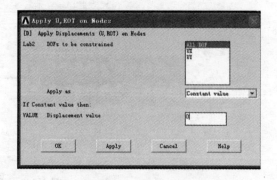

图 8-253 增加约束

6）选择 Utility Menu > Select > Entities 命令，弹出"Select Entities"对话框，在"Min，

Max"文本框中输入"0",其他默认,单击"OK"按钮关闭该对话框。

7)选择 Main Menu > Solution > Define Loads > Apply > Structural > Displacement > On Nodes 命令,弹出"Apply U, ROT on N"拾取菜单,单击"Pick All"按钮,弹出"Apply U, ROT on Nodes"对话框,在"Lab2 DOFs to be constrained"复选框中选择"UX",其他默认,单击"OK"按钮关闭该对话框。

8)选择 Utility Menu > Select > Entities 命令,弹出"Select Entities"对话框,在第三栏中选择"Y coordinates"选项,在"Min, Max"文本框中输入"0.02",其他默认,单击"OK"按钮关闭该对话框。

9)选择 Main Menu > Solution > Define Loads > Apply > Structural > Pressure > On Nodes 命令,弹出"Apply PRES on Nodes"拾取菜单,单击"Pick All"按钮,弹出"Apply PRES on Nodes"对话框,按图 8-254 所示进行设置,单击"OK"按钮关闭该对话框。

10)选择 Utility Menu > Select > Everything 命令,选择所有实体。

11)选择 Main Menu > Solution > Load Step Opts > Write LS File 命令,弹出"Write Load Step File"对话框,在"LSNUM Load step file number n"文本框中输入"1",如图 8-255 所示,单击"OK"按钮关闭该对话框。

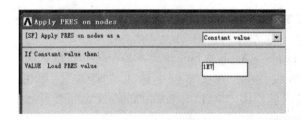

图 8-254 设置压力

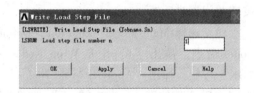

图 8-255 "Write Load Step File"对话框

12)选择 Utility Menu > Parameters > Scalar Parameters 命令,弹出"Scalar Parameters"对话框,在"Selection"文本框中输入"F =1E4",单击"Accept"按钮,再单击"Close"按钮关闭该对话框。

13)选择 Main Menu > Solution > Define Loads > Apply > Structural > Force/Moment > On Nodes 命令,弹出"Apply F/M on Nodes"拾取菜单,在文本框中输入"NTOP",如图 8-256 所示,单击"OK"按钮,弹出"Apply F/M on Nodes"对话框,按图 8-257 所示进行设置,单击"OK"按钮关闭该对话框。

14)选择 Main Menu > Solution > Analysis Type > Sol'n Control 命令,弹出"Solution Control"对话框,在"Number of substeps"文本框中输入"4",其他默认,单击"OK"按钮关闭该对话框。

15)选择 Main Menu > Solution > Load Step Opts > Write LS File 命令,弹出"Write Load Step File"对话框,在"LSNUM Load step file number n"文本框中输入"2",单击"OK"按钮关闭该对话框。

图 8-256 "Apply F/M on Nodes"拾取菜单

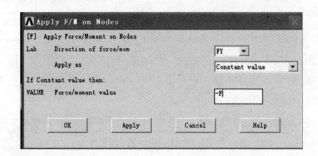

图 8-257 "Apply F/M on Nodes"对话框

16）选择 Main Menu > Solution > Define Loads > Apply > Structural > Force/Moment > On Nodes 命令，弹出"Apply F/M on Nodes"拾取菜单，在文本框中输入"NTOP"，单击"OK"按钮，弹出"Apply F/M on Nodes"对话框，将"VALUE Force/Moment value"中改为"F"，其他默认，单击"OK"按钮关闭该对话框。

17）选择 Main Menu > Solution > Analysis Type > Sol'n Control 命令，弹出"Solution Control"对话框，采用默认设置，单击"OK"按钮关闭该对话框。

18）选择 Main Menu > Solution > Load Step Opts > Write LS File 命令，弹出"Write Load Step File"对话框，在"LSNUM Load step file number n"文本框中输入"3"，单击"OK"按钮关闭该对话框。

19）选择 Main Menu > Solution > Define Loads > Apply > Structural > Force/Moment > On Nodes 命令，弹出"Apply F/M on Nodes"拾取菜单，在文本框中输入"NTOP"，单击"OK"按钮，弹出"Apply F/M on Nodes"对话框，将"VALUE Force/Moment value"中改为"−F"，其他默认，单击"OK"按钮关闭该对话框。

20）选择 Main Menu > Solution > Analysis Type > Sol'n Control 命令，弹出"Solution Control"对话框，采用默认，单击"OK"按钮关闭该对话框。

21）选择 Main Menu > Solution > Load Step Opts > Write LS File 命令，弹出"Write Load Step File"对话框，在"LSNUM Load step file number n"文本框中输入"4"，单击"OK"按钮关闭该对话框。

22）选择 Main Menu > Solution > Define Loads > Apply > Structural > Force/Moment > On Nodes 命令，弹出"Apply F/M on Nodes"拾取菜单，在文本框中输入"NTOP"，单击"OK"按钮，弹出"Apply F/M on Nodes"对话框，将"VALUE Force/Moment value"中改为"F"，其他默认，单击"OK"按钮关闭该对话框。

23）选择 Main Menu > Solution > Analysis Type > Sol'n Control 命令，弹出"Solution Control"对话框，采用默认，单击"OK"按钮关闭该对话框。

24）选择 Main Menu > Solution > Load Step Opts > Write LS File 命令，弹出"Write Load Step File"对话框，在"LSNUM Load step file number n"文本框中输入"5"，单击"OK"按钮关闭该对话框。

25）选择 Main Menu > Solution > Define Loads > Apply > Structural > Force/Moment > On Nodes 命令，弹出"Apply F/M on Nodes"拾取菜单，在文本框中输入"NTOP"，单击"OK"按钮，弹出"Apply F/M on Nodes"对话框，将"VALUE Force/Moment value"中改

为"－F"，其他默认，单击"OK"按钮关闭该对话框。

26）选择 Main Menu > Solution > Analysis Type > Sol'n Control 命令，弹出"Solution Control"对话框，采用默认设置，单击"OK"按钮关闭该对话框。

27）选择 Main Menu > Solution > Load Step Opts > Write LS File 命令，弹出"Write Load Step File"对话框，在"LSNUM Load step file number n"文本框中输入"6"，单击"OK"按钮关闭该对话框。

28）选择 Main Menu > Solution > Define Loads > Apply > Structural > Force/Moment > On Nodes 命令，弹出"Apply F/M on Nodes"拾取菜单，在文本框中输入"NTOP"，单击"OK"按钮，弹出"Apply F/M on Nodes"对话框，将"VALUE Force/Moment value"中改为"F"，其他默认，单击"OK"按钮关闭该对话框。

29）选择 Main Menu > Solution > Analysis Type > Sol'n Control 命令，弹出"Solution Control"对话框，采用默认，单击"OK"按钮关闭该对话框。

30）选择 Main Menu > Solution > Load Step Opts > Write LS File 命令，弹出"Write Load Step File"对话框，在"LSNUM Load step file number n"文本框中输入"7"，单击"OK"按钮关闭该对话框。

31）Main Menu > Solution > Solve > From LS Files 命令，弹出"Solve Load Step Files"对话框，如图 8-258 所示，从上到下三个文本框中分别输入"1""7""1"，单击"OK"按钮关闭该对话框。

图 8-258　"Solve Load Step Files"对话框

32）求解完毕后，出现"Note"提示框，单击"OK"按钮关闭该提示框。

33）选择 Utility Menu > File > Save as 命令，弹出"Save Database"对话框，在"Save Database to"文本框中输入"EXERCISE3.db"，保存上述的操作过程，单击"OK"按钮关闭该对话框。

第9章 注塑机合模系统有限元分析

9.1 概述

优化设计是 ANSYS 的高级分析技术，其特点是直接使用 ANSYS 分析的各种结果，不需要为目标函数、约束条件建立解析方程。

9.1.1 ANSYS 优化设计的概念

1. 优化设计的三种变量

（1）设计变量 即自变量，优化结果的取得是通过改变设计变量的值来实现的。每个设计变量都需要有上下限，以定义设计变量的变化范围。ANSYS 允许定义不超过 60 个设计变量。

（2）状态变量 用于定义优化的边界条件，是设计变量的函数。状态变量可以既有上限，又有下限，也可只有上限或只有下限。ANSYS 允许定义不超过 100 个状态变量。

（3）目标变量 目标变量必须是设计变量的函数，即改变设计变量的值将改变目标变量的值，在 ANSYS 中优化的目的是获得目标变量最小值。

设计变量和状态变量构成了优化设计理论的约束条件，目标变量即目标函数。

三种变量都规定公差，设计变量和目标变量的公差用于控制优化过程的收敛性。如果前后两次设计变量之间的误差小于其公差，则优化过程自动停止。变量的公差可以在定义变量时确定。

2. 其他术语

1）优化变量：设计变量、状态变量和目标变量的总称。

2）设计序列：指确定一个模型的参数的集合。一般来说，设计序列是由设计变量组成的。

3）可行解和不可行解：可行解指满足所有给定的约束条件（设计变量的约束和状态变量约束）的设计序列；如果不满足其中任一约束条件，则为不可行解。

4）最优设计：指取得最小目标变量值的可行解。

5）分析文件：是包含一个完整分析过程（前处理、求解和后处理）的命令文件。它必须能参数化创建模型，并在后处理过程中提取出各种变量。由该文件可以生成优化循环文件，并在优化计算中循环处理。

6）一次循环：指执行一次分析文件，进行一次分析过程，最后一次循环的输出保存在文件中。

7）优化迭代：产生新的设计序列的一次或多次分析循环。

8）优化数据库：记录当前优化环境，包括优化变量定义、参数、所有优化设计和设计序列。该数据库可以保存，也可以随时读入优化处理器中。

3. 优化方法

ANSYS 的优化模块提供了两种优化方法：一阶分析法（First-Order）、最优梯度法（Gradient），这两种方法对于大多数实际问题已经足够，ANSYS 还允许用户提供外部的优化算法。

4. 优化准则

优化准则是控制优化过程结束的条件。

假设 F_{j-1}、X_{j-1} 和 F_j、X_j 分别为目标变量和设计变量的第 j 次和第 $j-1$ 次迭代的结果（X 为向量），F_0、X_0 为目前最优的目标变量值和相应的设计变量值，则在满足下面各式中任意一个时，认为迭代收敛，于是迭代停止。

$$\left| F_j - F_{j-1} \right| < t$$

$$\left| F_j - F_0 \right| < t$$

$$\left| X_j - X_{j-1} \right| < t$$

$$\left| X_j - X_0 \right| < t$$

式中，t 为目标变量或设计变量的公差。

另外 ANSYS 还提供了循环次数控制。

5. 优化工具

优化工具是搜索和处理设计空间的技术，也可以作为优化方法使用。ANSYS 提供了单步运行法（Single Run）、随机搜索法（Random Design）、乘子评估法（Factorial）、扫描法（DV Sweep）、子问题近似法（Sub-Problem）等工具，各工具的特点请参见有关书籍。

9.1.2　ANSYS 优化设计的步骤

1. 生成分析文件

该文件必须包括整个分析的过程，而且应该参数化建立模型（PREP7）和求解（SOLU-TION）。

2. 提取参数

提取状态变量和目标变量（POST1/POST26）。

3. 进入优化处理器，指定优化参数

1）指定分析文件。

2）声明优化变量。

3）选择优化工具或优化方法。

4）指定优化循环控制方法。

5）进行优化分析。

4. 查看优化结果

利用优化处理器（OPT）和后处理器（POST1/POST26）查看设计序列结果和进行后处理。

9.2 问题描述

图 9-1 所示为一种注塑机合模机构简图，液压系统驱动滑块 D 向右运动，驱动力大小 $F_1 = 20000\text{N}$，注塑机动模作用于滑块 B，阻力大小 $F_2 = 20000\text{N}$，各杆横截面高为 H，宽度为 B，杆长为 L_1、L_2、L_3，且满足 $50\text{mm} \leqslant H \leqslant 70\text{mm}$，$40\text{mm} \leqslant B \leqslant 60\text{mm}$，$97\text{mm} \leqslant L_1 \leqslant 117\text{mm}$，$174\text{mm} \leqslant L_2 \leqslant 194\text{mm}$，$196\text{mm} \leqslant L_3 \leqslant 216\text{mm}$，挠度不超过 0.1mm，在满足上述条件下，使该合模机构的质量最小。

因为合模机构的体积最小时，它的质量也最小，所以取该机构的体积作为目标函数。

该问题的设计变量为机构的高度 H，宽度 B，杆长 L_1、L_2、L_3，状态变量（即约束条件）为机构的挠度。

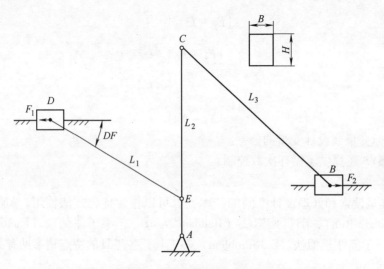

图 9-1 注塑机合模机构简图

9.3 分析步骤

9.3.1 改变工作名

拾取菜单 Utility Menu > File > Change Jobname，弹出图 9-2 所示的改变工作名对话框，在"Enter new jobname"文本框中输入"example9"，单击"OK"按钮。

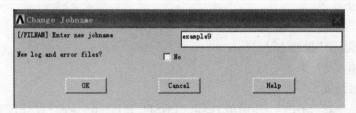

图 9-2 改变工作名对话框

9.3.2 定义参量初始值

拾取菜单 Utility Menu > Parameters > Scalar Parameters，弹出图 9-3 所示的 "Scalar Parameters" 对话框，在 "Selection" 文本框中输入 "H = 0.06"，单击 "Accept" 按钮；再在 "Selection" 文本框中依次输入 "B = 0.05" "H = 0.06" "L1 = 0.107" "L2 = 0.184" "L3 = 0.206" "PI = 3.1415926" "DF = PI/6"，同时单击 "Accept" 按钮；最后，单击 "Close" 按钮关闭对话框。

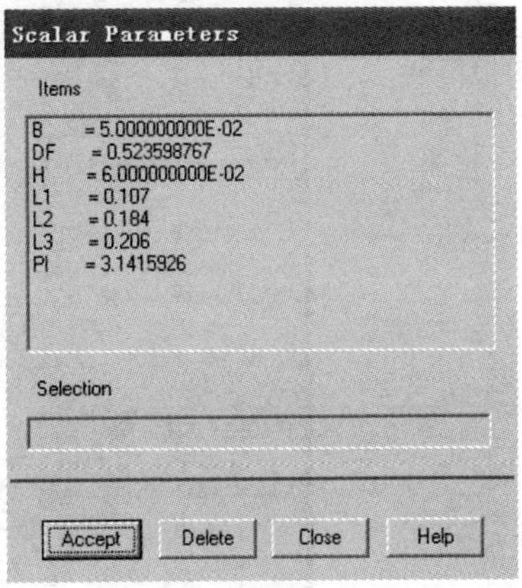

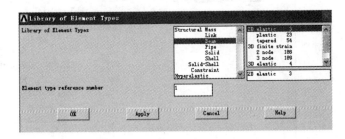

图 9-3 "Scalar Parameters" 对话框

9.3.3 创建单元类型

拾取菜单 Main Menu > Preprocessor > Element Types > Add/Edit/Delete，弹出图 9-4 所示的单元类型对话框，单击 "Add" 按钮；弹出图 9-5 所示的选择单元类型对话框，在左侧列表中选择 "Structural Beam"，在右侧列表中选择 "2D elastic 3"，单击 "OK" 按钮；单击图 9-4 所示对话框中的 "Close" 按钮。

图 9-4 单元类型对话框

图 9-5 选择单元类型对话框

9.3.4 定义实常数

拾取菜单 Main Menu > Preprocessor > Real Constants > Add/Edit/Delete，弹出图 9-4 所示的对话框，单击 "Add" 按钮，在弹出的对话框的列表中选择 "Type 1 BEAM3"，单击 "OK" 按钮，弹出图 9-6 所示的设置实常数对话框，在 "AREA" 文本框中输入 "B * H"，在 "IZZ" 文本框中输入 "B * H * H * H/12"，在 "HEIGHT" 文本框中输入 "H"，单击 "OK" 按钮，返回到原来的对话框，单击 "Close" 按钮。

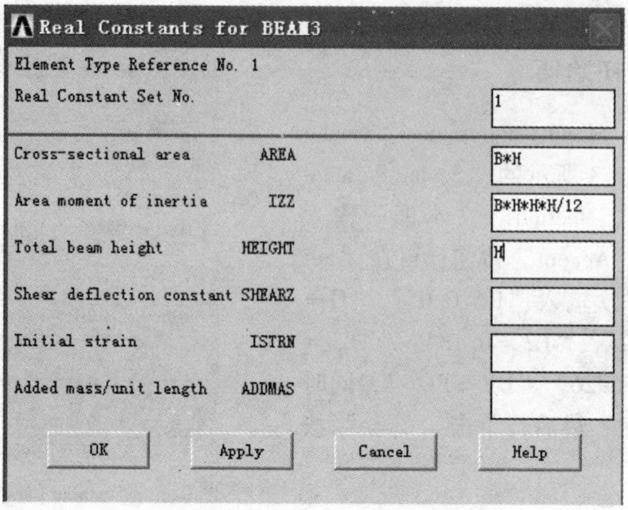

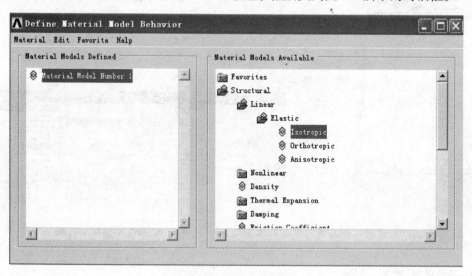

图9-6　设置实常数对话框

9.3.5　定义材料特性

拾取菜单 Main Menu > Preprocessor > Material Props > Material Models，弹出图9-7所示的材料模型对话框，在右侧列表中依次双击 "Structural" "Linear" "Elastic" "Isotropic"，弹出图9-8所示的材料特性对话框，在 "EX" 文本框中输入 "2e11"（弹性模量），在 "PRXY" 文本框中输入 "0.3"（泊松比），单击 "OK" 按钮，然后关闭图9-7所示的对话框。

图9-7　材料模型对话框

9.3.6　创建关键点

拾取菜单 Main Menu > Preprocessor > Modeling > Create > Keypoints > In Active CS，弹出图9-9所示的创建关键点对话框，在 "NPT" 文本框中输入 "1"，在 "X，Y，Z" 文本框中分别输入 "0" "0" "0"，单击 "Apply" 按钮；在 "NPT" 文本框中输入 "2"，在 "X，

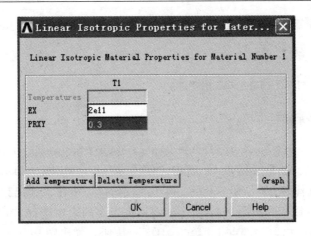

图 9-8　材料特性对话框

Y，Z"文本框中分别输入"0.15""0.05""0"，单击"Apply"按钮；在"NPT"文本框中输入"3"，在"X，Y，Z"文本框中分别输入"0""L2""0"，单击"Apply"按钮；在"NPT"文本框中输入"4"，在"X，Y，Z"文本框中分别输入"−0.134""0.114""0"，单击"Apply"按钮；在"NPT"文本框中输入"5"，在"X，Y，Z"文本框中分别输入"0""0.114 − L1 ∗ SIN（DF）""0"，单击"OK"按钮。

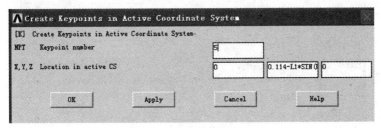

图 9-9　创建关键点对话框

9.3.7　显示关键点号

拾取菜单 Utility Menu > PlotCtrls > Numbering，在弹出的对话框中，将关键点号打开，单击"OK"按钮。

9.3.8　创建直线

拾取菜单 Main Menu > Preprocessor > Modeling > Create > Lines > Lines > Straight Line，弹出拾取窗口，拾取关键点 1 和 5，2 和 3，3 和 5，4 和 5，单击"OK"按钮。

9.3.9　划分单元

拾取菜单 Main Menu > Preprocessor > Meshing > Meshing > MeshTool，弹出"MeshTool"对话框，单击"OK"按钮；单击"Mesh"区域的"Mesh"按钮，如图 9-10 所示，弹出拾取窗

图 9-10　"Mesh"区域

口，拾取直线，单击"OK"按钮；回到"MeshTool"对话框，单击"Close"按钮。

9.3.10　显示点、线、单元

拾取菜单 Utility Menu > Plot > Multi-Plots。

9.3.11　施加位移载荷

拾取菜单 Main Menu > Solution > Define Loads > Apply > Structural > Displacement > On Key-points。弹出拾取窗口，拾取关键点 1，单击"OK"按钮，弹出图 9-11 所示的施加位移载荷对话框，在列表中选择"UX"和"UY"，单击"Apply"按钮；弹出拾取窗口，拾取关键点 2，单击"OK"按钮，弹出图 9-11 所示的对话框，在列表中选择"UY"，单击"Apply"按钮；弹出拾取窗口，拾取关键点 4，单击"OK"按钮，弹出图 9-11 所示的对话框，在列表中选择"UY"，单击"OK"按钮。

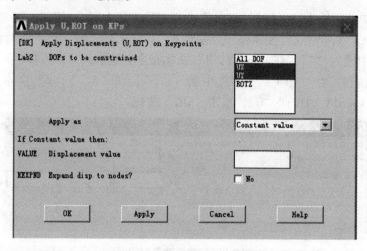

图 9-11　施加位移载荷对话框

9.3.12　施加力载荷

拾取菜单 Main Menu > Solution > Define Loads > Apply > Structural > Force/Monent > On KeyPoints。拾取关键点 2，单击"Apply"按钮，弹出图 9-12 所示的在关键点施加力对话框，在"VALUE"文本框中输入"20000"，单击"Apply"按钮，回到拾取窗口；拾取关键点 4，单击"Apply"按钮，弹出相同的对话框，在"VALUE"文本框中输入"–20000"，单击"OK"按钮。

9.3.13　求解

拾取菜单 Main Menu > Solution > Solve > Current LS，弹出"Solve Current Load Step"对话框，单击"OK"按钮，当出现"Solution is done!"提示时，求解结束。

9.3.14　定义单元表

拾取菜单 Main Menu > General Postproc > Element Table > Define Table，弹出"Element

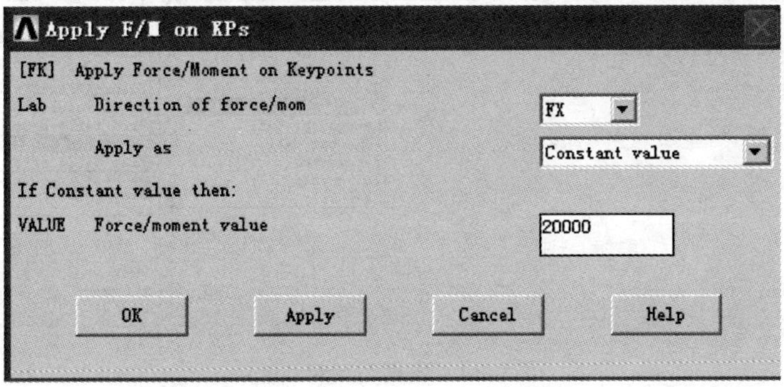

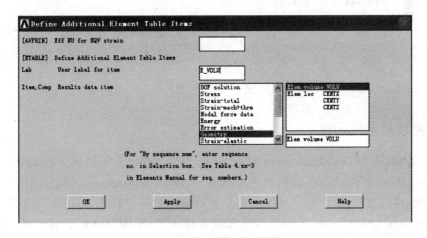

图 9-12　在关键点施加力对话框

Table Data"对话框，单击"Add"按钮，弹出图 9-13 所示的定义单元表对话框，在"Lab"
文本框中输入"E_VOLU"，在"Item"列表中选择"Geometry"，在"Comp"列表中选择
"Elem volume VOLU"，单击"OK"按钮，关闭图 9-13 所示的对话框。

图 9-13　定义单元表对话框

9.3.15　计算单元总体积

拾取菜单 Main Menu > General Postproc > Element Table > Sum of Each Item，弹出"Tabu-
lar Sum of Each Element Table Item"对话框，单击"OK"按钮，计算体积总和。"SSUM
command"窗口显示总体积为 0.158827E − 2。

9.3.16　提取单元总体积

拾取菜单 Urility Menu > Parameters > Get Scalar Data，弹出图 9-14 所示的数据类型对话
框，在左侧列表中选择"Result data"，在右侧列表中选择"Elem table sums"，单击"OK"
按钮；弹出图 9-15 所示的提取数据对话框，在"Name"文本框中输入"V_TOT"，单击
"OK"按钮。

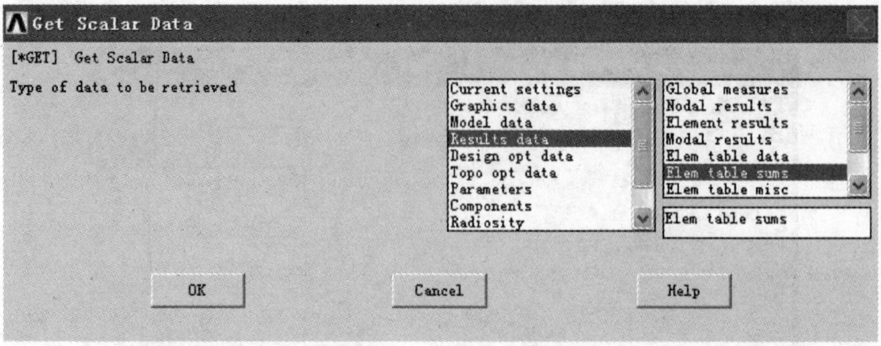

图 9-14 数据类型对话框

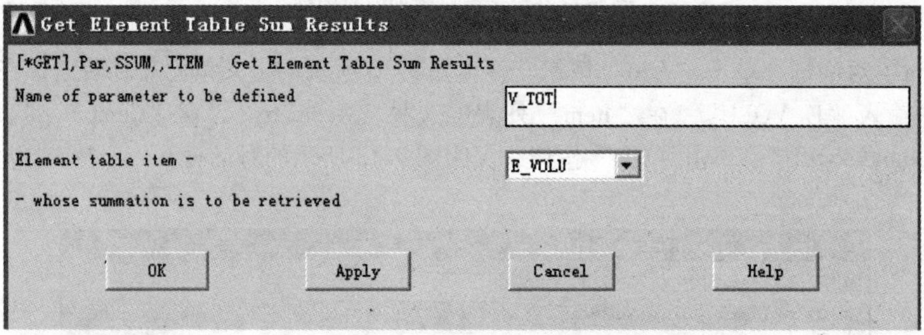

图 9-15 提取数据对话框

9.3.17 提取挠度最大值

拾取菜单 Utility Menu > Parameters > Get Scalar Data，弹出图 9-14 所示的对话框，在左侧列表中选择"Results data"，在右侧列表中选择"Global measures"，单击"OK"按钮；弹出图 9-16 所示的提取总体数据对话框，在左侧列表中选择"DOF solution"，在右侧列表中选择"Translation USUM"，在"Name"文本框中输入"USUM_MAX"，在"Retrieve max of min value?"列表框中选择"Maximum value"，单击"OK"按钮。

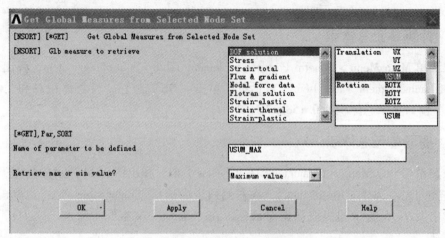

图 9-16 提取总体数据对话框

9.3.18　获得挠度最大值

拾取菜单 Utility Menu > Parameters > Scalar Parameters，弹出图 9-3 所示的对话框，在 "Selection" 文本框中输入 "USUM_MIN = ABS（USUM_MAX）"，单击 "Accept" 按钮，再单击 "Close" 按钮。

9.3.19　生成优化分析文件

拾取菜单 Utility Menu > File > Write DB log file。弹出 "Write Database Log File" 对话框，选择文件保存文件夹为 ANSYS 当前工作文件夹，在 "Write Databass Log to" 文件框中输入优化分析文件名为 "example9. log"，单击 "OK" 按钮。

9.3.20　进入优化处理器并指定分析文件

拾取菜单 Main Menu > Design Opt > Analysis File > Assign，弹出图 9-17 所示的指定分析文件对话框，在 "OPANL" 文本框中输入 "EXAMPLE9. lgw"，或者单击 "Browse" 按钮在文件列表中选择分析文件 "EXAMPLE9. lgw"，单击 "OK" 按钮。

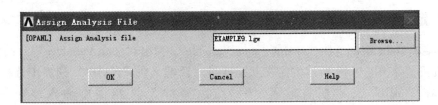

图 9-17　指定分析文件对话框

9.3.21　定义优化设计变量

拾取菜单 Main Menu > Design Opt > Design Variables，弹出 "Design Variables" 对话框，单击 "Add" 按钮，弹出图 9-18 所示的定义设计变量对话框，在 "NAME" 列表中选择 "B"，在 "MIN" 文本框中输入 "0.04"，在 "MAX" 文本框中输入 "0.06"，在 "TOLER" 文本框中输入 "0.001"，单击 "Apply" 按钮；在 "NAME" 列表中选择 "H"，在 "MIN" 文本框中输入 "0.05"，在 "MAX" 文本框中输入 "0.07"，在 "TOLER" 文本框中输入 "0.001"，单击 "Apply" 按钮；在 "NAME" 列表中选择 "L1"，在 "MIN" 文本框中输入 "0.097"，在 "MAX" 文本框中输入 "0.117"，在 "TOLER" 文本框中输入 "0.001"，单击 "Apply" 按钮；在 "NAME" 列表中选择 "L2"，在 "MIN" 文本框中输入 "0.174"，在 "MAX" 文本框中输入 "0.194"，在 "TOLER" 文本框中输入 "0.001"，单击 "Apply" 按钮；在 "NAME" 列表中选择 "L3"，在 "MIN" 文本框中输入 "0.196"，在 "MAX" 文本框中输入 "0.216"，在 "TOLER" 文本框中输入 "0.001"，单击 "OK" 按钮。关闭 "Design Variable" 对话框。

合理选择设计变量的最小值、最大值和公差，对减少计算容量、得到最优解有十分重要的影响。

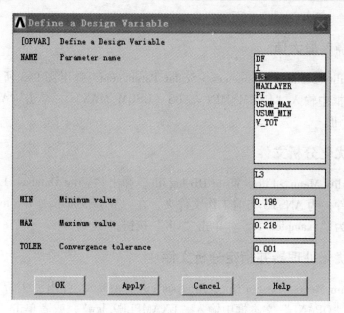

图 9-18   定义设计变量对话框

9.3.22   定义状态变量

拾取菜单 Main Menu > Design Opt > state Variables，弹出"State Variables"对话框，单击"Add"按钮，弹出图 9-19 所示的定义状态变量对话框，在"NAME"列表中选择"USUM_MIN"，在"MIN"文本框中输入"0"，在"MAX"文本框中输入"1e – 4"，在"TOLER"文本框中输入"1e – 6"，单击"OK"按钮。关闭"State Variables"对话框。

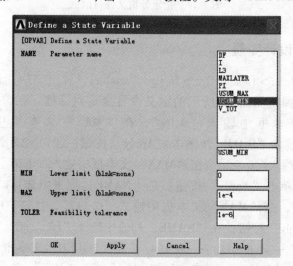

图 9-19   定义状态变量对话框

9.3.23   指定总体积为目标函数

拾取菜单 Main Menu > Design Opt > Objective，弹出图 9-20 所示的指定目标函数对话框，在

"NAME" 列表中选择 "V_TOT"，在 "TOLER" 文本框中输入 "1e-6"，单击 "OK" 按钮。

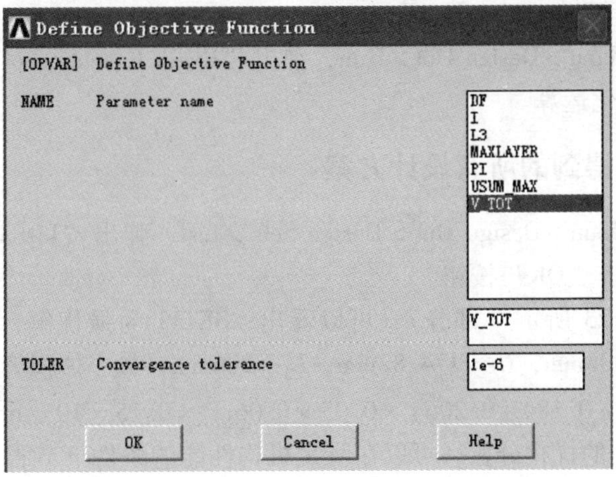

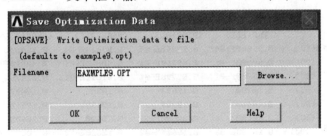

图 9-20　指定目标函数对话框

9.3.24　存储优化数据库

拾取菜单 Main Menu > Design Opt > Opt Database > Save，弹出图 9-21 所示的存储优化数据库对话框，在 "Filename" 文本框中输入 "EXAMPLE9. OPT"，单击 "OK" 按钮。

图 9-21　存储优化数据库对话框

9.3.25　指定优化方法

拾取菜单 Main Menu > Design Opt > Method/Tool，在弹出的对话框中，选择优化方法为 "First-Order"，单击 "OK" 按钮。接着弹出图 9-22 所示的指定优化方法对话框，在 "NITR" 文本框中输入 "10"，单击 "OK" 按钮。

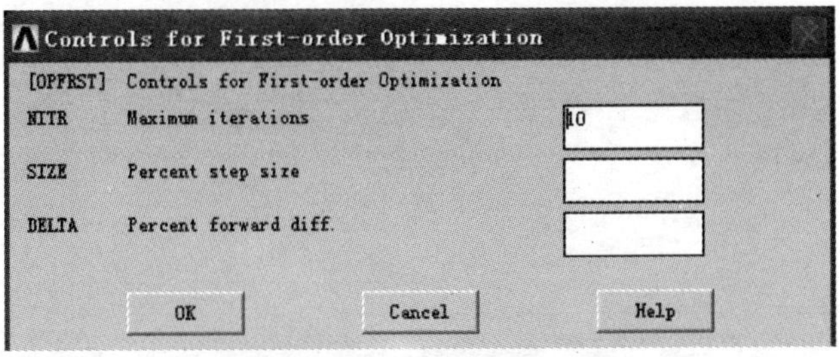

图 9-22　指定优化方法对话框

9.3.26 运行优化程序

拾取菜单 Main Menu > Design Opt > Run，弹出"Begin Execution of Run"对话框，单击"OK"按钮，开始优化运算。

9.3.27 列表显示得到的所有设计方案

拾取菜单 Main Menu > Design Opt > Design Sets > List，弹出"List Design Sets"对话框，选择"All Sets"，单击"OK"按钮。

优化结果如图 9-23 所示（部分），可以看出，SET11 为最优解，$B = 40.012$mm，$H = 60.327$mm，$L_1 = 104.06$mm，$L_2 = 174.82$mm，$L_3 = 206$mm，最小体积为 0.124×10^{-2}m^3。

原体积 = $(0.107 + 0.184 + 0.206) \times 0.05 \times 0.06$m^3 = 0.15×10^{-2}m^3，通过以上的对比，不难发现通过 ANSYS 的优化分析，可以在满足机构性能的条件下节省材料，达到优化设计的目的。

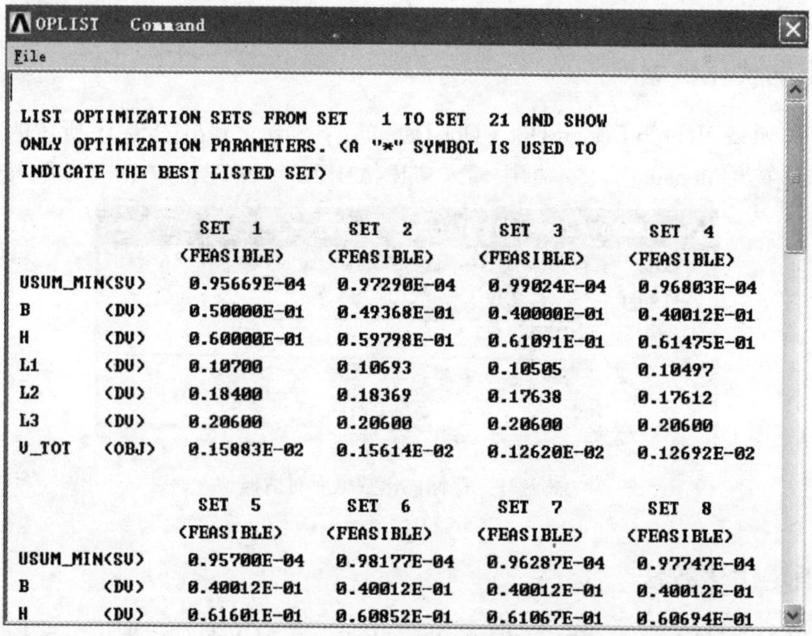

```
 OPLIST    Command                                      [X]
 File

  LIST OPTIMIZATION SETS FROM SET   1 TO SET  21 AND SHOW
  ONLY OPTIMIZATION PARAMETERS. (A "*" SYMBOL IS USED TO
  INDICATE THE BEST LISTED SET)

                    SET   1        SET   2        SET   3        SET   4
                    (FEASIBLE)     (FEASIBLE)     (FEASIBLE)     (FEASIBLE)
  USUM_MIN(SU)      0.95669E-04    0.97290E-04    0.99024E-04    0.96803E-04
  B       (DU)      0.50000E-01    0.49368E-01    0.40000E-01    0.40012E-01
  H       (DU)      0.60000E-01    0.59798E-01    0.61091E-01    0.61475E-01
  L1      (DU)      0.10700        0.10693        0.10505        0.10497
  L2      (DU)      0.18400        0.18369        0.17638        0.17612
  L3      (DU)      0.20600        0.20600        0.20600        0.20600
  V_TOT   (OBJ)     0.15883E-02    0.15614E-02    0.12620E-02    0.12692E-02

                    SET   5        SET   6        SET   7        SET   8
                    (FEASIBLE)     (FEASIBLE)     (FEASIBLE)     (FEASIBLE)
  USUM_MIN(SU)      0.95700E-04    0.98177E-04    0.96287E-04    0.97747E-04
  B       (DU)      0.40012E-01    0.40012E-01    0.40012E-01    0.40012E-01
  H       (DU)      0.61601E-01    0.60852E-01    0.61067E-01    0.60694E-01
```

图 9-23　优化结果

参 考 文 献

[1] 孙靖民，机械优化设计 [M]. 北京：机械工业出版社，2003.
[2] 陈立周，俞必强. 机械优化设计方法 [M]. 北京：冶金工业出版社，2014.
[3] 梁尚明，殷国富. 现代机械优化设计方法 [M]. 北京：化学工业出版社，2005.
[4] 卢险峰. 优化设计导引 [M]. 北京：化学工业出版社，2010.
[5] 商跃进，有限元原理与 ANSYS 应用指南 [M]. 北京：清华大学出版社，2005.
[6] 李景湧. 有限元法 [M]. 北京：北京邮电大学出版社，1999.
[7] 龚曙光. ANSYS 工程应用实例解析 [M]. 北京：机械工业出版社，2003.
[8] 王凤岐，等. 现代设计方法 [M]. 天津：天津大学出版社，2004.
[9] 张济川. 机械最优化设计及应用实例 [M]. 北京：新时代出版社，1990.
[10] 叶元烈. 机械优化设计 [M]. 北京：机械工业出版社，2003.
[11] 王凌，智能优化算法及其应用 [M]. 北京：清华大学出版社，2001.
[12] 席少霖，赵风治. 最优化计算方法 [M]. 上海：上海科学技术出版社，1983.
[13] 芮延年，现代设计方法及其应用 [M]. 苏州：苏州大学出版社，2005.
[14] 龚曙光. ANSYS 基础应用及范例解析 [M]. 北京：机械工业出版社，2003.
[15] 刘涛，杨凤鹏. 精通 ANSYS [M]. 北京：清华大学出版社，2002.
[16] 龙驭球. 有限元法概论 [M]. 北京：人民教育出版社，1978.
[17] 胡毓达，实用多目标最优化 [M]. 上海：上海科学技术出版社，1990.
[18] 孟兆明，常德功. 机械最优设计技术 [M]. 化学工业出版社，2002.
[19] 陈立周. 机械优化设计方法 [M]. 北京：冶金工业出版社，2003.
[20] 龚培康，机械工程中的模糊优化设计 [J]，现代机械，1989 (4)：1.
[21] 博嘉科技，有限元分析软件：ANSYS 融会与贯通 [M]. 北京：中国水利水电出版社，2002.
[22] 刘国庆. ANSYS 工程应用教程（机械篇）[M]. 北京：中国铁道出版社，2003.
[23] 嘉木工作室. ANSYS5.7 有限元实例分析教程 [M]. 北京：机械工业出版社，2002.
[24] 易日. 使用 ANSYS6.0 进行静力学分析 [M]. 北京：北京大学出版社，2002.
[25] 邢文训，谢金星. 现代优化计算方法 [M]. 2 版，北京：清华大学出版社，2005.